青岛近代城市建筑

1922—1937

金 山 著

图书在版编目（CIP）数据

青岛近代城市建筑：1922—1937/ 金山著 .-- 上海：同济大学出版社，2016.12
ISBN 978-7-5608-6665-9

Ⅰ.①青… Ⅱ.①金… Ⅲ.①城市建筑—介绍—青岛—1922-1937 Ⅳ.① TU984.252.3

中国版本图书馆 CIP 数据核字（2016）第 291280 号

青岛近代城市建筑 1922—1937
金 山 著

责任编辑 江 岱 姚烨铭
责任校对 徐春莲
封面设计 张 微
出版发行 同济大学出版社 www.tongjipress.com.cn
（地址：上海市四平路1239号 邮编：200092 电话：021-65985622）
经 销 全国各地新华书店
印 刷 上海安兴汇东纸业有限公司
开 本 787mm×1 092mm 1/16
印 张 15.5
字 数 387 000
版 次 2016年12月第1版 2016年12月第1次印刷
书 号 ISBN 978-7-5608-6665-9
定 价 82.00元

编制单位

青岛市城市建设档案馆

编委会

序言

《青岛近代城市建筑（1922—1937）》是一部基于本地原始档案文献，就城市特定历史时期建设理念、模式、经验进行的研究，也是一次系统地对青岛传统街区、建筑进行的档案与调查结合的学术梳理。这项研究不仅具有历史认识价值，同时对青岛老城区的保护与更新，对本土城市化发展路径的思考，都具有借鉴意义。

作为20世纪早期中国城市化的一个模范案例，青岛的城市化推动经过了殖民和后殖民两个迥然不同的阶段，奠基和不曾停止的本土再生探索，构成了城市寻找理性现代化发展道路的逻辑线索，并由此积累了丰富的建设经验。青岛自1898年全面启动近代城市化进程，历经德租、日据、北洋政府、南京国民政府等多个历史发展阶段，城市建设目标一致，建设内容彼此衔接、相互传承，又各具特色。伴随着城市发展与空间扩张，城市建设一面继承和积累既有经验，一面通过接纳新观念、新技术不断得到更新，并在1922年至1937年形成了新一轮建设高峰。

以街道和沿线的城市建筑为元素构成的青岛城市空间形态，是这一时期青岛城市建设与发展的物质呈现。在这15年中，青岛市政当局积极筹建礼堂、学校、学术研究机构、运动场、公园等建筑和设施，提升城市在文化、教育、科技、体育、休闲等方面的公共服务水平。与此同时，商业机构与文化团体兴建了为数众多的银行、旅馆、交易所、会馆、教堂庙宇等不同类型与功能的城市公共建筑，进一步提升了城市金融贸易影响力，丰富了文化生活。此外，更大数量的平民里院和花园住宅显著拓展了市民的日常生活空间与内容。这些建设活动激发了城市活力，丰富了城市内容，改善了居住条件，缓和了社会矛盾，推进了社会进步，为城市长远的可持续发展奠定了基础。

城市建筑同时也是都市文化的重要呈现。伴随着青岛1922年至1937年间的建设与发展，西方现代文明和中国传统文化不断融入与融合共生，在保持城市风貌和谐性的前提下，现代性和时代感不断增强，民族风格与特征不断增加，亲和自然的观念不断增长。就这个意义而言，青岛近代城市建筑，也是这座城市开拓与进步史上不可磨灭的文化标志。需要指出的是，现代性始终是这一时期青岛建筑文化的标志，也是青岛建筑文化的精神主体。围绕着现代性展开的种种城市建筑实践，指引了青岛城市化拓展的方向。

《青岛近代城市建设档案研究课题》是青岛市城市建设档案馆近期重点推进的档案编研工作之一。研究课题与金山博士合作，基于城建档案与其他历史资料，从多个角度对青岛1922年至1937年间的建设与发展进行全面、系统的解读，以档案编研为契机，利用与“文化青岛”的本土优势紧密结合，发掘、发现、发扬城市成长的文化基因，促进城市的文化传承与人文精神塑造。

作为研究成果，这部文稿展现了青岛近代城市建筑一个重要篇章。第一章对青岛近代城区的发展以及建筑风格的演变进行了简要的回顾，第二章介绍了政府主导建设完成的市政公共建筑，第三章和第四章讲述私人领域完成的具有特殊功能和形象的建筑，第五章和第六章关注以里院为代表的一般商住建筑和独立花园住宅，第七章对作为新生事物的集合住宅以及一个以集合住宅为典型社区进行了描述，第八章对这一时期建筑的特点以及由其共同组成的城市风貌进行了总结。

当前，国内外已经出版了一系列关于青岛近代建筑的书籍，在此基础上，本次研究着重在特定的历史时间范围内，对研究对象类型和研究重点进行了拓展。在研究对象方面，当前研究大多以具有鲜明形象和重要功能的建筑为描述对象，本次则将作为城市建筑大多数的普通商业与居住建筑纳入了研究范围。此外，传统的近代建筑研究往往关注建筑本身的风格特征，而本书将关注的视野拓展到建筑的城市属性，阐述建筑样式与功能格局的内在规律，介绍建筑与城市环境的交流与相互影响，通过建筑还原城市建设与风貌特征。

青岛市城建档案馆的馆藏档案，是本次研究视野拓展的重要支撑。城市建设档案，不但记录了诸如土地类型、建造师、业主与建造年代等信息，也可以通过图纸，直观还原与反映建筑最初的外观样式、平面格局与功能设想。同时，对于那些在不同的历史阶段分期建造，或者进行过改建的建筑，建设档案还忠实记录了其产生与改变的过程。这些信息，对于研究那些因历史原因而与原始状况相差巨大的建筑，有着决定性意义。特别重要的是，通过对这些建设档案的综合性、贯通性研究，可以对不同时期、不同区域、不同类型、不同风格、不同用途的建筑进行系统比对、还原，从中发现青岛城市化开发与建设中的逻辑线索与规律性元素。

在研究与文本撰写过程中，青岛市城建档案馆与同济大学出版社及青岛本地文史学者进行了多次交流，并邀请青岛文史专家李明先生对全部书稿进行了认真的通稿与校对。青岛市城建档案馆的孔繁生先生、张艳波女士和同济大学出版社江岱女士对本书的出版做了大量辛勤的工作。

本书以青岛市城市建设档案馆保存建筑审批档案和市政当局的行政记录等一手文献资料为研究基础，部分借鉴国内外学者的相关研究，其中涉及大量历史时间与事件、人物在表述上互有出入，尽管我们对上述内容尽最大努力进行了校对和验证，但疏漏与错误在所难免，希望读者不吝赐教，以使关于我们城市成长史的描述，更加客观，更加接近历史真实。我们愿意以这项工作为契机，与社会各界有识之士一起共同努力，为本土文化的传承，为城市文明的发扬光大，贡献出微薄力量。

青岛市城建档案馆　馆长
李青生

目 录

序言

引言 1

第一章 理想之城 3
一、城市化的开端 4
1. 规划与功能格局 4
2. 城市肌理 7
3. 建筑语汇 10
4. 建筑与街道 11
5. 山海之城 13
二、扩张与发展 16
1. 第一期和第二期工事 17
2. 路网布局与街道空间 19
3. 公有建筑 20
4. 开放空间 24
5. 建筑语汇 26
三、回归与繁荣 28
1. 市政当局与建设主管部门 29
2. 城区空间扩张 30
3. 建筑的多元与繁荣 31

第二章 市政楷模 35
一、城市形象的塑造者 36
1. 栈桥与回澜阁 36
2. 水族馆与水产研究所 36
3. 青岛市礼堂 39
4. 青岛市体育场 41
5. 中小学校舍 43
6. 国术馆 45
7. 海军招待所 47
二、平民精神的温情 49
1. 平民住宅 49
2. 车夫休息亭 51
三、拥抱自然的公共空间 52
1. 城市与山体公园 52
2. 栈桥与海滨公园 54
3. 海水浴场 58
四、未完成的梦想 59
1. 中央市场 59
2. 市立图书馆 60
3. 大运动场 62
五、文化隔离与复兴 63

第三章 商业传奇 67
一、中山路上的财富路线 68
1. 庄俊与交通银行大楼 68
2. 明华大楼 71
3. 亚当斯大厦 72
二、公园变身银行区 74
1. 中国银行 75
2. 大陆银行 77

3. 山左银行和上海商业储蓄银行 78
4. 金城银行 79
5. 银行公会与实业银行..............................80
三、火车站周边的崛起 81
1. 洪泰商场 81
2. 物证交易所 82
3. 新新公寓 84
四、馆陶路上的金融线索 85
1. 青岛取引所 86
2. 齐燕会馆 87
3. 日本汽船株式会社....................................89
4. 朝鲜银行 90
5. 太古洋行 92

第四章 文化地标 95
一、天主教高地..96
1. 私立圣功女子中学....................................96
2. 圣弥爱尔大教堂..97
二、大学路上的自由与理性 100
1. 红万字会 100
2. 两湖会馆 103
3. 德国中心 104
4. 国立大学 106
5. 科学馆 108
6. 化学馆 110
三、社区深处的信仰......................................112
1. 浸信会教堂 112
2. 东正教堂 113
3. 净土宗善道寺 114
4. 天后宫 115
四、岬角上的景观地标 118
1. 花石楼 119
2. 水边大厦 120

第五章 里院乾坤 125
一、里院的形成..126
1. 希姆森公司的前瞻性开拓 126
2. 孟氏家族的院落布局..............................130
3. 贝尔那茨的本地化方案..........................130
4. 广兴里与南风北渐..................................132
二、民国时期的里院实践 134
1. 平面格局的明与暗..................................135
2. 叠加式更新 135
3. 范式波动 139
4. 院落与廊架 142
三、里院的自我超越......................................145
1. 弹性平面格局 145
2. 里弄形制的尝试......................................146
3. 蜕变 148
四、平行吹拂的和风......................................151

1. 和式联排商住建筑......151
2. 独立和式商住建筑......151
3. 和式商住建筑与里院的结合......154
五、里院与日式商住建筑的文化符号......154

第六章 花园范式......157
一、租借地时代的花园住宅......158
1. 德国花园的移植......158
2. 遗老的嗜好......160
二、中式花园住宅......162
1. 似曾相识的布局......162
2. 建筑师的含糊表情......164
3. 望族公馆......166
4. 摆脱束缚的努力......168
三、和式花园住宅......169
1. 榻榻米拼接的平面图......169
2. 日本建筑师的个性......170
3. 一种非典型的文化回应......173
四、欧式花园......175
1. 欧洲建筑师的设计......175
2. 中国建筑师的设计......178
3. 大门与围墙......180
五、现代主义思潮......182
1. 中式花园的样式嬗变......182
2. 那些“白色的盒子”......182
3. 三井幸次郎的敬礼......184
六、收获与困惑......188

第七章 公寓形态......191
一、被遗忘的赫尔曼·斯蒂芬......192
二、三个建筑师的集合住宅探索......193
1. 王枚生的黄台路设计地图......193
2. 苏夏轩的现代集合住宅设计......195
3. 筑紫庄作的和式集合住宅实践......197
三、广厦堂社区的温情......198
1. 由来......198
2. 广厦堂行员宿舍......200
3. 上海中行别业的姊妹社区......206

第八章 城市风貌......209
一、风格嬗变......210
1. 万国建筑博览......210
2. 建设参与者......211
3. 动机、影响与回应......213
4. 现代性......214
二、从建筑到城市......215
1. 城市建筑与肌理填充......215
2. 对话街道......216
3. 蜿蜒的城市意象......220
4. 公共生活与利益协同......221

附录 222
附录一、建筑师索引..222
附录二、建筑作品索引 224

参考文献 227
图片来源 229
后记 234

引言

青岛自 1898 年启动城市化进程后，成规模出现的近代建筑具有多样性和整体性两大特征。一方面，20 世纪前半叶频繁的政权更迭和不同文化类型的持续植入、融合，在青岛留下了大量风格多样、样式各异、语言多元的历史建筑，使青岛宛如“万国建筑博览”；另一方面，这些城市建筑能够彼此协调、相互对应，融入山海自然风光中，营造出一派自然安逸的田园气息。

1922 年至 1937 年是青岛近代历史建筑形成的重要阶段。与德国租借地时期的德式建筑以及第一次日据时期的折衷主义建筑相比，青岛隶属于北洋政府以及南京国民政府管辖的这 15 年间（以下简称“民国时期”），城市建筑文化日趋丰富，风格更加多元：除了各种流派的欧洲近代建筑风格外，还出现了中国式、日本式以及现代主义风格。与此同时，绝大多数建筑注重城市属性，强调在体量、格局等方面与既有建筑保持协调，进一步发展和加强了青岛“红瓦、绿树、碧海、蓝天”的城市特色。

建筑是凝固的音乐，也是凝固的历史。同时，历史建筑也是过去几代建筑师精神价值与文化素养的集中体现。历史建筑的形态、功能、平面格局、立面风格等反映着当时的观念、技术、习惯与生活方式，记录了城市政治、经济、社会、文化状况与发展历程。这一发展阶段的历史建筑，在整体上完成了城市风貌的塑造，在人性化的空间尺度提供了亲切的生活场景，进而影响着市民生活与城市精神。

本书以 1922 年至 1937 年青岛历史建筑为对象，讲述这些建筑和这座城市的故事。

市政府一代鸟瞰，1930年。中央为青岛市政府大楼以及楼前广场。南侧青岛路直通大海，沂水路和德县路分别通往东北方向的福音教堂和西北方向的圣弥爱尔大教堂，两路沿线是德租时代兴建的德式花园住宅。19世纪20年代环绕观海山修建观海一路和观海二路。1930年时，沿着两路已建成许多花园住宅。南侧广西路西段沿线有许多德租时期建设的商业大楼，西侧为安徽路及路中由冲沟改建而成的第六公园。图片来源：巴伐利亚国立图书馆，Ana 517

第一章 理想之城

青岛近代城市建设与发展，是一次充满理想主义色彩的城市化实践。19世纪末，德国强占位于山东半岛南侧的胶州湾，并在东岸倾力营造一座模范城市——青岛。经过17年倾力营造，一座空间格局合理、基础设施完备、街道整齐有序、建筑雄伟壮丽的欧洲小城已初现雏形。1914年年底，日本攻占青岛，并在接下来的9年中继续投入大量资金，延续“模范城市”营造。1922年末，北洋政府收回青岛，1929年再由南京国民政府接管，直至1938年初日本第二次占领。尽管政权多次更迭，青岛在1897年至1937年间的城市发展却从未中断，城市建设按照既有轨道不断推进，“红瓦、绿树、碧海、蓝天”的城市特色风貌也得到进一步加强，城市与山海自然风光融为一体，营造出一派自然安逸的田园气息。

一、城市化的开端

青岛城市化的开端以及近代建筑的出现，可以回溯到 1898 年的秋天。在将近一年前的 1897 年 11 月，德国利用巨野传教士被杀事件抢占山东的胶州湾，实现了其在远东建立一处军事与贸易据点的企图。[1]“在胶州湾东岸建立一座现代城市”是整个计划最重要的组成部分。

占领胶州湾之后，德国人紧锣密鼓地对未来将用于城市建设的土地进行收购，着手编制城市规划，并从德国本土网罗建设人才。1898 年 9 月 2 日，德国青岛总督府出台了第一份《城市建设计划》，同日颁布施行《德国青岛地区购地条例》，并于 10 月 3 日在租借地进行了第一批土地拍卖。10 月 11 日，由德国总督罗绅达（Carl Rosendahl，1852—1917）颁布的《胶澳租借地临时城市建筑管理条例》正式实施。10 月 12 日，德国皇帝威廉二世发布敕令，将胶澳租借地的市区命名为“青岛”。

在接下来的 16 年中，德国通过大规模的政府投入和对私人营造的规范引导，倾力将青岛营造成为一座模范城市。这几乎是一次零起点的城市建设起步，是从一张白纸上开始的城市书写。这座依照规划进行建设的城市不仅基础设施先进完备，卫生标准严格，建筑宏伟壮丽、优雅婉约，并与山海自然风光融为一体，创造出一派富有田园气息、美轮美奂的城市意象。

1. 规划与功能格局

从 1897 年底到 1901 年秋，德国青岛总督府完成了对城市和港口所需土地的收购工作，除了临时保留少数房屋外，将几处村落悉数拆除。这使得城市规划和建设可以在相对理想的条件下开展，在划分地块及设计街道走向时可以丝毫不顾及土地归属情况。

面对这一片尚未开发的土地，人们显然难以对城市今后的发展做出准确预判。可以肯定的是，整个德租时期的城市建设始终是在规划的指导下进行的，但规划本身也在不断进行着动态修正，以适应城市发展的需求。

在第一份《城市建设计划》中，组团式城市结构就已经被明确下来，并伴随着规划的调整与实施不断得到完善（图 1–1）。同时公布的《城市各部分之功能》，确定了各个街区和区域的功能用途。这一时期，青岛被分为八个功能组团：欧人区、华人区、商贸区、小工业区、别墅

1 光绪二十三年（1897）11 月 1 日，山东曹州府巨野县（今菏泽市巨野县）磨盘张庄的天主教堂 2 名在堂内的德国神父能方济（Father FranciscusNies）和韩理加略（Father Richard Henle）由于不明原因被杀死，史称曹州教案，亦称巨野教案。11 月 6 日，德国以此冲突为借口出兵山东省胶州，并于 11 月 14 日强行占领胶州湾及其沿岸部分区域。

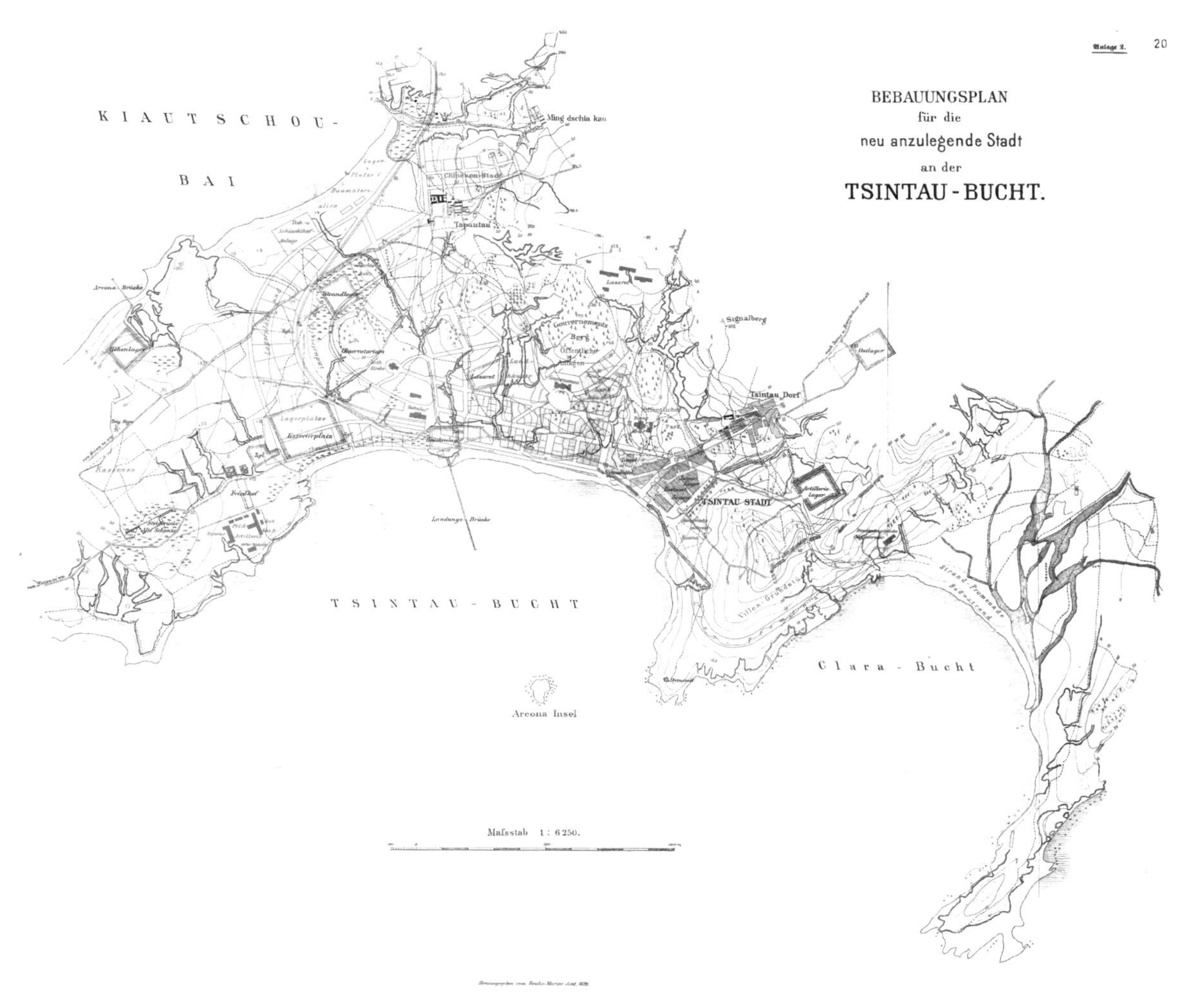

图 1-1　青岛建设规划，1898 年

区、港埠区、两个劳工居住区台东镇和台西镇。各组团错落有致，散布在不同区域，由道路彼此连缀，循其各自路径发展。需要指出的是，这种组团划分不仅考虑了对功能进行分区，也有着明显的种族隔离色彩（图 1–2）。

八大组团中，欧人区、华人区、商贸区、小工业区四个组团在发展过程中彼此相连成为连绵城区，但组团间的交通联系并不顺畅。欧人区背山面海，街道大多平行或垂直于海岸线，以德国显赫人物的名字命名，如南北向的俾斯麦大街（今江苏路）及弗里德里希大街（今中山路南段）等。作为街区北侧边界的霍恩洛厄街（今德县路）以及棣德利街（今沂水路）呈弧形，基本沿总督府丘（今观海山）25 米等高线修建。华人区，也就是大鲍岛中国城，位于欧人区北侧，区内街道较窄，路网密集，道

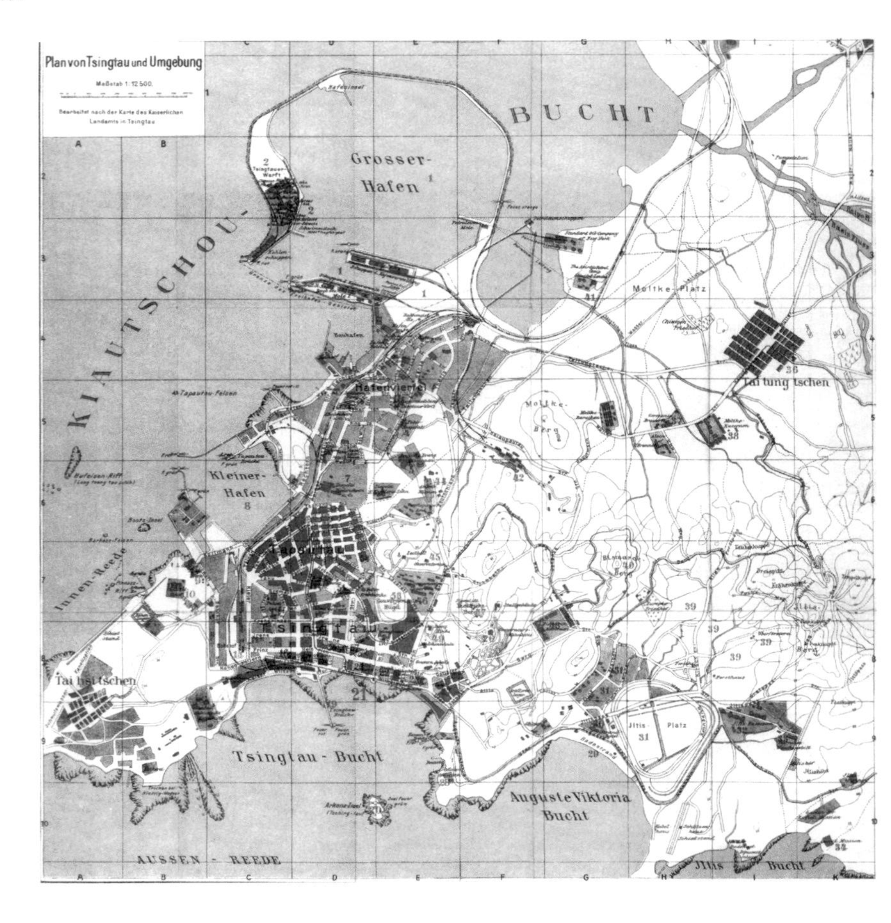

图 1-2 青岛及周边地图，1913 年

路以胶东主要城镇及青岛周边地名命名。北部道路呈方格状，南部两条斜向道路平行于霍恩洛厄街。商贸区位于欧人区西侧，向西一直延伸至胶济铁路，道路以德国主要海港城市命名。小工业区位于商贸区北侧，依托小港，紧靠铁路线，道路以中国北方地名命名（图 1-3）。

外围组团包括港埠区、别墅区和两处劳工居住区。作为德租时期最后建设的城区，港埠区的设计规划始于 1902 年至 1903 年间。[2] 该区街道走向多配合地形，但系统性不强。南部四条东西向道路以中国南方商埠口岸名称命名，其余道路则取德国军舰之名。至 1914 年，该区道路工程、基本设施全部竣工，但鲜有房屋建设。

别墅区及体育休闲设施位于奥古斯特·维多利亚海岸，西部两条山脉成为其与市区的天然界线。东南靠山脊铺设的街道基本沿等高线而建，盘桓蜿蜒，相互连接。到 1914 年，该区已是别墅林立，另有海水浴场、海滨旅馆、跑马场、森林公园等供娱乐休闲之用的建筑。[3]

市中心东北、西南方向直线距离几公里以外是两个劳工居住区——

2 华纳，1994：221–222；林德，1998：143。

3 华纳，1996：157。

图 1–3　欧人区俯瞰，1906 年

台东镇和台西镇。率先建成的台东镇作为示范，采用了东南—西北方向的棋盘状街道系统。街道平均宽 10 米，将该区划分为 84 个长宽各为 25 米和 50 米的长方形街坊。台西镇晚于台东镇两年建成，街坊尺度与台东镇大体相同，但规模较小，路网体系更为灵活自由。[4]

除上述所提的城市组团外，至 1914 年，青岛城区外另有多处大型军用、工业、教育、殡葬、植物驯化等设施建成，例如城区东侧的俾斯麦兵营、伊尔蒂斯兵营、政府墓地、射击场以及城区西侧的德华大学。

规划的主城区靠近大海，整体偏南，与拉动城市发展的原动力——港口——相距甚远，这是这一时期城市规划的一大失误。随着城市的发展，德国当局意识到了这一点，计划通过将城市中心北移来予以纠正。然而随着 1914 年日德战争爆发，计划搁浅。[5]

2. 城市肌理

德国租借地时期，青岛出现了两种截然不同的城市肌理：华人区建筑排列紧密，街道空间围合程度较高，而欧人区建筑密度较低，空间相对开敞。

《胶澳租借地临时城市建筑管理条例》对于欧人区、华人区和别墅区建筑的不同规定是这种差异的直接来源。条例规定：欧人区建筑平行于街道建造，建筑覆盖率最高为 60%，屋高以 18 米为限，层数则限于三层及以下；华人区建筑限高两层，建筑覆盖率上限则提高到 80%；为营造静谧的田园氛围，别墅区建筑密度上限设定为 30%，仅街角可达到 40%，主体建筑限高两层，且需后退道路及四周地块边界 4 米以上。

4 华纳，1996：125 页及以下几页。
5 参阅《土木志》，1920：4。

条例规定，欧人区的商业街区需建造三层或三层以下的周边围合式建筑，以营造“都市商业”气息。但遗憾的是，紧凑的商业街区直到德租期结束也未建成，只有弗里德里希大街和海因里希亲王大街中段两到三层的建筑塑造出了相对紧凑的街道空间，其他街道沿线建筑前多辟有花园，散发出恬静的小城气息，与设计者本意大相径庭（图 1–4）。

与此相反，田园风貌居住区的塑造相当成功。总督府周边、奥古斯特·维多利亚湾（今汇泉湾）一带是别墅的聚集区域，街道绿树成荫，私人花园随处可见，形成乡村田园式的街道景观和城市风貌（图 1–5，图 1–6）。

图 1–4　海因里希亲王大街，1906 年

图 1–5　迪特里希大街，1906 年

图 1-6　维多利亚湾畔的别墅区，1906 年

图 1-7　山东大街，20 世纪初

图 1-8　潍县路，1908 年

华人区建筑密度整体相对较高，城区内多是简单的商住建筑，街道两侧一至两层的房屋沿道路边界整齐排列，通过建筑形成完整的界面，界定出紧凑的街道空间（图 1-7，图 1-8）。

3. 建筑语汇

1898 年到 1914 年间，德国人在青岛建设了大量德意志传统风格的建筑，同期华人建造的房屋，也具有明显的欧洲特征。

青岛租借地初期的德国建筑，延续了历史主义[6]后期的传统，较为注重装饰。这些建筑选取德国历史建筑风格中的田园风格，部分融入东南亚地区盛行的殖民建筑风格，通过强调敞廊、角楼等元素，形成了独具特色的建筑样式。对于这一时期的建筑而言，中国建筑传统的影响只在最初的少量几栋建筑中出现过，随后便迅速消失殆尽。

天然石材、粉刷墙面、半仿木结构、清水砖都是这一时期青岛欧人区建筑立面中常出现的元素，塑造立面时或择其一，或将其混合搭配，以塑造生动的建筑表情。产于本地的优质花岗岩是其中的重要建材。这种石材质地细密坚固，色彩沉稳厚重，可以恰到好处地塑造出建筑物粗犷的风格。与之相对应的是色彩缤纷的粉刷墙面，墙面拉毛形式多样，粉刷颜色多选用明亮的黄褐色调，另饰以桁架结构，桁架木条一般涂红、绿、蓝色，塑造出活跃的氛围。[7]

总督府对于早期建筑风格的形成具有决定性影响。当时，总督府从德国本土招揽了许多建筑师和工程师到政府部门任职，其中包括总督官邸的设计者拉察洛维茨（Werner Lazarowicz，1873—1926），以及福音教堂的设计师罗克格（Curt Rothkegel，1876—1945）。这些政府建筑师也为私人业主服务。此外，还有一些多重身份的设计师参与了早期的建筑设计，其中包括海关官员、铁路工程师、天主教圣言会传教士，以及从中国其他城市前往青岛的德国商人。尽管其中有些人缺乏专业训练，却带来了在中国其他地方的西方建筑样式和建设经验。

租借地中后期，青岛建筑的风格逐渐向实用主义转型，建筑装饰减少，轮廓及体量也有所简化。在一些建筑的立面装饰和室内装修中，可以看到“青年风格派”的应用。[8]

同一时期集中在大鲍岛的华人建筑外观呈现出中西混合的风格。这种“混合”风格的产生，主要基于当时的建筑法规和建设管理部门的约束，而风格样式本身，则受到来源广泛的影响，比如中国南方传统元素、山东本地民居、当地德式建筑、南方租界折衷风格建筑，等等。与之相比，这一时期很少见到纯粹的中国传统风格建筑，芝罘路上带有浓郁江南风格的三江会馆，几乎是中式建筑的孤例。

6 历史主义是指从 19 世纪 50 年代至一战爆发前在欧洲广泛传播的一种建筑风格，主要特征是对历史上的建筑风格的重现与部分程度的折衷，具体的风格类型包括新罗曼式、新哥特式、新文艺复兴式、新巴洛克式，并在后期受到了新艺术运动的影响。

7 袁宾久，2009：20-29。

8 林德，1998：245-253。

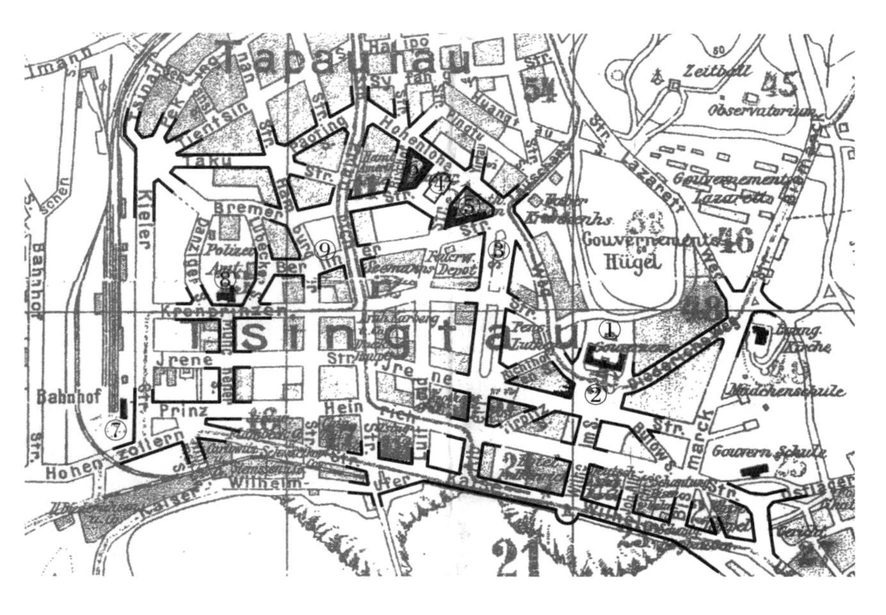

① 总督府
② 胶澳帝国法院
③ 阿尔贝特大街
④ 天主教堂预留用地
⑤ 圣心修道院
⑥ 天主教圣言会会馆
⑦ 青岛火车站
⑧ 警察公署
⑨ 城市公园

图 1–9　欧人区及商贸区重要建筑与街道空间结构

4. 建筑与街道

在规划青岛欧人区和商贸区时，规划师摈弃了传统的网格状模式，充分利用自然景观，设计出适应区域地形特点的街道和空间节点，这使得重要的公共建筑不再作为孤立的存在，而是与街道空间以及周边的建筑相辅相成、融为一体，共同形成富有特色的"场所"。这些场所通过视觉轴线彼此联系，在城市尺度形成景观网络（图 1–9）。[9]

欧人区东部总督府丘南麓是气势宏伟的总督府。大楼位于轴线中央，屋顶高耸，立面饰以花岗岩。楼前的街道网络中轴对称，正中的方形广场点缀以绿化，典雅别致。[10] 广场北面的总督府门前设有巨大的台阶以彰显威严，西侧的法院体量变化丰富。广场南边通过一条石阶踏步延伸至威廉大街（今青岛路），成为府前山海轴线的延续（图 1–10）。[11]

位于欧人区中部的伊伦娜街（今湖南路）以北一条宽约 30 米的冲沟，被保留在阿尔贝特大街道路中央，道路从冲沟两侧单向通过。1913 年，在冲沟附近建起了一个开放式公园，成为周边以花园住宅为主的居住社区的中心（图 1–11）。[12]

霍恩洛厄街位于欧人区西北侧，道路南部的圆形山丘是计划建设的天主教堂的预留地块。该处居高临下，向西南倾斜，同时又是两条街道的交汇点：其中不莱梅大街（今肥城路）向西伸展，路伊特坡尔德大街（今浙江路）由此向南延伸至海边。规划师的精心选址目的在于使行人在路过不莱梅大街和路伊特坡尔德大街时都能看到教堂。1902 年，教

9 针对青岛城市空间发展的详尽研究可参考华纳，1996：136–160。

10 华纳，1994：211–213；林德，1998：149–150。

11 华纳，1996：137。

12 华纳，1996：213–214。

图 1-10 总督府及府前广场

图 1-11 阿尔贝特大街道路中央的花园

堂前广场左右两边的侧翼建筑——圣心修道院、圣言会落成，而教堂用地则一直空而未建，直至 1934 年圣弥爱尔大教堂竣工，这处建筑空缺才得以填补。

青岛火车站是商贸区中最重要的设施，车站位于基尔大街（今泰安路），站房南部建有高达 35 米的钟楼，是该区域具有记忆性的标志建筑。[13] 海因里希亲王大街（今广西路）和霍恩索伦大街在站前汇聚，两条街道分别选取了车站主入口的三角形山墙以及高耸的塔楼作为街道对景，人们从市区远远地便可以望见车站。四条道路在站前围合出一处梯形广场，广场东南角 1902 年建成车站旅馆，旅馆转角带有塔楼，与车站的钟楼遥相呼应（图 1-12）。

13 青岛火车站于 1992 年、2008 年经过两次改建。改建后的车站位于旧址 30 米以南处，火车站旧址本为两条街道的对景，这种改建对城市景观造成了无法弥补的损害。

图 1–12　霍恩洛厄路与道路尽端的火车站，1909 年

警察公署位于商贸区北部，其所在的八边形街区占据一处高地，位于坡顶的公署大楼主体两层，屋顶高耸，东南角设有六层方形塔楼。始于海因里希亲王大街的慕尼黑大街（今蒙阴路）自南向北，正对警察公署大楼。[14] 警察公署东侧不远的街坊被建设成城市公园，四周由柏林大街（今曲阜路）、汉堡大街（今河南路南段）、不莱梅大街（今肥城路）、弗里德里希大街（今中山路）环绕。

小工业区路网顺外围铁路方向倾斜铺设，四条东北、西南向街道与不莱梅大街汇于西侧基尔大街，形成一处半圆形广场。从半圆形广场向东沿大沽街（今大沽路）即可到达该区的另一处五岔路口。然而这种路网格局的处理并没有得到建筑的呼应。

与南侧的欧洲人城区和商贸区相比，港埠区没有绚丽的公有建筑，街道空间的艺术化处理也乏善可陈。华人区的路网设计则更加平淡无奇，地形特征也并未得到顾及和充分利用。[15]

5. 山海之城

人工造就的城市与自然环境的紧密融合是青岛租借地时期进行城市营造的核心理念之一。自然环境是城市选址的重要考虑因素。1898 年，德国决定在胶州湾东岸背山面海的丘陵地带建设城市，使住宅能够坐北朝南，冬季依靠山丘的屏障而不受刺骨寒风影响，酷暑可享凉爽海风降温。就城市景观而言，居住在这里的居民足不出户，便可将蔚蓝大海、金色沙滩、海上岛屿尽收眼底。[16]

14 华纳，1994：221–222；林德，1998：143。

15 华纳，1996：144 页及以下几页。

16 最初，帝国海军部把城市位置选在大港东侧，那里地势平坦宽阔，易于房屋建设，基础设施投资也较为节省。参阅华纳，1998：112。

图 1-13 威廉皇帝海岸

图 1-14 欧人区的伊琳娜大街，1914 年

逶迤秀丽的海岸与起伏多山的地势，加上设计师巧妙的设计，塑造出青岛诗情画意般的城市景观。城中的山丘多经绿化后保留，成为美化城市的天然背景。众多的岬角在海岸线勾勒出一个个海湾，而独具匠心的设计使这些海湾各具特色。青岛湾中段威廉皇帝海岸滨海大街中心区域，一排整齐的旅馆塑造出壮观的城市界面。[17] 奥古斯特・维多利亚湾修有海水浴场，"海滩无石块、贝壳，沿海有花园长凳供游人休憩之用。"[18] 欧人区内，街道常在地势高低变化之处轻微转折，使临街建筑斜对街道而形成围合空间。许多纪念性建筑选址于山丘之上，辅之以高塔及华丽的建筑装饰，周边道路则以其为对景，勾绘出优美的街道景观和城市天际线。此外，欧人区街道也多选取自然景观作为对景，使山丘、岛屿在街道对景中若隐若现（图 1-13）。

17 Behmer，1906：44-45； 华 纳，1996：155。

18 《东亚瞭望》，上海，1910 年 11 月 18 日，转引自华纳，1994：266。

图 1–15　大鲍岛中国城，1907 年

图 1–16　福音教堂一代城区，1914 年

两种典型的城市肌理与地形环境紧密结合，塑造出两种截然不同的屋顶景观。南部城区建筑密度低，单体建筑以造型多样的屋顶样式和阁楼窗做装饰，上覆红色瓦片；屋顶景观散落在自然环境中，绿树随地势延伸，蜿蜒起伏；红瓦屋顶点缀其中，若隐若现。华人区建筑密集，如地毯般地延展，屋瓦堆叠，星罗棋布，鳞次栉比（图 1–14 至图 1–16）。

城市与山海环境的紧密融合使早期青岛在彰显现代城市功能的同时，又不失自然之美，城中处处“有诗有画”。

二、扩张与发展

德国人主持并实施的青岛造城计划止步于 1914 年。自此直至 1922 年日本政府将青岛归还北洋政府，史称第一次日据时期。

经过三个月的围城之后，日本人于 1914 年 11 月占领了这座垂涎已久的城市。他们将德国的战俘送到日本进行关押，然后着手进行新一轮城市扩张计划，以应对迅速涌入青岛的大量日本侨民。在这个过程中，日本人对德国人建设城市的方法和成就表现出极大的尊重，并在城市建设实践中积极地学习和延续。

为了强化城市与港口的联系，日据时期的市政当局将发展重点放在城市北部，围绕港埠区一带，通过扩建路网、建设公共设施、推进新城区发展，完成了对德租时期形成的空间结构的调整和扩张。

1915 年出台的《青岛市街工事计划》，指导了整个日据时期的城

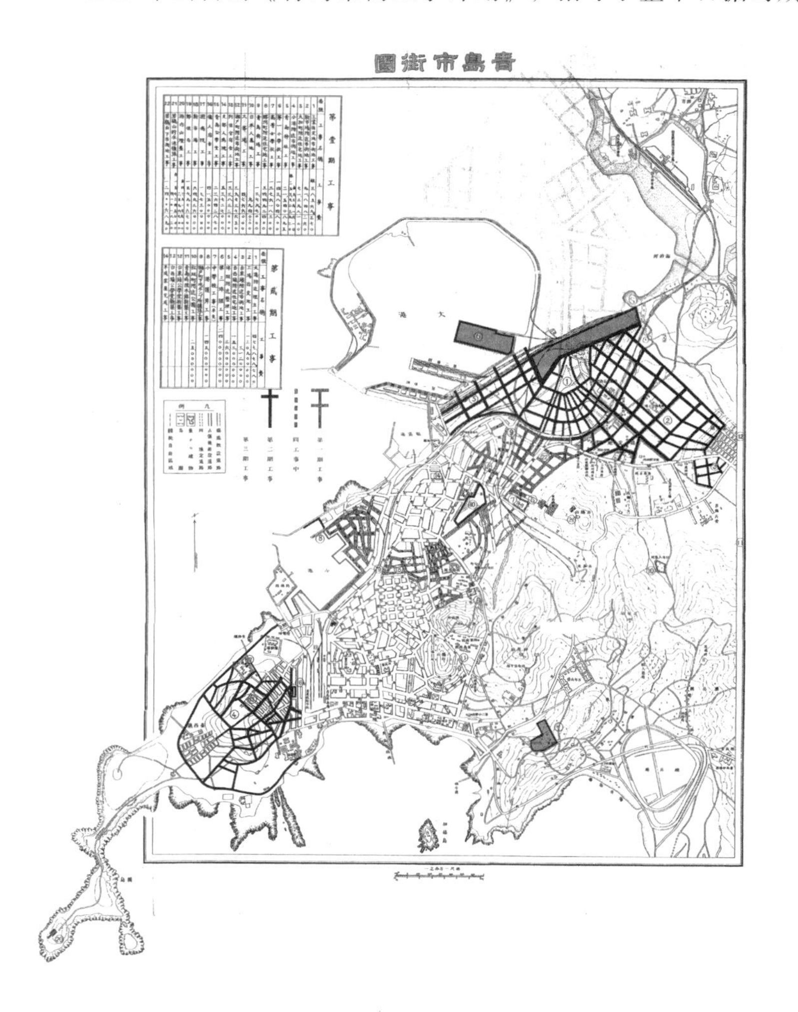

图 1-17　青岛三期市街扩张计划，1915 年

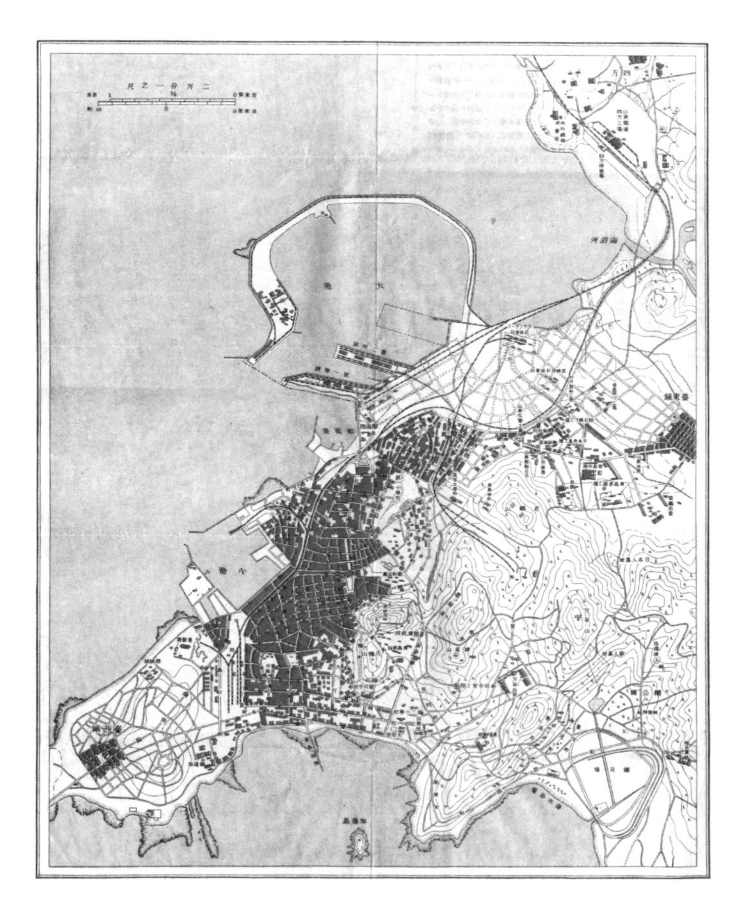

图 1-18　青岛市街图，1922 年

市空间拓展。根据该计划，城区扩建分三期进行。[19] 通过促进对港埠区东南一带的扩张，推进城市中心向北转移，将城区向台东镇、台西镇开拓，并进一步向东北部的四方一带推进。至日据时期末，三期计划中第一期全部完成，第二期部分完成。德租时期相互独立、游离的城市组团，在这一时期毗连成片（图 1-17，图 1-18）。[20]

1. 第一期和第二期工事

第一期工事从 1916 年持续至 1918 年，分两个阶段，共七项道路建设工程；另有一系列公共设施，如医院、学校、邮局、市场、公墓等，1920 年末全部完工。[21]

在第一期工程的第一阶段，中野町（今聊城路）与上海町之间形成细密路网，日本人将之命名为"新町"（新市区），发展为小型料理业、艺妓业、娼妓业集中地。该区以南的山谷地带，被开辟为新町公园（图 1-19）。由沧口町、吴淞町、中野町、所泽町围合而成的低地，被辟为商业区。三条东西向街道分别命为市场町一丁目、市场町二丁目、市场

19 《青岛市街工事计画》由日本规划师田口俊一和宫本长治完成，完成的时间大约在其 1915 年 2 月到达青岛不久之后。参阅：《土木志》，1920：5-6。

20 据胶澳商埠督办公署的一份数据显示，青岛市区面积在德租时期为 4.7 平方公里，第一次日据时期，在此基础上增加了 3.6 平方公里，另有 3.1 平方公里的区域，尚在进行基础设施建设，未完全建成。

21 Hobow Junichi，1922：16。

图 1-19　新町鸟瞰，1918 年

图 1-20　市场二丁目，1929 年

町三丁目（今市场一路、市场二路和市场三路），以容纳中型商铺（图 1-20）。另外，小港以北的三角形地带也开辟出街道，与原有市区相连成片，作沿海贸易市场及建设仓库之用。以上措施大大缓解了住宅和经营用地紧缺的局面。[22]

第一期工程第二阶段，若鹤山（今贮水山）以北至台东镇一带被规划为工业区。上海町与大和町二丁目（今热河路，德租时期德意志大街）之间，两条弧形街道沿斜坡伸展，沿街建设独立式花园住宅。大鲍岛区的四方町、海泊町向东延伸，在测候山（今观象山，德租时期称天文台山）北麓形成一片住宅区。若鹤山与港埠区之间地势平坦，街道呈棋盘状，是扩建工程的核心部分。[23] 当地人取此处原有村落之名，将这一日本人商住区域称为“小鲍岛”。

22《土木志》，1920，5；Hobow Junichi，1922：15-16。

23《土木志》，1920：5-6；Hobow Junichi，1922：16。

第二期工程在市中心与台东镇、台西镇之间的空地展开。通过在此开辟市街，将德租时期游离在外的两个劳工居住区与主城区联系起来。

小鲍岛与台东镇之间的扩张计划主要包括三个部分：开发早在第一期工事的第二阶段已预留出的“工厂地”，开发填埋大港附近的滩涂，以及整理大港码头附近地段。“工厂地”一带路网顺沿台东镇路网既成方向，呈方格状布局；街坊划分适应工厂建设需求，尺度大于台东镇。大港附近，通往码头与通往火车站的铁轨之间区域顺应铁路走向，形成正交路网。这两块区域之间的填海造地，采用放射形路网：弧形的街道将工厂地东北—西南走向的街道与码头区域西北—东南走向的街道连在一起；垂直于弧形的放射道路交汇于近胶州湾一侧的一点。从这种街道形式来看，日本人或许计划将火车客站转移至此。至 1922 年，三期工事中仅有“工厂地”路网竣工。

按照规划，劳工居住区台西镇与火车站之间相对平坦的丘陵地段，将被开辟为住宅区。滨海的道路环绕该区，经过台西镇南侧向西延伸，并在团岛转向北方，连接到小港一带。主干道台西镇通（今云南路，德租时期称台西镇大街）穿该区中部而过，各支路或呈弧形，或轻微转折，形成相对自由的路网格局。[24] 该区预留有两处街坊，计划建设日本第三小学校和中国学堂。到 1922 年，这一区域的基础设施仅有部分道路和下水道系统竣工，建筑部分完成了中国学堂（台西镇小学）的建设。

2. 路网布局与街道空间

德国租借地时期青岛曲折、不规则的路网布局方式得到日本规划师的认同。这不仅仅是对青岛起伏地势的简单适应，更是规划师苦心孤诣，对街道景观艺术化处理的结果。[25] 如果说日据时期的第一期工事还是基于德国人事先的规划，那么从第二期工事，即火车站与台西镇之间的路网结构则可以看出，日本规划者力图用自己的方式来诠释德国人的规划理念。

比较租借地时期近乎苛刻的建筑规范，日据时期的建筑法规已允许建造更高的建筑物，但是在新开发的日本人聚居中心，沿街而建的围合式建筑大部分仍为两层。这使得街道横截面高宽比大多低于 1，形成连续但并不压抑的街道空间（图 1–21 至图 1–23）。

日本人常将位于街道交叉口的建筑部位切角，使建筑有一个立面可以正对路口。这个部位通常通过点缀三角形或弧形山墙加以强调，也有

24《土木志》，1920：6；Hobow Junichi，1922：16。

25 Hobow Junichi，1922：16。

图 1-21 阳谷路（赈町），1929 年

图 1-22 祝町（旅顺路），1918 年

个别建筑饰以矩形或弧形塔楼。通过这样的处理，建筑的街角立面与弧形、轻微转折的街道相映成趣，沿视觉轴线融入街道对景，巧妙装点了街道空间。除作为中野町对景的望火楼以外，公有建筑[26]以及纪念性建筑很少出现在街道对景中（图 1-24）。

3. 公有建筑

除扩建道路系统以外，第一、二期工事计划也包含了公有建筑的建设，其中大部分建筑在 1915 年至 1922 年间如期完成。由于德租时期建

26 公有建筑：指城市中由政府投资并运营的公共建筑。

图 1–23　辽宁路（若鹤町），1929 年

图 1–24　聊城路（中野町），1929 年

设了大量行政建筑，所以日本人可以将更多精力集中在满足文化和日常生活需求的建设项目上。这些建筑大多位于新城区，有效促进了城市空间格局的转变。

在 1918 年之前，日本军政当局在新町东南部开辟和建设了日本人公墓和日本人火葬场等公共设施。1918 年 2 月，位于市场町三丁目与所泽町（德租时期为皇帝大街南段，今堂邑路）交汇处的青岛邮便局开工，翌年 4 月落成，取代德国人在广西路建造的胶澳邮政局成为青岛市的邮政总局。邮便局主体三层，街角采用弧面造型，主入口朝向路口（图 1–25）。

图 1–25　青岛邮便局，1925 年

图 1–26　青岛市场

邮便局东侧不到百米便是青岛市场。市场建成于 1918 年 2 月，建筑主体两层，巨大的建筑体量沿市场町三丁目展开，蔚为壮观。[27] 这两幢公共建筑也成为由栈桥通往大港的城市商业走廊上的门户（图 1–26）。

为适应青岛日侨数量迅速增长的需求，日本市政当局在青岛先后建设了三所规模较大的学校，分别是青岛"第一日本寻常高等小学校"、青岛"日本高等女学校"和青岛"日本中学校"（图 1–27，图 1–28）。三处学校均选择清幽寂静之地作为校址，而主体建筑也都与街道保持了一段较宽的距离。即便如此，它们庞大的体量、雅致的造型和高耸的塔楼，依然成为引人注目的街道景观。

27 《土木志》，1920：94–99；李明，2005：254–256。

图 1–27　日本中学，1925 年

图 1–28　日本第一寻常小学校

为应对日渐庞大的日侨群体的卫生保健需求，青岛日本军政当局于 1920 年在“青岛病院”[28] 加建一栋门诊楼。门诊楼位于原总督府医院三角形地块的南角，[29] 门诊楼主体两层，立面装饰华丽（图 1–29）。1919 年，作为青岛病院分院的普济医院在新町东南落成，主要面向中国患者。[30] 两所医院都位居交通枢纽，但规划上却未与相邻的公共空间形成良好的对应关系。

青岛神社是日据时期青岛最重要的宗教和休闲活动场所。神社位于小鲍岛东侧，若鹤山（德租时期为毛奇山，今贮水山）西北麓，1918 年 4 月 1 日开工，1920 年 7 月 5 日建成，随即成为青岛日侨主要的文化活动中心。青岛神社由日本神社局建筑师加护谷祐太郎设计，在风格上完全按照日本国内神社的陈设布局，是青岛屈指可数的传统和式建筑。[31] 在空间关系的处理上，神社与周围环境巧妙融合，浑然一体（图 1–31）。

总体而言，日本规划师在路网布局以及公有建筑物选址方面，既未

28 青岛病院德租时期为总督府野战医院，是青岛建立最早的一所医院，后为山东大学医学院附属医院，现为青岛大学医学院附属医院。

29《土木志》，1920：102–107；李明，2005：204。

30《土木志》，1920：96–98；李明，2005：202。

31 Hobow Junichi，1922：72–73。

图 1-29　青岛病院，1929 年

图 1-30　青岛神社鸟居，1925 年

顾及其相互作用，也未考虑这二者与自然地势的适应与协调。这一时期少有纪念性建筑选址山顶，壮丽的建筑物也从未出现在街道对景中。如前文所述，德租时期艺术化的城市意象是街道布局、自然地势、公有建筑三者间协调配合的结果，而日据时期这三者间的联系却微乎其微。

4. 开放空间

开放空间的设计与经营是日据时期的规划设计师在青岛着力实践的城市空间扩展内容。通过这一不懈努力，最终丰富了城市的公共生活与空间形态。

图 1–31　青岛神社，1929 年

图 1–32　新町公园，1925 年

在日本人看来，青岛地区起伏的丘陵地形、蜿蜒曲折的海岸以及镶嵌其中的隽美建筑将整个城市塑造为一座“大花园”。德国人早期不遗余力的造林工作大大增进了这座花园的品质。日德战争在青岛留下的痕迹，也被日本人当作名胜加以保存，供人凭吊。[32] 占领青岛后，日本人保留了德租时期的所有公园，并继续加以维护利用。

此外，日本人在这一时期建设了若干新的公园。“霞ノ关通”（德租时期为约翰·阿尔布雷希特路，今莱芜一路与莱芜二路）以东较为陡峭的斜坡成为“霞ノ关公园”的一部分（今伏龙山公园）；德远洋行在大窑沟的窑厂一带被改建为“新町公园”（图 1–32）；火车站前广场

32 《土木志》，1920 年：55。

被加以绿化改造为“千叶公园”。按照市街扩张计划，青岛“第一日本寻常高等小学校”与松坂町（今德平路）之间的冲沟也将被改建为公园，但这一地块北面的部分后来划归学校，建成配设简易看台的长方形操场。日本人在建造公园时，秉承“自然为主，人工为辅”的理念，尽量保留原有自然面貌，仅通过完善绿化植被、添置桌凳、铺设道路等方式，对其稍作雕琢。

若鹤山连同其西麓的“青岛神社”被建成一座公园，并成为日本侨民的公共活动中心。神社在面向若鹤町的山脚下建有一座日本传统样式的牌坊，称为“大鸟居”，并作为神社的第一道正门。经过大鸟居后是一条笔直的参道，参道尽头是120级递层而上的宽大石阶，拾阶而上可到达第二鸟居。穿过第二鸟居，便抵达神社的拜殿建筑群。拜殿建筑群建于矩形石台之上，周围由一圈低矮的栅栏环绕。建筑均采用日本传统木结构，三座殿宇沿中轴线依序排开，若干附属建筑在四周呈拱卫之势。神社木质架构连同日本传统风格的屋顶高居山麓之上，与既有的欧洲城市风貌形成强烈对比。在樱花树构建的视觉轴线尽头，三座大殿依托山势，居高临下，其庄严神圣之势无可比拟。此外，神社周边还饲养了许多动物，并种植各种植物，开辟了一片铺满白睡莲的水塘，并设置了一处相扑场地（图1–30）。

为纪念在日德青岛战事中阵亡的日本士兵，日本在“旭公园”（今中山公园）中建设了一块浅色花岗岩纪念碑，名曰“忠魂碑”。忠魂碑坐落在方形的石质基座上，背靠旭山（德租时期伊尔蒂斯山，今太平山），面朝西南。基座前方展开一段宽大的石阶，再以一条长长的甬道与公园主路相连。在这里，视觉轴线对景与石阶的烘托再次成为塑造庄严氛围的手段。远处苍翠的旭山成为视觉轴线的尽端背景（图1–33）。

5. 建筑语汇

日据青岛期间，军政当局从未对新建筑提出明确的风格要求。整体而言，这一时期新落成的建筑明显受到西方建筑风格影响。除青岛神社等宗教建筑外，这一时期的其他公有建筑均未采用日本传统的和式风格。尽管如此，由于各种类型的建筑受到了不同外部条件的影响，使日据时期建筑风格的演变呈现多层次的特点。

日据时期由政府建设的大型公有建筑所采用的风格主要取决于建筑师的决定。其中青岛“第一日本寻常高等小学校”和青岛“日本高

图 1–33　忠魂碑，1929 年

等女学校”的教学楼，都采用了新哥特风格，并显示出当时日本本土模仿欧洲历史主义建筑风格过程中形成的一些特征。另外，青岛德式建筑的典型元素也在日据时期的建筑设计中频频出现。日本中学校和青岛市场都选用花岗岩粗面石条作为立面装饰，使建筑呈现类似德租时期的粗犷风格。基督教堂的水纹抹灰立面，被应用在日本中学校的设计上。青岛日本中学校和青岛日本高等女学校的宿舍，则采用了半仿木桁架结构装饰墙面，以塑造轻松活泼的氛围。总督府坡顶的牛眼窗，成为日据时期建筑阁楼窗的常见形式。这一时期的所有大型公有建筑都设计有塔楼作为装饰，塔楼或立于坡顶，或位于主体一侧。德租时期塑造建筑制高点，并以此点缀城市天际线的手法，在日本人手中得到延续。

期间出现的金融和商业建筑，大多模仿欧洲商业建筑的历史主义风格。这些二至三层的建筑与德租时期同类型的建筑在体量上并没有明显区别，但与后者的田园风格相比，前者更倾向于利用柱式与严谨的立面划分，呈现具有大都市氛围的建筑面貌（图 1–34，图 1–35）。

日据时期，日本侨民兴建的普通商住房屋，与德租时期华人商住建筑相似。采用围合式建造的日本一般侨民的商住用房外墙大多依照建筑规则的要求采用砌体结构，而院落的界面则采用木结构（图 1–36）。

图 1-34 三井物产株式会社，1918 年

图 1-35 江商株式会社，1918 年

三、回归与繁荣

1922 年底，北洋政府从日本手中收回青岛，这座城市进入第三个重要的发展阶段。这不仅是中国近代第一次从列强手中收回城市主权的标志性外交成果，同时也为中国政府管理与建设现代城市，提供了重要的实践机会。无论对于北洋政府，还是在 1929 年初接管青岛的南京国民政府，青岛都是他们治下现代化水平最高的城市。

图 1-36　日本商住建筑，1918 年

伴随着政治格局改变的是社会经济方面的变化。青岛回归之后，旅青日侨数目有所减少，而华人市民的数量则迅速增加，其中不乏政治、经济与文化方面的精英。青岛迅速成为中国面向世界开放的一个窗口，外国侨民数量在接下来的十几年间有着显著的增长。在经济层面，被压制了 8 年之久的华人商贸活动重新开始焕发出活力，尽管主要的工业企业仍然掌握在日本人手中，但民族工业以及其他国家投资的产业也有了显著的增长。社会经济的发展，进一步推动了城市空间的扩张和文化生活的繁荣。这一系列的变化，通过 1922 年至 1937 年的建设行为，明显地体现出来。

1. 市政当局与建设主管部门

合理的市政管理是促进这一时期青岛建设繁荣的重要前提；其中 1929 年以后由市政当局积极推动的一系列市政建设行为，成为这一时期城市建设成果最重要的组成部分。

青岛回归以后，北洋政府组建胶澳商埠督办公署，作为行政管理机构。1925 年，督办公署改组为胶澳商埠局，归山东省政府管辖。[33] 胶澳商埠督办公署下设工程部，负责管理公共工程及基础设施扩建。1924 年 8 月，工程部改组为工程事务所，下设总务、土木和水道三科。土木科主要负责公有建筑的设计与建设、建筑法规的制定、私人建筑活动的审核与监管以及街道和地块边界的划定。[34]

1929 年 8 月青岛特别市政府成立，取代胶澳商埠局成为青岛新的

33 青岛市档案馆，《帝国主义与胶海关》，1986：230。

34 赵琪，《胶澳商埠现行法令汇纂》，1926：管制 -1，53-57。

城市行政管理机构，又于 1930 年 6 月改为青岛市政府。这一时期的建设管理以及土木、水道工程的规划与实施主要由工务局负责。工务局下设三科及自来水厂，其中第一科职掌文书总务事项，第二科内设设计股和施工股，主要负责公共工程的规划设计与施工。第三科内设审核股、注册股、公用股，以项目审查、建筑师与营造厂注册以及市政设施维护等管理工作为主。[35] 按照《青岛市工务局暂行组织规则》规定，局长下设秘书一人、科长三人、技正三人、厂长一人。另有技正兼充科员 19 人至 21 人、技士 17 人至 20 人分办各科事务。视事务繁简情况，还可酌用技佐、办事员及雇员。[36] 技术人员在当时待遇优厚，备受尊敬，地位远高于普通办事人员，使得这一时期的工务局招揽了许多优秀的专业人才。

2. 城区空间扩张

青岛回归后，胶澳商埠督办公署（商埠局）对市区内的街道系统进行了进一步扩建，使得市区随之不断扩张。台西镇以北、台东镇以西两片日据时期未完成的市街建设工程于 1924 年竣工。火车站以西区域，沿着云南路一带形成一片居住区；在随后的几年中，这里成为中低社会阶层的聚居地。同样，台东镇以西的工厂地也得以进一步向北扩展。这二者的不同形态的拓展，均按照日据时期的规划建设完成。

市区内部的道路系统亦得到扩充，在地形起伏明显的丘陵地带形成许多住宅区。新修筑的观海二路平行原有的观海一路，在更高处绕观海山一周，两路之间有一条道路和若干石阶路贯通。在观象山东麓，观象二路自江苏路与胶州路路口引出，平行江苏路延伸。另外，小鱼山西麓、信号山南麓、伏龙山西麓、贮水山南麓等地也相继有适应地形的蜿蜒道路建成。这些街道一般宽 8~10 米，不设专门的人行道。

太平角位于市区东侧，由湛山延伸入海形成。自 1922 年起，陆续有中外居民在此建筑房屋。商埠管理末期，此处房屋数量明显增加，附近沙滩则形成一处海水浴场。1928 年，胶澳商埠局批准工程事务所在太平角开辟街道的申请，至于相关道路的规划设计此前已经完成。[37] 湛山大路（今香港西路）以南的这片区域，采用了倾斜的棋盘状路网，由五条西南—东北方向的平行街道和六条西北—东南向街道相互垂直相交而成，前者平行于湛山，被命名为湛山一路至湛山五路，后者朝向太平角，得名太平角一路至太平角六路。

35 青岛市政府，《青岛市市政法规汇编》，1935，工务：1–6。

36 青岛市政府编，《青岛市市政法规汇编》，1935，工务：2。

37 赵琪，《胶澳行政纪要续编》，1929：452。

1929 年至 1937 年间，青岛特别市政府继续积极开辟市街，市区不断向东扩张，形成多个以独立住宅为主的居住社区。[38]

1932 年至 1934 年间，工务局将齐东路向东北延伸至伏龙山东侧，并在其与大学路之间开辟信号山路等道路。该处山势崎岖，坡度较大，道路走向一如德租时期汇泉湾畔别墅区的道路，沿等高线顺势而筑，以突显地势特征。顺势而上的道路则多有转折，营造出私密的社区氛围。几条平行等高线的道路之间因高差较大，多由石阶路相连。在接下来的几年中，这个区域逐渐形成一个以独立住宅为主的居住社区，居民多是华人资本家与高级职员。1935 年，时任工务局局长的邢契莘[39]便在信号山路购地置产。

荣成路以东至太平角别墅区之间的区域，“前临海滨，松林畅茂，风景清幽，尤为避暑及高尚住宅之胜地。”1932 年，青岛特别市政府将该区域划定为“特别规定建筑地”，并在原荣成路和黄海路的基础上，规划建设 10 条道路。这些道路均以中国著名关隘命名，后被市民称为“八大关”。该地区道路大多走向笔直，仅有少数几条道路顺应地势，略有轻度转折。到 1935 年为止，区域内规划的 10 条道路陆续建成，道路沿线土地分批放租，吸引了大量中外大资本家、银行家、外交官、地方政要等高级官员在此租地建造别墅、住宅。与此同时，太平角别墅区继续向东扩展，东西向的湛山一路、二路、三路向东延伸，与开辟的太平角五路、六路垂直交汇。

1937 年，位于太平山北麓的东西向干道天门路开工建设。因时任市长沈鸿烈为湖北天门人，故道路命名为天门路。该路宽 30 米，为青岛当时最宽的道路，沿途规划为中等居住社区。至“卢沟桥事变”时，路基仅修筑到南仲家洼，工程尚未完工。日军于 1938 年第二次占领青岛后，将道路改称“兴亚路”，并继续修筑完成（图 1–37）。

3. 建筑的多元与繁荣

1922 年至 1937 年期间建成的建筑是这一时期青岛城市发展的重要物证，是城市政治、经济、外交、社会、文化、人口变迁的外在反映。检视这些建筑，不应仅仅局限于一楼一屋的风格、形式与功能，而应当将其还原到大的空间和时代背景中，发掘建筑在城市层面所承载的含义和发挥的作用。

按照数量、尺度和功能的差异，可以将这一时期的城市建筑大致划

38《青岛市行政纪要》，1933，公务：40。

39 邢契莘（1887—1957），字学耕，号寿农，浙江嵊县人，麻省理工学院造船造舰系毕业，分别于 1914 年和 1916 年获得学士与硕士学位，1932 年 10 月—1937 年 4 月任青岛工务局局长。

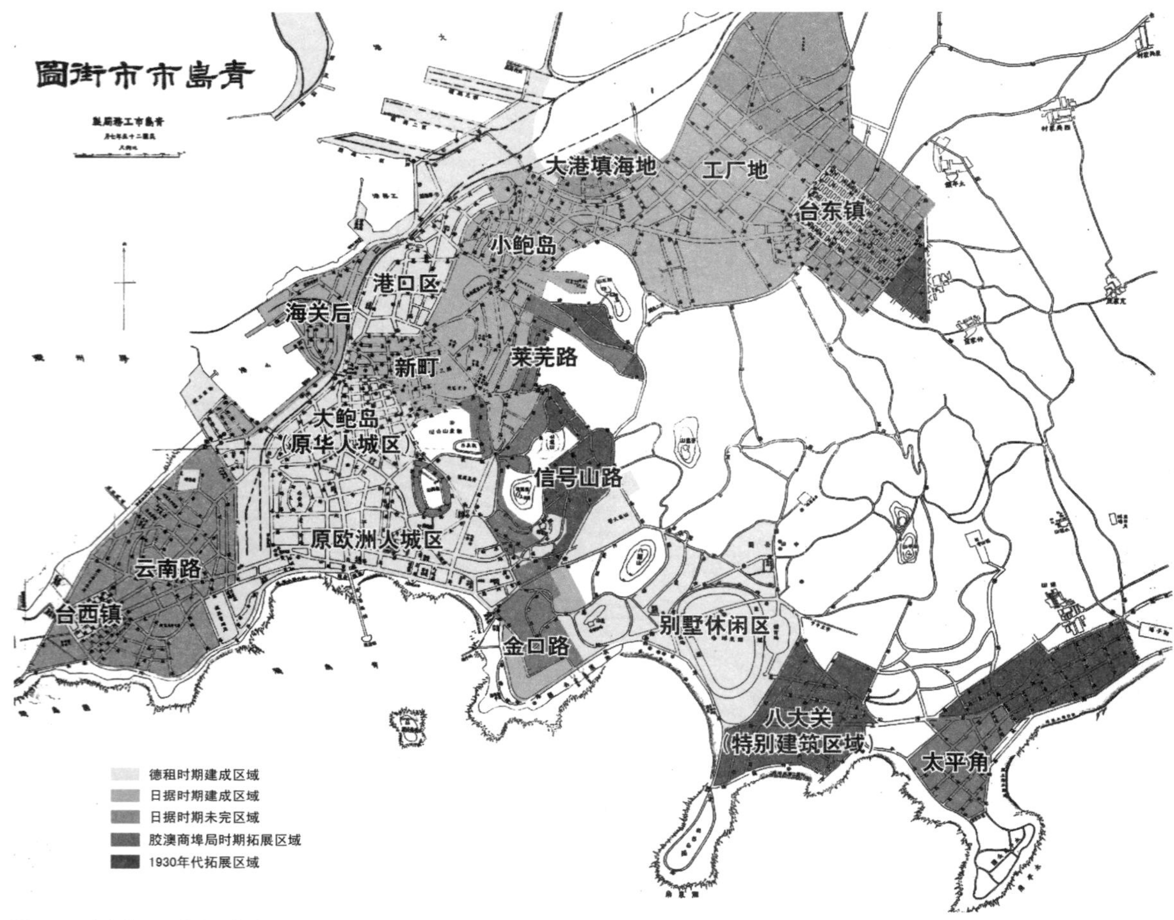

图 1-37 青岛街区组成及形成时段

分为核心城市建筑与一般城市建筑两种类型。核心城市建筑数量较少，公共属性较强，并以庞大的体量、华丽壮观的设计，成为城市地标。一般城市建筑是指大量的普通商业与住宅建筑，它们占城市建筑的大多数，是构成城市肌理的主体部分。

政府建设的公共建筑是核心城市建筑的重要组成部分。这些建筑的类型包括市民礼堂、体育场、学校、民众教育馆、国术馆等文化、体育与教育建筑，其功能和形象直接反映着当局的政治教化意图。平民住宅与洋车夫休息亭尽管建筑艺术价值不高，却是当时政府寻求社会公平的重要见证。

私人领域的公共建筑，占据了核心城市建筑中更大的比例。这些建筑主要集中在金融、商业、宗教、文化和教育领域，包括银行、商业大楼、旅馆、教堂、影剧院、会馆、学校等。从某种程度上说，这些公共建筑的业主通过建筑以及相应的建设行为，对城市进步发挥出各自的影响力。而这些建筑本身，则又是他们实力的体现以及观念的表达。这些分别被个体、行业、籍贯、团体标签化了的公共建筑，在相当程度上扩大了社会组织的多元化与文化的多样性。这是在之前的城市管理体制下不易出现的。

一般城市建筑虽然不像纪念性建筑有着清晰的风格样式，但同样是城市风貌的重要组成部分，它们记录了多重文化互相影响的过程，并从一个侧面反映了同时代的文化观念与社会行为特征。里院和花园住宅是这一时期最主要的一般城市建筑，完成了对工业区之外大部分新城区的填充。而集合住宅作为一种新兴的住宅形式，也已经开始在青岛崭露头角。

青岛湾与太平路，1934 年左右。前景为 1931 年修建的栈桥东公园，太平路沿线是德租时代建造的几栋商业建筑。一年以后，青岛市礼堂在最西侧三层大楼以西落成。太平路东侧为莱阳路、金口路一代花园住宅社区，远处为小鱼山和山顶的湛山精舍。最右侧可依稀辨认出刚落成的太平路小学和市立女子中学新教学楼。图片来源：巴伐利亚国立图书馆，Ana 517

第二章　市政楷模

1922年至1929年，主政青岛的胶澳商埠督办公署（胶澳商埠局）财政收入有限，财政政策保守，疲于维持已有的城市设施，以至于7年间竟没有一座成规模的市政建筑落成。20世纪30年代前期，接管青岛市政的青岛特别市政府积极推动市政建筑的建设。这一时期落成一系列市政建筑与社会建筑，并开辟了许多公园，在物质层面保障和促进城市的文化和社会发展。这些建筑或采用欧洲近代历史主义或装饰艺术风格，或应用民族传统建筑元素，现代主义风格也得到应用，其设计和形象不仅与建筑的功能、地段紧密联系，也对应了当时政府开放的文化态度。

一、城市形象的塑造者

青岛城市化初期德国人在租借地留下的行政建筑到20世纪30年代初期仍然能够满足政府需要。这使得青岛特别市政府可以集中有限的财政资金，支持教育、科研、文化建筑的建设。这些陆续建成的公共建设项目，无可置疑地成为城市形象的塑造者。

1. 栈桥与回澜阁

青岛栈桥位于青岛湾北部，与中山路相连。栈桥最早被称为“青岛铁码头”，于1892年至1893年由驻防青岛的登州镇总兵章高元修筑，作运输物品之用。1901年德国人又将其延长至420米。桥身宽10米，分南北两段，北段为石基水泥地面，南段原为铁架木面。因码头深入海中，为海滨远眺胜地，至国民政府接管青岛时，游人络绎不绝。然而彼时栈桥南段因潮水侵蚀，已“污烂不堪、基本动摇，大有倾圮之势”[40]。但栈桥当时尚承担青岛港检疫职能，青岛地方政府念其为开埠历史的重要见证，故设法对其进行维护，“以壮观瞻”。1930年冬，港务局将南段木桥拆除，改用钢筋混凝土建造，并在桥之尽端建造三角防波堤岸，与北段石桥相连，形成“个”字形平面，并使全桥总长增至440米。此外，港务局还在三角形防波堤上建筑二层飞檐八角凉亭以备夏季纳凉休息之用。改建工程自1931年9月开工，至1932年4月完工。[41] 钢筋混凝土结构的凉亭采用传统中国建筑样式，名曰“回澜阁”，阁顶覆以黄色琉璃瓦，四周有24根红色圆形亭柱。延长20米之后的栈桥，其尽端恰好位于安徽路的延长线上，使“回澜阁”成为安徽路的海中对景。德国人在规划欧人区时，非常注重设置道路对景。例如，通过将江苏路朝向海中的小青岛以及在太平路上正对青岛路设置纪念碑的方式形成对景关系。“回澜阁”的修建表明，这种城市设计手法，已经为中国规划师所掌握。

2. 水族馆与水产研究所

汇泉湾西侧小鱼山入海之处，地势陡峭。莱阳路沿海岸线延展，临海一侧，礁石嶙峋，直倾入海，唯有两处台地与街道平齐，可建造房屋。20世纪30年代初，这里建造起两座与海洋科研密切相关的建筑，并都采用了民族风格。

位于东侧地块的青岛水族馆于1931年1月动工，1932年2月落成。

40 青岛市政府招待处编印《青岛概览》，1937年1月，76页。

41 《青岛市行政纪要》，1933，港务：15。

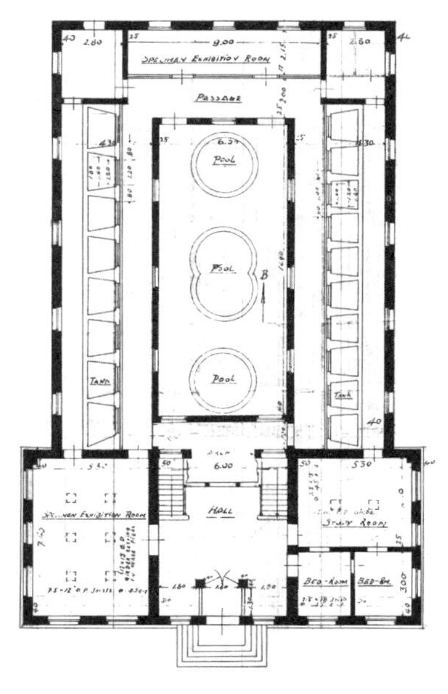

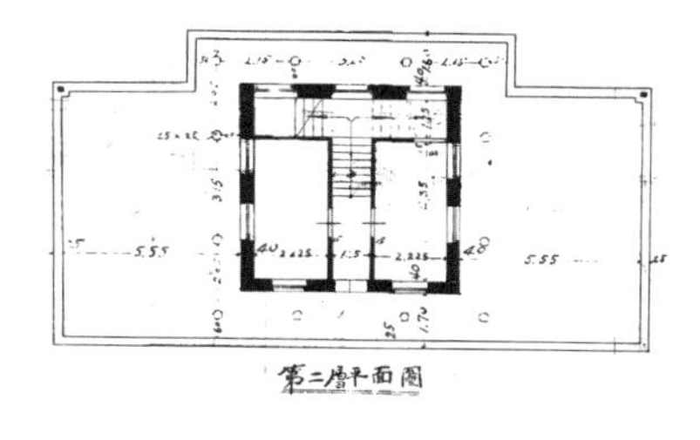

图 2-1　水族馆一层与二层平面图

图 2-2　水族馆与海滨公园

青岛水族馆是中国第一座水族馆，也是当时亚洲最大的水族馆。[42] 水族馆一层展厅平面为长方形，由莱阳路向海边延伸，并与横向的门楼相连接。门楼面向大海，正中为主入口，上置中式双层四角阁楼。一层展厅通体由粗面花岗岩贴面，女儿墙被砌成城墙墙垛样式，厚重的墙体上仅开小圆窗，搭配红柱绿瓦白墙阁楼，如同中国古代城门一般。阁楼室内四周设置方柜，陈列标本。展厅中央为一内院，设有三座圆形展览水池。内院两侧为回廊，回廊东西侧为室内养鱼池——沿墙而筑，嵌入墙中，底面高与胸齐，东侧墙壁分为八格，西侧墙壁分为十格，顶上与正面均镶嵌厚玻璃，用以通透日光。池中注满海水，并置海草岩石等，放养鱼类，模拟海底景象（图 2-1，图 2-2）。[43]

42 参阅李明，2005：260。

43 《青岛水族馆略记》，北洋画报：1934 年第 12 卷，总 1134 期。

水族馆西侧的海滨生物研究所建成于1936年。二层的研究所大楼采用长方形平面，上覆中式歇山屋顶。建筑南侧两翼略微突出，并辅以屋顶飞檐加以装饰。建筑中段为楼梯间和辅助用房，两翼则为研究室与陈列室。依照1936年6月呈报工务局的图纸，建筑立面设计非常简单，而工务局的审核人员显然对此并不满意，进而在立面图上进行修改，增加了许多中国传统建筑装饰元素。最终建成的研究所大楼立面装饰丰富，一层为花岗岩贴面；南侧中央的主入口上方设有飞檐雨棚，与两翼的屋顶形成呼应；二层立面以红漆壁柱划分，窗枋与檐口设计细腻，窗下的墙面还有独特的装饰纹样（图2-3，图2-4）。

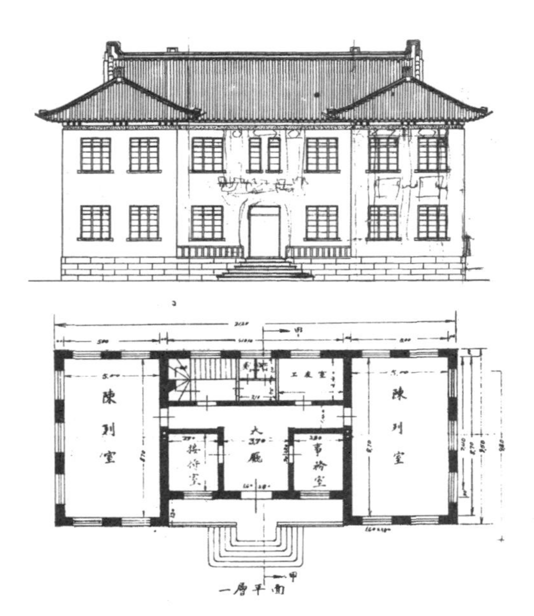

图2-3 水产研究所平面与立面图

图2-4 水产研究所

3. 青岛市礼堂

位于兰山路的青岛市礼堂于 1935 年 7 月 14 日落成。在此之前，由于缺乏合适的集会场所，青岛的华人公众集会不得不借用会馆或旅馆大厅。自 1922 年青岛回归以来，特别是 1929 年国民政府接收青岛之后，这种状况越发显得不合时宜。1932 年春，政府准许将第四公园放租予 6 家银行及银行公会时，要求其在用地内代建一座公共礼堂。银行同业公会计划将礼堂设于公会办公楼的三层。至设计图完成后，市政府认为礼堂规模过小，大量人流上下交通不便，且与金融功能冲突，故改由银行同业公会补助 3 万元，择地另建礼堂。礼堂最初拟选址于第一公园，后因位置过于偏远，改选太平路上浙江路以西空地。[44] 礼堂建筑方案由工务局技正郑德鹏[45]于 1934 年完成，最终耗资约 4 万元（图 2–5，图 2–6）。

建筑采用钢筋混凝土结构，平面为"T"字形，南侧为沿滨海道路展开的三层高的主入口，设有衣帽间、客室、餐厅等用房，礼堂位于北侧，宽 21 米，进深 32 米，可容纳 800 余人。[46] 礼堂的主立面正对青岛湾，成为滨海城市立面的重要组成部分。严谨对称的立面采用欧洲古典样式，

44 《工务纪要》，1934 年：27；《青岛银行工会落成记》，王祖训，见：《中行生活》，1934 年第 33 期。

45 郑德鹏，江苏溧水人，东北大学工学院土木系学士毕业，1932 年 8 月起在青岛市工务局第二科任技佐，1933 年 4 月升任技正。

46 青岛市政府招待处《青岛概览》，1937 年：72。

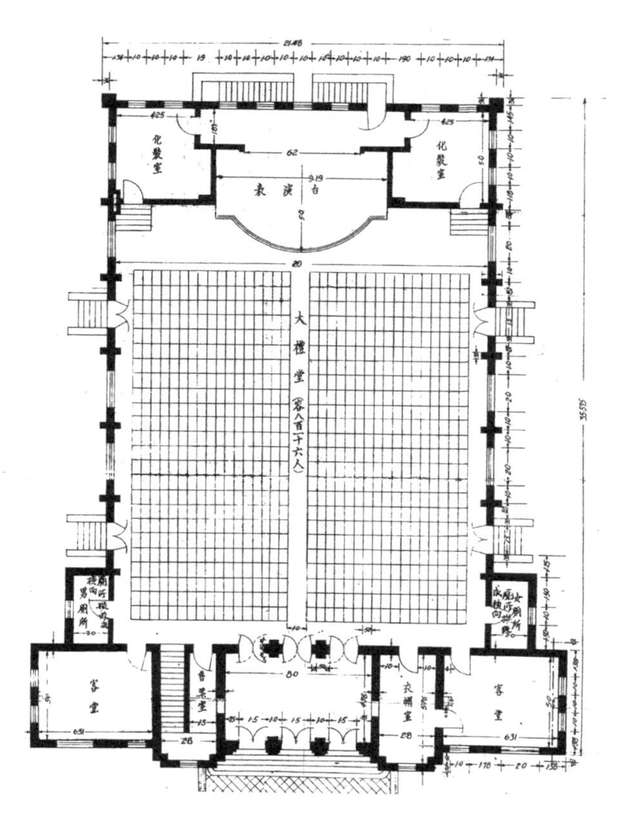

图 2–5　青岛市礼堂平面图

图 2-6　青岛市礼堂落成典礼，1935 年

横向划分为五段，两翼两层，中段三层，两翼与中段之间的连接段高两层半，并向前凸出。两翼开有三联长窗，由宽厚的墙体环绕。中部入口前设有六级宽大的台阶，通向三扇双开大门。大门之间和两侧为两层高的壁柱，并装饰以独特纹样的柱头。中段额枋处嵌入一块深色大理石匾额，上面镌刻有市长沈鸿烈题写的“青岛市礼堂”五个字，并附有落款。匾额之上，中央为圆形钟表，两侧各为两块凸起的方石装饰。建筑墙体采用“人造石”面材，并勾出横向影线，使建筑显得庄严敦厚。女儿墙部位通过影线方向的变化、体量的高低错落和略微收进檐口，勾画出生动的屋顶轮廓。

礼堂建成后，青岛市政府颁布《青岛市礼堂借用规则》。规定市民及团体进行学术演讲、非营业性娱乐活动、公益集会、庆祝婚嫁以及公共宴会时，可租用礼堂，租用者仅需负担水电费用，无须另缴纳费用，公益活动更是可以酌情减免水电费。[47] 至 1937 年底以前，礼堂不仅成为举办政治集会和婚礼庆典的场所，还定期举办学术讲座，大大推动了市民参政与科学文化传播。

47 青岛市政府《市政纪要》：1936 年第 7 期。

4. 青岛市体育场

1932 年底，青岛获得了第十七届华北运动会[48]的主办权。当时，青岛尚没有公共体育场，需借用跑马场或国立山东大学操场举行运动会或球类比赛，而两处场地设备较为简陋，由此政府决定修建大型运动场，以满足次年 7 月举行运动会的需要。体育场选址于跑马场东北角，北临文登路与中山公园，东临荣成路。工程从 1933 年 2 月持续到 7 月，费用共计 20 万元，为青岛特别市政府时期最为昂贵的市政建设项目（图 2–7 至图 2–10）。

48 华北运动会是中国近代举办时间最长、参加范围最广、水平最高、影响最大的地区性运动会，从 1913 到 1934 年共举办了 18 届，历时 20 余年，它对华北体育尤其是华北篮球、田径运动的发展有极大的促进作用，对全国体育的发展也有积极的影响。

图 2–7　体育场大门

图 2–8　体育场内景

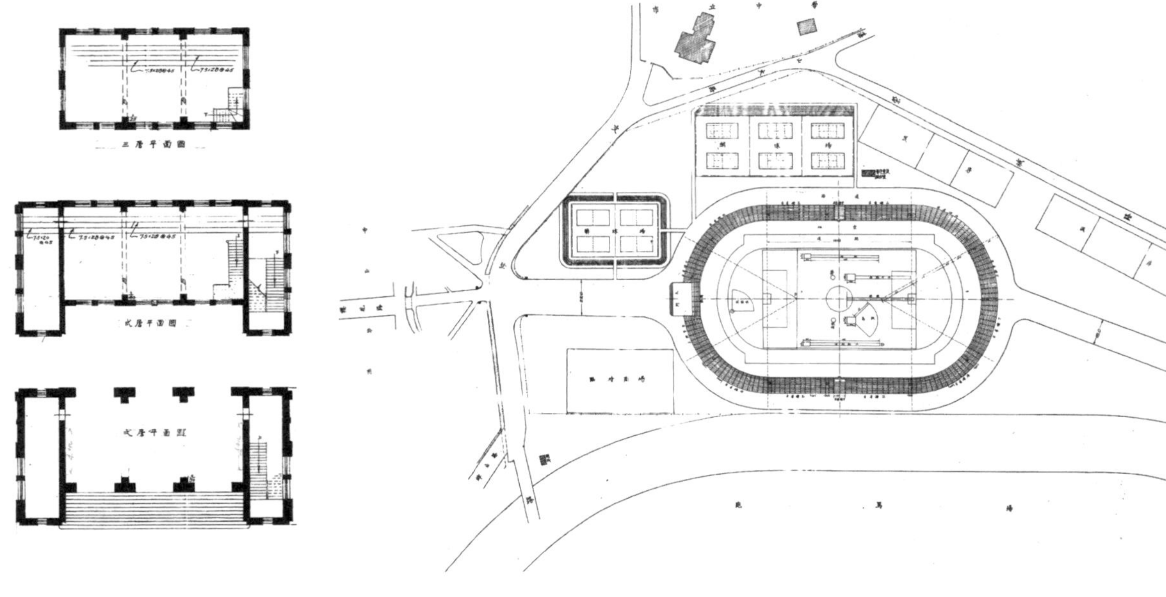

图 2–9 体育场大门平面图

图 2–10 体育场总平面图

体育场建筑群由一座运动场、6 片网球场和 4 片排球场组成。主体育场仿照 1932 年洛杉矶奥运会的主会场洛杉矶纪念体育场建造，但规模略小。体育场平面中轴对称，取中山公园主路的延长线作为主轴。运动场中设置 400 米长的田径跑道，跑道中央为足球场。平行于跑道设有 15 级看台，能够容纳超过 16 000 名观众。看台的外墙以花岗岩蘑菇石砌就，顶部采用城墙垛口样式，兼做最上一排的护栏。看台四周设有 11 处观众入口和 2 处运动员入口，看台下方为供观众使用的十多个公共厕所和运动员的休息室、淋浴间及厕所。

体育场北侧设置一座体量方正、气势雄伟的大门。大门中段三层，被凸出的双层两翼拱卫。大门一层为三座高大拱门，拱门前方设有 11 级台阶，后方通往田径场。二层和三层为会议室和办公室。

中轴对称的体育场大门立面采用装饰艺术风格，四根带有侧凹口的宽大壁柱将立面分为五段，中央对应拱门的三段较宽，两侧较窄。大门的两翼呈现出与中段相似的设计母题[49]：两侧宽大的壁柱限定出中央细长的窄窗。三座入口拱门上方各为一对方窗。窗户上方的墙面和壁柱的柱头部位以条石装饰，通过纵向的影线形成韵律感。立面中段、壁柱的柱头以及窄窗带上方的墙面，与整体的檐口高度之间形成变化细腻且层次丰富的高差，为整个大门刻画出生动的轮廓。

49 设计母题是设计中应用的基本构图要素，在作品中经过缩放和变形，并进行相互组合而得到重复应用。

大门与文登路之间，沿中轴线设有宽大的前广场。广场临街设有两座门垛，以方石砌就，顶部置有街灯。门垛后方设有两条平行于中轴线的长条形绿化带，其间点缀有路灯，广场两侧再种植两排树木，形成对广场的带状划分，通过轴线对称的处理方式，加强了体育场大门的庄严感和纪念性。

尽管体育场远离市区，但并没有如同时期南京和上海的体育场，以及莱阳路沿线建筑一样采用民族建筑形式。体育场大门的设计方案出自天津的基泰工程司，其他部位及其他运动设施的设计，则主要由工务局第二科当时还是技佐的郑德鹏完成。[50] 至于郑德鹏能够在 1933 年 4 月荣升技正，应当与其出色地完成体育场的设计任务有直接关系。

5. 中小学校舍

1931 年至 1934 年间，青岛市政府在市区新创办了 4 所学校，并对之前的 6 所学校进行扩建。这批中小学校舍落成投入使用以后，使青岛市民子女的教育条件得到显著提升。与此同时，市政当局在周边的乡村地区创办了 80 余所小学，改善乡区教育状况。市区学校建筑由工务局负责设计，财政局提供资金建造。对于乡村小学的建设，市政府补助 1/4 到 1/2 的建设费用，其余费用则由乡区承担，工务局负责审核设计方案。

市区大多新建学校的教学楼，都采用了一种相似的朴素建筑形式：两层的楼房平面呈一字形展开，南侧设有木结构敞廊，教室和办公室位于北侧，楼梯设于教室之间，或作为开放楼梯设于敞廊南侧。1932 年建成的朝城路小学教学楼，就采用了这种建筑形式。该教学楼当年 1 月开工，5 月完工。大楼共有教室 12 间，建设费用计 23 000 元（图 2-11）。

在这些学校建筑中，值得一提的是太平路东侧的太平路小学和市立女子中学新教学楼。太平路小学位于天后宫东侧，教学楼面朝大海；女子中学新教学楼位于太平路以南，西立面朝向栈桥。由于二者都是青岛湾城市界面的一部分，事关城市形象，因此学校设计水平和建设标准也明显高出其他学校。两座大楼几乎完全放弃装饰，但形体比例和谐，尺度富有变化，注重虚实对比，塑造出庄重而不失亲切的建筑形象，获得了良好的视觉效果。

太平路小学建于 1933 年，教学楼建设工程自 7 月 1 日开工至 9 月

50 青岛市工务局《工务纪要》，1934 年：323–324。

图 2-11 朝城路小学

图 2-12 太平路小学

完工，历时 2 个多月，建设费用计 39 000 多元。两层高的大楼共有 12 间普通教室和 4 间特别教室，还设有 1 间能容纳 800 人的礼堂。[51] 大楼采用工字形平面，正立面中轴对称，显得稳重大方。建筑中段变化较为丰富，一层中央为主入口，上方通过外阳台和阶梯状升起的山墙；两侧通过方窗排列和窗间墙宽度的变化，形成虚实对比（图 2-12）。

市立女子中学新建教学楼也在 1933 年落成。三层高的建筑采用长方形平面，中间设宽大走廊，两侧为教室、办公室及楼梯间。大楼一层用花岗岩贴面，二层及三层为深色拉毛抹灰墙面。大楼的山墙面正对校门，一层正中为入口，门前设有两根立柱托起雨篷。其余立面不进行装饰，仅通过两联、三联、四联及六联窄窗及窗间宽大的墙面凸起的间隔变化进行构图划分，丰富视觉效果（图 2-13）。

51 《青岛教育》，第一卷第八册，1934 年 1 月。

图 2-13　市立女子中学

图 2-14　湛山小学

大多数乡村小学校为平房，建筑形式也非常简单，多为一字形，或围绕一中央院落的三边设置，仅有中央山墙采用欧洲式样进行装饰。

这一时期建成的华人学校，无论从规模上还是设施配套上，都与之前日据时期日本市政当局建设的几座中小学校相去甚远，然而在相对窘迫的财政条件下，雷法章[52]领导的青岛地方教育当局已然做出巨大努力，想方设法扶持、促进基础教育的全面发展，为市民提供相对完善的教育环境（图 2-14）。

6. 国术馆

为增强国民体质，国民政府在 20 世纪 20 年代末至 30 年代大力提倡国术（今称武术）。青岛国术馆创办于 1929 年，沈鸿烈出任青岛市

52 雷法章，湖北汉川人，生于 1903 年，民国十二年毕业于华中大学文学院教育系，旋即应聘入天津南开学校服务；廿一年，由沈鸿烈聘请至青岛任教育局局长，在职六年，建树良多。

53 参阅《勤奋体育月报》，1935年2月。

长以后，更是积极推动国术发展。30年代初，青岛全市设立武术训练场百余处。1934年，由沈鸿烈倡导，在广东路建设国术馆大楼一栋。大楼土地由市政府免费提供，建筑费用则由社会各界捐助，沈鸿烈自己承担1/5的建设费用，数额为众人之首。[53]

国术馆大楼位于广东路北侧，楼高两层，北侧留有宽阔的习武操场。大楼体量方正，上覆四坡屋顶，中部入口稍稍凹进，建筑平面按照功能需求进行非对称布局。一层除门厅走廊外，设置开间较大的房间，包括礼堂、教室、藏书室与招待室；二层由轻质隔墙将礼堂和门厅上方的空间隔成小间，除设有3间办公室外，还设有5间起居室，大约作为员工宿舍（图2–15至图2–17）。

建筑外立面采用抹灰墙面，以纵向壁柱划分为三段，一层正中为宽大的主入口，以花岗岩贴面，上方为宽窄不一的三扇窗户，屋顶以山墙收尾，山墙以凸出的抹灰纹样装饰，中间设嵌一石匾，上书“国术馆”三个大字。建筑两翼设有一宽两窄三列窗户，二层设上方平齐、下方长短不一的三根壁柱，对立面进行划分。原设计方案为“国术馆”设计了精美的门垛与围墙，但并未实施。

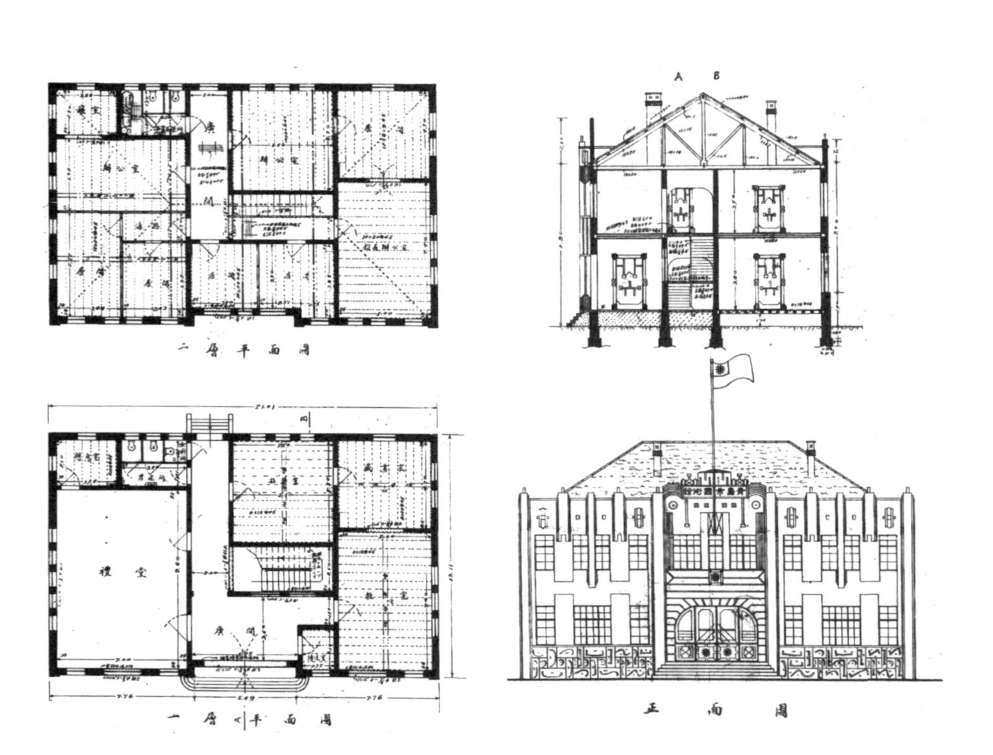

图2–15 国术馆平面、立面与剖面图

图 2-16　国术馆正立面

图 2-17　国术馆操场

7. 海军招待所

20 世纪 30 年代初期，常有外国兵舰在青岛停泊游历，尤以夏季为甚。为此，市政当局于 1935 年在位于台西镇西北的四川路海岸新建海军栈桥一座，专供海军士兵上下之用，并在其旁建设海军招待所一处，供军官士兵休闲娱乐。[54] 海军栈桥工程由工务局进行设计，招待处则由苏夏轩开设的马腾建筑工程司青岛分事务所（详见本书第三章第二节 79 页）设计完成（图 2-18，图 2-19）。

54 青岛市政府招待处《青岛概览》，1937 年：77。

两层的招待所从外观来看与现代主义住宅相差无几，采用平屋顶

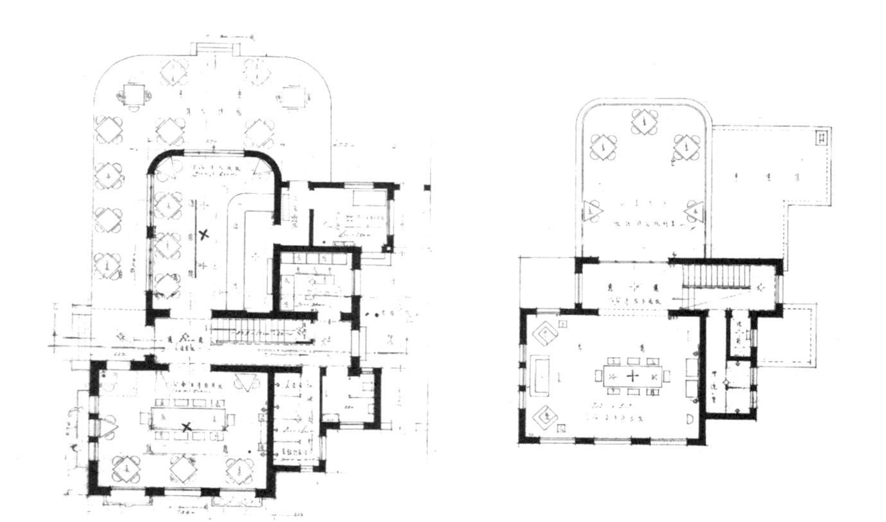

图 2-18　海军招待所平面图

图 2-19　海军招待所外景

与钢筋混凝土结构，一层为酒吧和餐厅，以及厨房、更衣室和厕所等辅助用房；楼梯设于餐厅和酒吧之间，通往二层的客厅。客厅和餐厅连同附属用房形成建筑二层的核心部分，长方形的单层酒吧上方的屋顶作为客厅的露台。酒吧厅朝向海岸的两处墙角采用圆角造型，屋顶设置一处藤萝架，使建筑有如一艘准备起航的小船。建筑体量相互交错，屋顶檐口高低错落，立面上门窗造型多样、组合丰富，使建筑形象格外亲切生动。

二、平民精神的温情

与中国其他口岸城市一样，20 世纪 30 年代的青岛同样面临着悬殊的阶层差异。在这种背景下，特别市政府在将有限财力用于促进教育文化发展的同时，也竭尽全力改善社会底层和弱势群体的生活条件。其中特别值得提及的是 1929 年至 1937 年建成的大批平民住宅，以及洋车夫休息站。在相当一个时期，这些基于社会公平原则进行的大规模平民住宅开发建设和相应的消除贫困措施，极大地缓解潜在的社会矛盾，使得青岛的城市形象获得了相当正面的评价，其做法也被多地大范围推广。其后经过一系列的卫生规范治理和制度化的设施维护，保证了平民住宅的正常使用和环境整洁，引导了和睦的社区邻里关系。

1. 平民住宅

1922 年青岛回归以后，城市人口迅速增加。至 1929 年，全市城乡人口已达到 36 万余人，较 1923 年增加近 10 万人。这些新增加人口中，包括大量缺乏稳定经济来源的贫民。他们大多聚居在台西镇附近，形成了脏土沟、挪庄等多处城市棚户区。这些“湫隘污浊”的棚户区，不但环境恶劣，也是社会问题的温床。为改善弱势群体的住房条件，国民政府接管青岛之后，即着手平民住所的筹建。1929 年 8 月 29 日，青岛特别市第六次市政会议议决，由市府参事会同卫生、公安、社会、财政、工务、土地、公用七局组织筹建平民住所委员会。[55] 半个月后的 9 月 16 日，青岛特别市政府正式发出训令，令财政局拨款筹建平民住所。[56]

平民住宅的兴建有三种方式：一是由政府拨款兴建；二是民众自行建筑；三是慈善团体代为建筑。由政府拨款建筑的平民住所，主要用来安顿各地来青岛的难民，以充当佣工、苦力、摊贩和贫苦妇女为限；民众自建的住所，由政府拨发公地建筑，不收取地租，如资金有困难的，则酌量予以贷款，分期归还；慈善机构代建的平民住所，则由政府无偿拨给土地，廉价租给贫民居住。三种方式，以市民领地自建为主。[57]

每座平民住宅一般占据一个或多个完整的以围墙环绕的街坊。住宅以房间为单元，每间面积为 12 平方米，设有一门一窗。在街坊中间采用联排式布局，两排房间背靠背建造，作为一行。行与行之间留 4 米道路。四周房屋背街道建造，屋前亦留出 4 米道路，以院墙作为后墙。社区采取封闭式管理，四周人员须经大院大门才能进入。厕所设置于院内

55 参阅《市政公报》，第 2 期，1929 年 9 月。

56 参阅青岛市财政局《关于拨款筹建平民住所的训令》，1929，青岛市档案馆馆藏档案编号：qdB0029001035430001。

57 参阅李明《平民住所》，见孙保锋，2010：86。

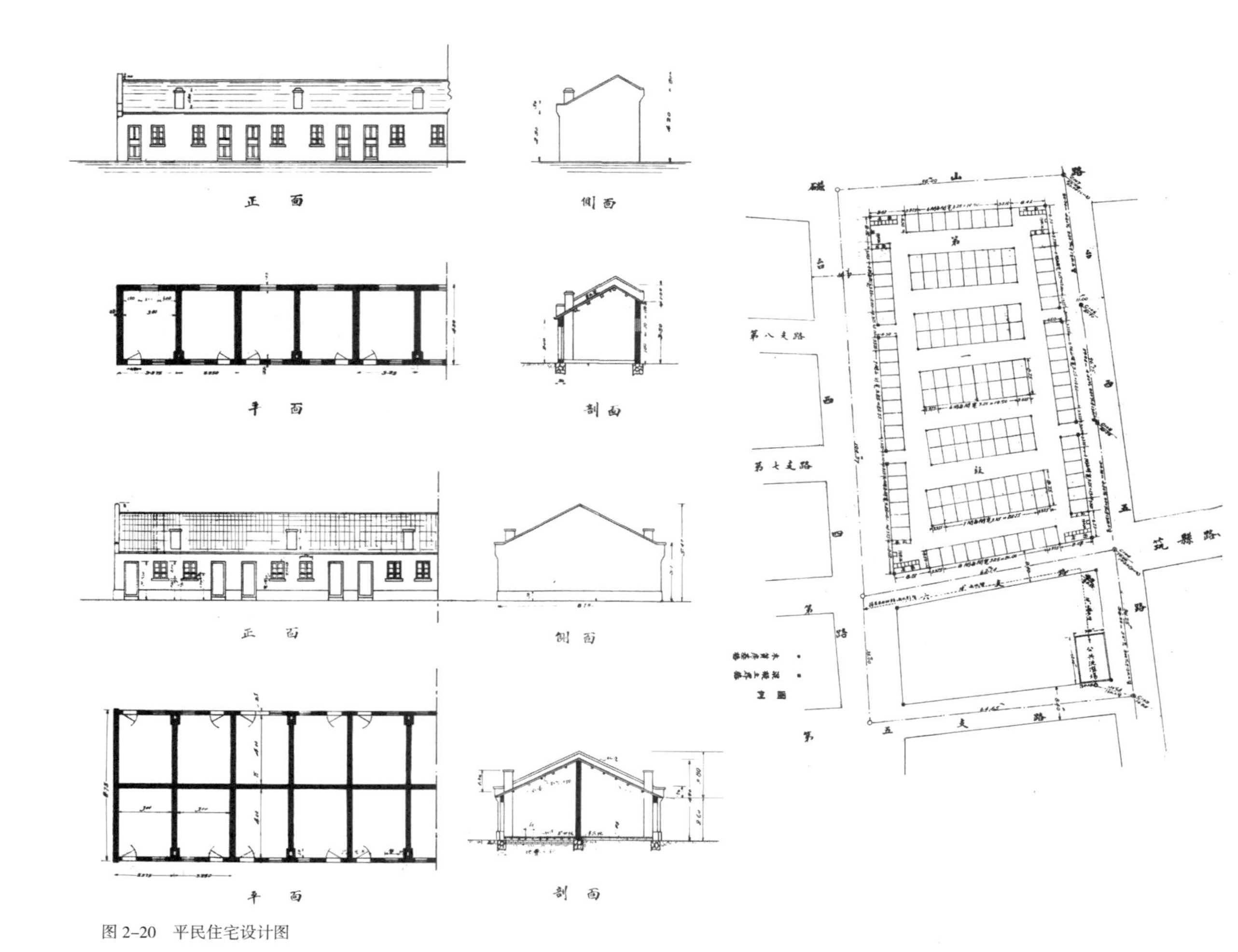

图 2–20　平民住宅设计图

四角，另在院内设集中的洗衣池（图 2–20）。

1932 年 4 月 24 日，市政会议又通过《青岛市平民住所管理及租赁规则》，进一步规范平民住所的使用。条例规定，平民住所由社会局与警察局各派员一名，负责住所日常管理以及租赁、卫生等事项。平民住所还需按比例提供房间用以举办平民学校，并于院内空场地或附近空地设置简单体育器械，作为简单运动场所，或者开辟为园圃。[58]

最早的平民住所建成于 1930 年，计住屋 172 间，为谭爱伦女士捐款所建筑。1931 年，妇女正谊会又建成住屋 100 间，市政府建成 268 间。[59] 至 1934 年为止，全市共建成 10 处平民住所，计房间 3 876 间，安置住户 3 458 户（表 2–1）。[60] 按照每户平均 3 人计算，这些平民住所安置的总人口超过 1 万人，而 1935 年青岛市区人口不过 20 万人，也就是说，政府在 5 年内为约占城市人口 5% 的底层市民，解决了基本的居住问题。[61]

58 参阅《青岛市平民住所管理及租赁规则》，见《市政公报》第 31，32，33 期，1934 年 1 月。

59 参阅《青岛最近行政建设》，见：《都市与农村》1935 年第 4 期。

60 参阅青岛市公安局《青岛市平民住所一览表》，1934，青岛市档案馆馆藏档案编号：qdA0017003017080004。

61 事实上，建设平民住所并非青岛所独有。作为大上海计划的组成部分，上海特别市工务局也曾建设平民住宅。上海工务局 1929 年设计的第一平民住所位于闸北全家庵路（今临平北路），占地约 23 亩，计有住宅 94 个单元。住宅分为甲乙丙三种类型，甲种与乙种住宅分别为带有卫生间的多间与单间住房，丙种一个房间，不带卫生间，其配置和排列方式与青岛的平民住宅都较为接近。参阅魏枢，2011：140–141。

表 2–1　　　　青岛市西镇区平民住所概况表

名称	地址	性质	间数	现住户数	附注
第一平民住所	台西五路	公建	172	148	
第二平民住所	四川路	公建	568	578	户数多于间数系两家合住一间
第三平民住所	台西四路	私建	483	458	分四院
第四平民住所	观城路	私建	356	422	分两院
第五平民住所	嘉祥路	私建	187	223	
第六平民住所	四川路	私建	179	166	
第七平民住所	城武路	私建	871	695	
第八平民住所	贵州路	公建	357	408	
合作平民住所一院	四川路	合作住所	482	293	
合作平民住所二院	团岛一路	合作住所	221	67	

资料来源：《青岛市平民住所一览表》，青岛市公安局，1934，青岛市档案馆馆藏档案编号：qdA0017003017080004。

2. 车夫休息亭

20 世纪 30 年代，汽车在青岛已经较为常见，但人力车（洋车）和地排车[62]仍然是市内主要的客运与货运工具，丘陵地形使车夫的工作因为大量的上坡路而格外艰辛。1933 年起，青岛市政府在交通枢纽建设了一批洋车夫避风雨亭，供车夫休息（图 2–21）。[63]

1935 年，工务局邢正气设计了两处外观相似的车夫休息亭，分别位于火车站和江苏路胶州路路口。休息亭为一间单层的方形房间，以平屋顶覆盖，设计简单实用。休息亭三面设有敞廊，与街道之间以矮墙分隔；矮墙砌至窗台高度，以屋顶挑空出檐覆盖。休息房间的主入口位于长边中央，入口前设小间前室，分隔敞廊。前室正面以一宽门洞朝向街道，两侧以窄门洞通往敞廊，在休息空间与街道空间之间形成过渡。按照设计图纸，休息亭墙面施以彩色粉饰。休息亭房间内沿墙设置木制座

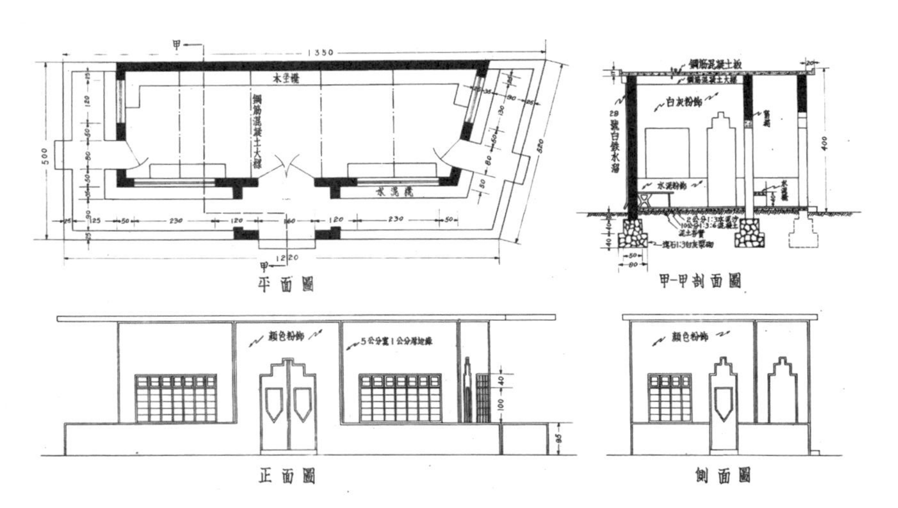

图 2–21　车夫休息站

62 地排车俗称“大车”，是民国时期青岛主要的货运工具之一，靠人力拉动。地排车车体为平板，用木头制作，两侧的两个轮子是橡胶也可以是木头。青岛还曾经在道路上系统铺设了车轮石。

63 青岛市工务局《工务纪要》，1934：149。

椅，敞廊内沿墙设置混凝土座椅。冬日的大风与雨雪天气，车夫可以坐在室内取暖休息，夏天时则可在敞廊休息乘凉。

三、拥抱自然的公共空间

青岛在城市化之初就致力于包括公园在内的公共开放空间的建设，这些空间是现代都市的重要公共交往场所与休闲设施。由此给20世纪前20年的城市建设经验，增添了许多独特内容。

20世纪30年代前期，青岛市政当局着力为市民和游客提供具有较高品质的城市公共开放空间。除了1932年被放租改建为银行区域的中山路第四公园，绝大多数既有公园在1929年至1937年间得到了修缮。市政当局为这些公园种植花木、添设座椅、构造廊架、建造厕所。除此之外，市政当局还积极开辟新的公园和浴场，这些公园或栖身市区街道，或利用城内山丘，或依托海岸线。政府通过开辟海滨公园，整顿扩充海水浴场，使滨海区域形成了连续的、可供市民日常休闲使用的场所。这些公园建成以后，城市公共开放空间的数量和品质得到显著提升。

1. 城市与山体公园

青岛特别市政府十分注重塑造城市公共形象，行之有效的措施包括在市区整修和开辟新的城市公园。1935年，工务局对第三公园重新进行设计和改建，增加了1千米多长的游径，翻新了水池，并在西侧空地建设了一座运动场，以便利各学校及民众聚会运动。运动场设300米跑道一条，并在跑道内外设置足球场与田赛场。除此之外，工务局在公共开放空间较为缺乏的台东和台西两镇，相继开辟了两座规模较大的公园，改善这两个片区居民的生活环境。

东镇公园建于1934年，位于台东镇以东北，威海路与长春路路口以西。平面为长方形，长200米，宽150米，面积300余亩，地势自西北向南倾斜。公园北角设有葫芦形水池，栽植荷花；西侧筑有土山，登上可观全园风景。公园东部布置有各种花坛，曲径贯穿其间，西部种植松林。公园自长春路至洮南路开辟直径作为干路，南端长春路路口设置石垛大门。[64]

西镇公园位于由成武路、贵州路、郓城路和西康路围合成的不规则四边形街区。该地原称“菠菜地”，曾是西镇著名的棚户区。1936年，

64 青岛市工务局《工务纪要》，1935：103；青岛市工务局：《青岛名胜游览指南》，1935：19。

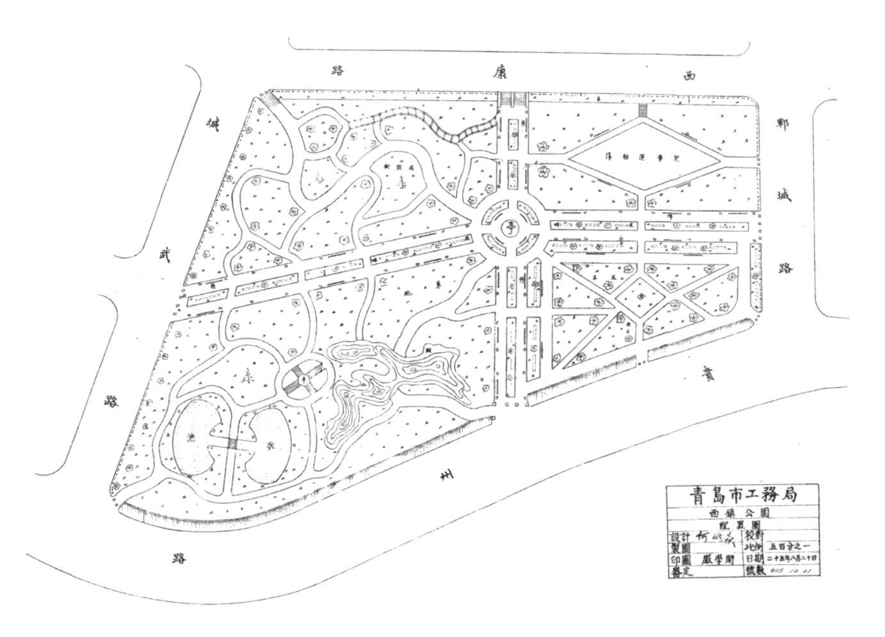

图 2-22　西镇公园平面图

政府妥善安置了原有居民之后，在此建设西镇公园，[65] 设计方案由工务局何炳焱 [66] 于同年 8 月完成。公园同样采用分区置景的方式，两条十字交叉的双股园径将公园分成四个部分，园径当中为绿化带，交汇处为圆形花坛，花坛正中设置凉亭。西南侧的花园设有假山水池，体现中国传统园林的风韵；院中小径蜿蜒曲折，假山水池之间还设有一座凉亭增添趣味。花园西北角也以曲径为主，园内种植草坪树木，靠近西康路设有一座蜿蜒的藤萝架，带有几分英式园林的意味。东侧的两处花园较小，东北花园中央是菱形的儿童游乐场，被四周的草坪环绕。东南角的花园则采用笔直的道路进行几何划分，体现出巴洛克园林风格（图 2-22）。

1930 年，工务局利用观象台周边的空地，建成观象山公园。公园四周设有篱笆作为围墙，并在已有山路的基础上增加了若干条漫步小径，并沿路设置石桌石凳和种植花木。公园东北角和西北角分别设有一座六边形和长方形紫藤架，并以树木环绕。这些简单的建设内容耗费甚少，但在保留山体自然特征的同时，使人们可以较为舒适地接近山体和游览（图 2-23）。

20 世纪 30 年代的青岛，城市家具与公园设施尚未形成工业化生产，街道、广场和休闲设施中的路灯、座椅等城市家具必须手工生产。工务局的技佐和技士在设计公园等公共空间时，往往将相关的城市家具一并设计。[67] 设计师多采用本地出产的石材作为材料。在设计路灯、座椅和

65 参阅孙保锋《台西镇》，2010：142。

66 何炳焱，山东益都人，山东公立矿业专门学校毕业，曾任胶澳商埠工程事务所监工员、测量员、工程员，后担任公用局技士及自来水厂技士，1930 年 8 月任工务局第二科技士。

67 1929 年和 1930 年，工务局技正许守忠为太平路设计了路灯，并为莱阳路海滨公园设计了儿童乐园的游乐设施。1934 年，工务局的遇守正设计了栈桥公园的栏杆、钢木座椅和石桌石凳。

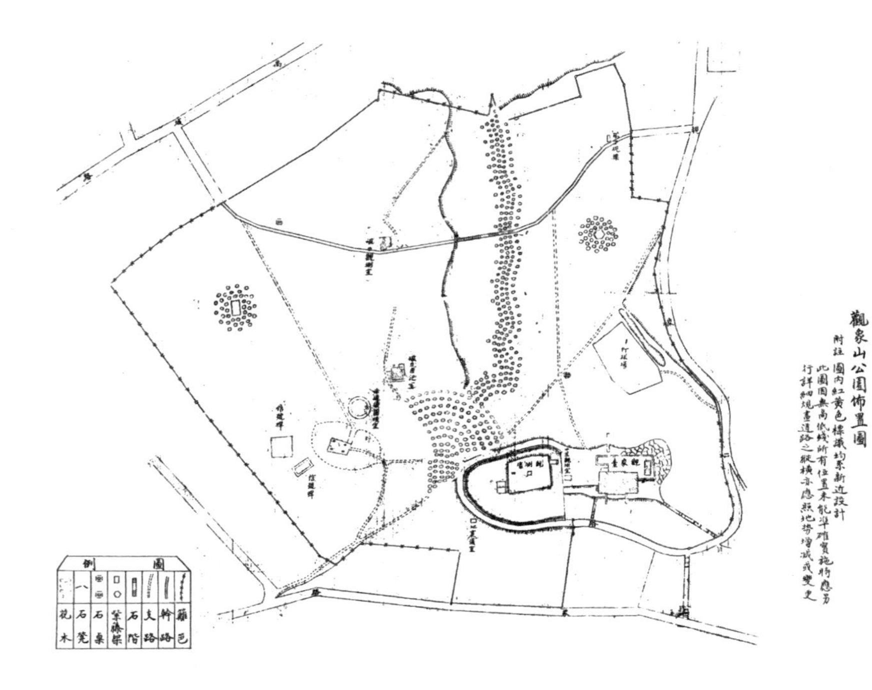

图 2-23　观象山公园平面图

图 2-24　路灯设计图

石桌石凳时，设计师着力赋予这些城市家具朴素但别有风味的艺术品质，通过这些设施的设计使如画的城市意象在人性化的尺度上能够得到贯彻（图 2-24）。

2. 栈桥与海滨公园

海滨一线持续的公园建设，是青岛国民政府孜孜以求的公共空间营造措施。

20 世纪 30 年代，青岛市政府利用栈桥与陆地相接处的东西两侧空地，建设栈桥公园，由吴必沧设计。东公园建成于 1931 年，面积 740

平方米，平面呈不规则四边形，周边布置带状草坪花圃，中央为椭圆形花圃，再被小径十字划分为四片。草坪以铁栏杆围绕，周边布置座椅。整个公园周围设有石柱栏杆。西公园建成于 1934 年，由遇守正设计。设计主题与东公园相似，但规模大出许多，面积达 3 200 平方米。公园南侧正中设有圆形入口广场，广场中央设树岛，四周设置 3 条长椅。广场两侧由直径与曲径几何划分出多种形状的草坪。南侧突出临海的三角形区域中，设有 12 间精美的花廊。工务局原本计划在栈桥临太平路大门处设置中式牌楼一座，但最终没有实施（图 2–25 至图 2–27）。[68]

1930 年，青岛市政当局在利用汇泉海水浴场西侧的礁石岸线，开辟了一座海滨公园。公园西侧为设计巧妙的入口区域，临莱阳路设有一座木结构牌楼作为大门，两侧被两条弧形小路环绕，共同构成一个圆形。小径上以黑白红三色鹅卵石拼成双龙戏珠图案。小径外侧为环状草坪，以灌木环绕。经过牌楼沿中轴线向前，紧接着是一个圆形花坛，而主路也环绕花坛一分为二。经过花坛便可看到一望无垠的大海，视线豁然开朗，脚下则是 16 级与 18 级的两段石阶，拾级而下，算是正式进入公园。公园沿海岸线，“因天然之丘壑，筑成起伏回环之路线”，忽上忽下，忽分忽合，再选取观景点设置凉亭三座，设置石桌、石凳、藤萝架，凭栏远眺，山海美景尽收眼底。凉亭屋顶样式各不相同，有圆盔形、四角攒尖和六角攒尖，材料与色彩也各异，又为海滨平添趣味。通过历史文献和图纸，并不能确定公园总体规划的设计师。入口区域的设计者为工务局第三科技正许守忠，而凉亭的设计者则为同样生于 1900 年的田友秋[69]（图 2–28 至图 2–30）。

继莱阳路海滨公园之后，市政当局又于 1934 年，在特别规定建筑地——八大关南侧修建山海关路海滨公园，“园内各处分辟曲径，砌石级，垒护坡，建凉亭，布石桌石凳，芊林掩映，花畦缤纷，土脉腴厚，气势轩敞”。[70]

1934 年，市政当局在太平角一路以东海滨建设太平角公园，面积 1 500 平方米，“三面环海，陵谷相错，林木茂密，角之尖端壁立百寻，悬崖之下巨涛汹”。工务局因势开辟一条宽 5 米，长约 1.5 千米的环山路，与湛山五路及太平角一路相连，并开辟 5 条人行道与 10 条骑马小径，又建六角亭 1 座，设置石桌 10 张，石凳 20 条，使公园“各路联络如蛛网，花木杂莳以向荣”。因中山路中段原第四公园已放租建设银行区，故该公园被命名为第四公园。[71]

68 青岛市工务局《青岛名胜游览指南》，1935：17。

69 田友秋，浙江永庆人，浙江工业学校机械科毕业，后前往法国留学，毕业于中央大校工学院工科。1926 年至 1929 年先后在浙江省道局任工程师兼浙江工业专门学校机械科教授、中央军官学校交通科技正、江苏建设厅江北公路局工务科长兼车务处主任。1929 年 8 月赴青任工务局第二科技士。

70 青岛市工务局《青岛名胜游览指南》，1935：18。

71 青岛市工务局《青岛名胜游览指南》，1935：15–16。

图 2–25 栈桥公园

图 2–26 栈桥公园门楼设计图

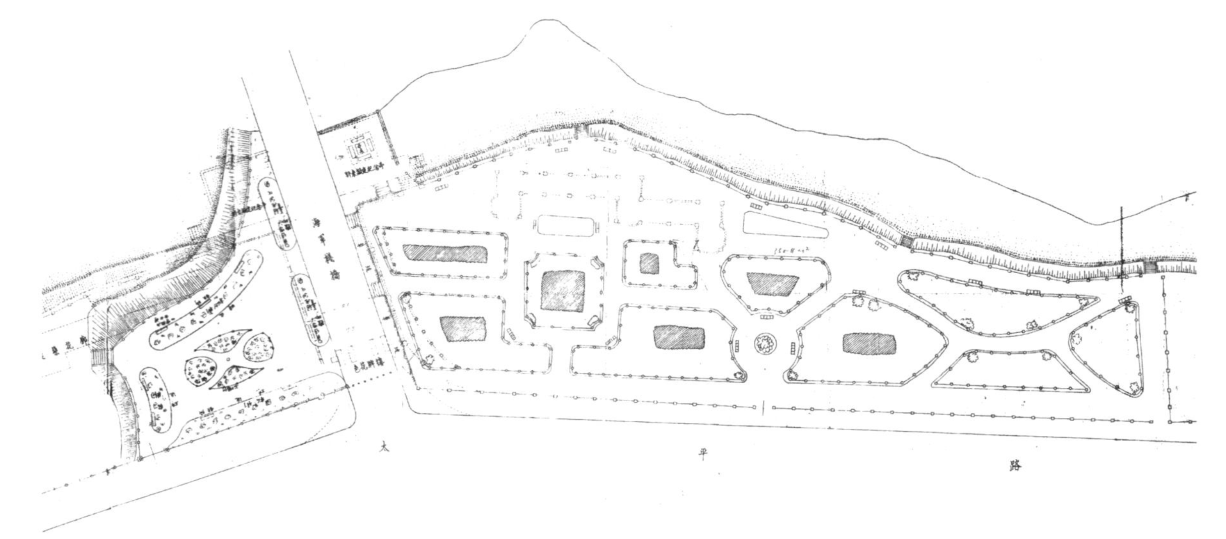

图 2–27 栈桥公园总平面

图 2–28　莱阳路海滨公园

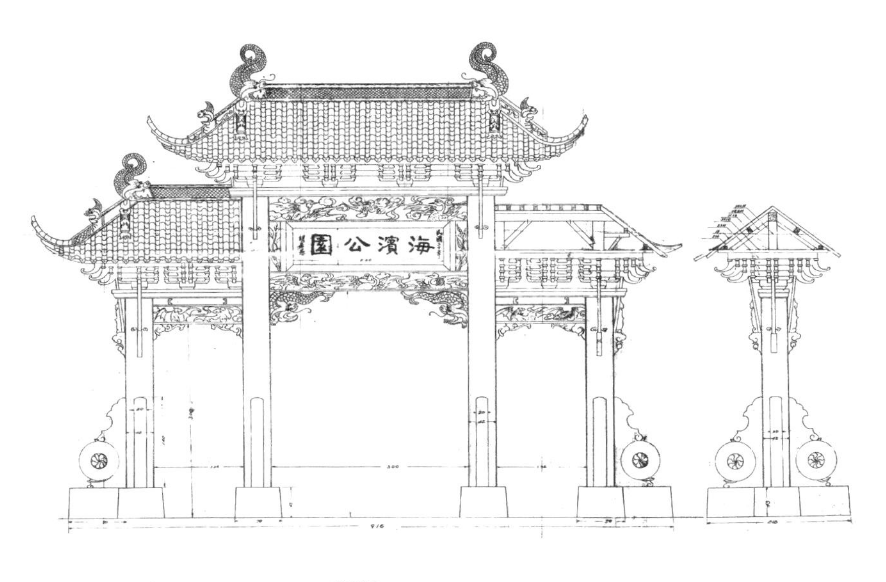

图 2–29　海滨公园门楼设计图

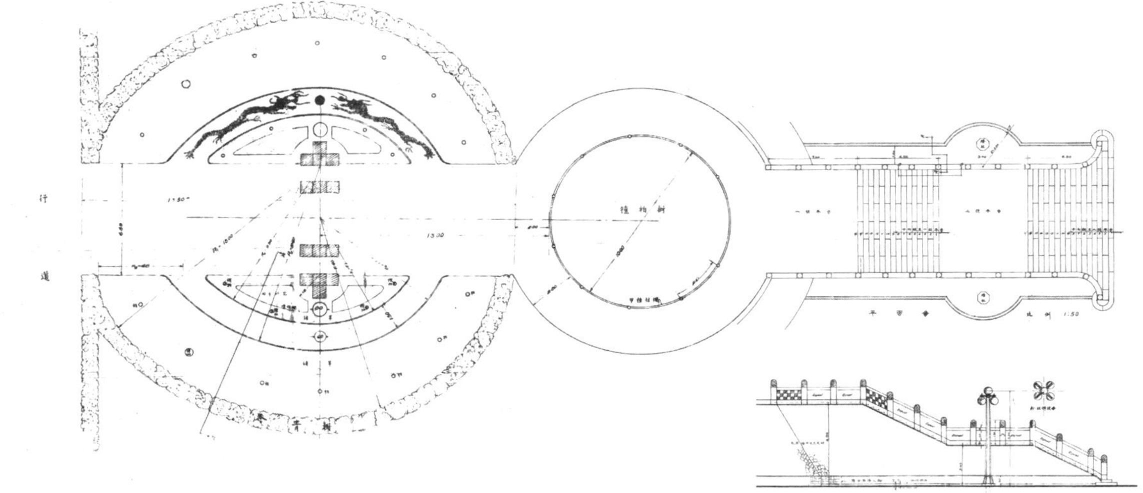

图 2–30　海滨公园平面图

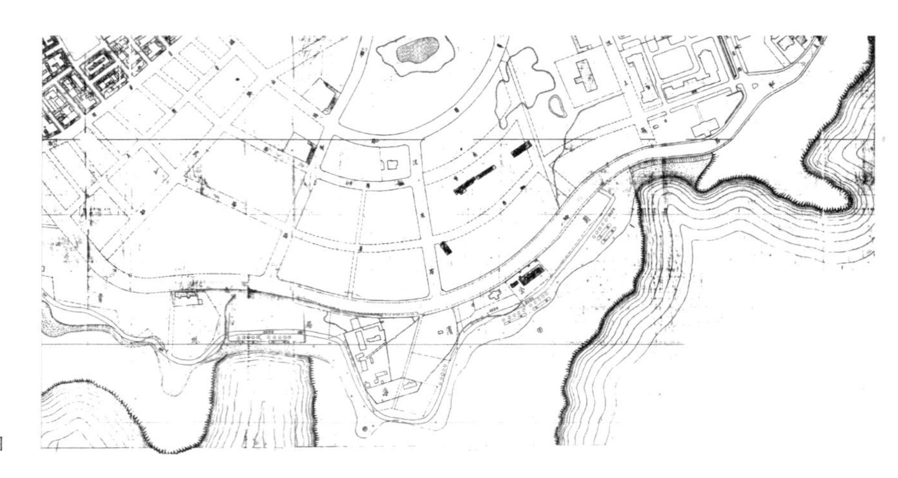

图 2-31　贵州路海滨公园设计图

工务局的一张设计图显示，政府还有在贵州路南侧建设海滨公园的打算。贵州路一带海岸礁石嶙峋，被当地人称为“大黑澜”，颇为壮观。与莱阳路海滨公园相比，这处海滨公园的设计较为朴素。一条蜿蜒曲折的步行小径，将海滩与贵州路连接起来，小径沿线设有花圃草坪及座椅，并设置有两处六角凉亭。根据推断，这处海滨公园的规划方案完成的时间应当是在 1936 年左右，而随着抗战在来年全面爆发，市政当局显然已无暇完成这座公园的建设（图 2-31）。

3. 海水浴场

早在租借地时期，德国人利用维多利亚湾（今汇泉湾）细腻的沙滩开辟海水浴场，而青岛能够很快成为远近驰名的避暑胜地，亦与这处海水浴场密不可分。此后，青岛又陆续自发形成几处海水浴场。1934 年，工务局对市内的海水浴场进行整顿扩充，并将分布区域广泛且设施完善的 6 处浴场，分别命名为第一海水浴场至第六海水浴场。

汇泉海水浴场为几处海水浴场中规模最大，条件最好的一处。整理之后，浴场被命名为“第一海水浴场”。浴场原有更衣间与浴室“过于参差”，工务局对浴室布局进行重新规划，在浴室之间设置 3 米宽的通道，对于涉及房屋令业主进行迁建或者整修。政府还为浴场设置大门围墙，更新上下水管线，专门划出一个水域供游船停靠，并扩充更衣冲水设施规模，由政府经营或放租。工务局还在浴场当中设置钟表楼、垃圾桶，在入口处设置自行车架、中英文浴场规则牌和指示牌等设施，同时联合农林事务所种植花木，使浴场设施与环境大为改善。

另有两座被整理的浴场分别为太平角海水浴场和新疆路海水浴场，

其后分别被命名为“第三海水浴场”和“第五海水浴场”。太平角浴场位于太平角四路以南至湛山三路，整理工程包括设置大门围墙及种植草坪花卉等。新疆路浴场位于小港以北，原多为日侨使用。1934年工务局添建冲水处及围栏，以便市民使用。

扩建新建的3座浴场分别为湛山浴场（第四海水浴场）、太平路浴场（第六海水浴场）和山海关路浴场（第二海水浴场）。湛山浴场因道路未通，难以抵达，因此工务局修筑东海路一段路基，并招商建设浴室，提供冲水、更衣及厕所设施。太平路海水浴场位于栈桥以西，工程取消原有临时浴室，新建浴室13间，并设置小便池、冲水管等设施。山海关路浴场为新辟，位于特别规定建筑地——八大关以南，与海滨公园相连。建设工程迁出原有（储藏）火药房，填平洼地，建设浴室、厕所、冲水处等设施，并在宁武关路路口建设石垛大门一座。

这一系列浴场整理工程与市长沈鸿烈的积极推动密不可分。在工务局的工程记录中，多次出现“市长面谕”字眼。“面谕”内容包括整体工程立项直至具体设施内容等细节，可见沈鸿烈对这一关乎市民生活和游客体验的“面子”工程的关注程度。[72]

四、未完成的梦想

青岛20世纪30年代前期建成的市政公共建筑往往规模较小，样式也比较朴素。然而这不代表市政当局没有建筑宏伟、壮丽的大型公共建筑和设施的抱负。1935年左右，工务局完成了中央市场、市立图书馆两座建筑以及大运动场的方案设计。按照方案，两座大楼以及大运动场规模宏大、建筑装饰精美而风格迥异。尽管这些建筑和设施都没有得到建设实施，但从设计方案中，既可以看到当时政府对城市长远发展的期许，也反映了工务局技术官员的设计水平。

1. 中央市场

1935年9月，工务局王子豪完成了中央市场大楼设计方案。图纸并没有说明该大楼的位置，而且8个月前公布的《青岛市实施都市计划方案（初稿）》中，也没有提及这座规模宏大的建筑（图2-32）。

体量方正的市场大楼主楼三层，采用“回”字形平面，四翼围合出

72 青岛市工务局《工务纪要》，1935：105–107；青岛市工务局《青岛名胜游览指南》，1935：27–32。

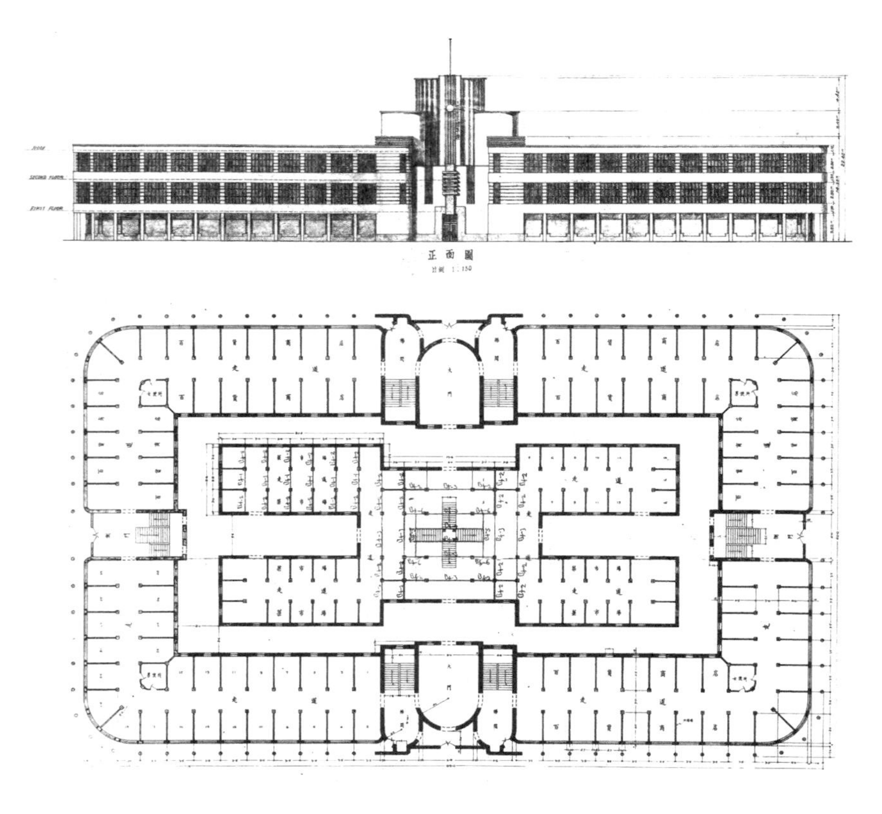

图 2-32　中央市场设计图

一处宽大的长方形院落，院落中建有一座两层“工”字形副楼。大楼采用平屋顶，主楼一层以及整栋副楼被均匀划分成商铺，主楼二、三层则作为住宅。

市场正立面中轴对称，两翼水平伸展，采用古典构图，却以颇具现代感的装饰手法与元素表现和谐清晰的比例与建构关系。中央的主入口稍稍退后，呈阶梯状升高两层，形成挺拔的构图中心。立面两翼在底层设置连续的圆形立柱形成柱廊，上方的楼层以抹灰色带进行划分，色带之间填充宽大的方窗和细长的窗间墙。方窗以纤细的窗棂将玻璃隔成小块，窗间墙则以水平影线进行划分。两翼的尽端被处理成圆角，靠近中央入口加宽实墙面，加高女儿墙，烘托中央入口。实墙以短小弧形转折后汇入两层的主入口，主入口两侧后方是三层的楼梯间，楼梯间的正面采用半圆形，呼应了两翼两侧的圆角。楼梯间之间是四层高的中央核心，核心采用纵向线条装饰，连同高耸的体量强化中轴线，与水平延展的两翼形成对比。

2. 市立图书馆

三张没有日期的图纸，记录了王子豪设计的市立图书馆建筑方案。

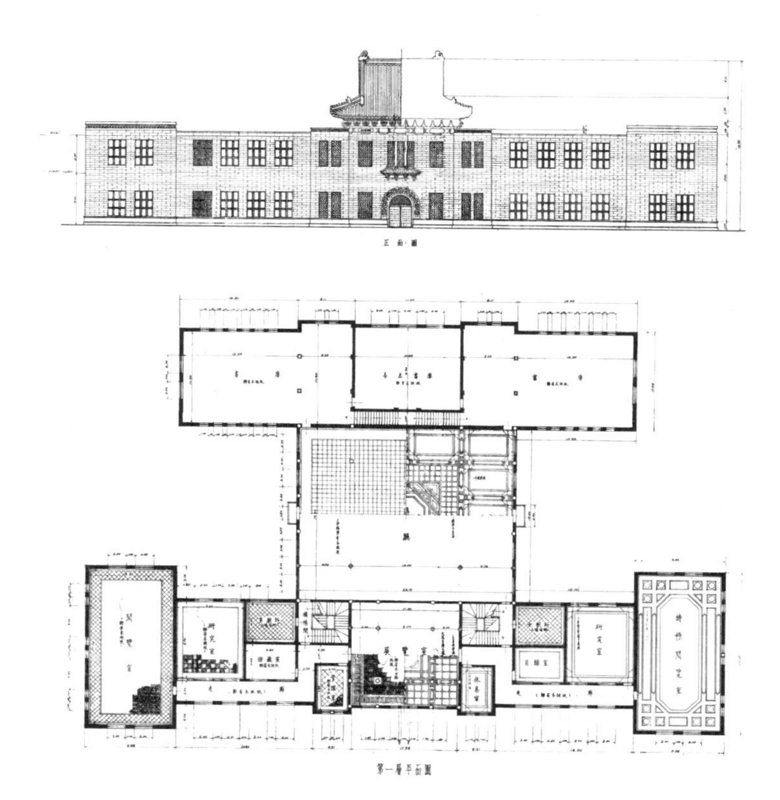

图 2-33　市立图书馆设计图

缺少一座体面的公共图书馆，不能不算是青岛自立市以来，在文化事业上的一大憾事。《青岛市实施都市计划方案（初稿）》提出在台东镇西北建设新的市中心，而图书馆则是行政中心的重要组成部分之一。所以有理由相信，这份设计方案与未来市中心规划方案中预留的图书馆用地之间存在着紧密的联系。

方案中，图书馆楼高两层，采用平屋顶覆盖，仅中段上方设计有中式歇山屋顶。建筑前部由中央向两侧延展，与两翼连接。中段向后侧又伸展出后翼，连接到作为书库的后楼。建筑东西向总长 70 米，南北向进深 47 米，总建筑面积超过 2 000 平方米。进入门厅，沿着中轴线先后布局有展览厅和演讲厅，演讲厅的侧后方与两层的书库相连。建筑右翼是特供阅览室、儿童阅览室、杂志阅览室和阅报室，左侧则为办公用房。整体而言，平面布局清晰合理，然而中轴线上两间礼仪性大厅之间没有设置过厅，而是直接相连，使空间过渡略显直接。建筑内部装修计划采用传统中国样式，设置彩绘与装饰元素，以与外部形象相匹配，雕梁画栋，非常精美（图 2-33）。

图书馆大楼总高 12 米，中央屋顶处高 18 米。主立面采用“人造石”覆面，并嵌入由窗棂等分为九格的方窗。主入口位于立面正中，入口采用拱门样式，并设置了以中国传统纹样进行装饰的宽门框。主入口上方设置了一处中式挑檐，再上面是三联细长窗。这个部位的屋顶檐口采用中式彩绘梁枋作为装饰。梁枋上方的歇山屋顶仅仅是建筑装饰，没有任何实际用途。两翼仅设置两列窗户，窗户两侧较宽的墙面使其显得十分厚重。连接中段和两翼的连接段沿用了两翼窗户的尺寸和窗间距，仅将檐口略微降低，以突出中段和两翼。

图书馆大楼的设计方案显然受到1935年落成的、位于“大上海计划”市中心的上海市图书馆的影响。[73] 正如其他中国城市中民族风格建筑一样，市立图书馆的设计通过在现代主义的建筑形体上加上一顶中式的“大屋顶”来实现形式与功能之间的折衷。主要建筑的形体和平面布局满足了功能的需求，大屋顶成为唤起民族认同的符号，二者之间的矛盾，则通过立面上许多中式的装饰元素进行调和。[74] 通过在公共建筑上设置中国传统建筑符号来强调族群认同，有利于形成本土特色，也可以丰富城市空间。

3. 大运动场

第一次日据时期，日本人利用跑马场跑道内北侧的土地设立一处高尔夫球场。1935 年，市政当局计划利用高尔夫球场南侧的土地，再建设一处大型运动场。[75] 然而该运动场最终并未建成（图 2–34）。

按照设计图纸，南北向伸展的场地由两条通路划分为东、中、西三部分。西部的北侧设有美式足球、大足球、曲棍球和小足球场地各一片，球场以南是一片方形的桨盘球场地。运动场东部安排有迷你高尔夫球场、垒球场、棒球场、小田赛场以及多片网球场、排球场和篮球场。狭长的中部被设计为公园，中段设置有儿童游戏场和重器械场。从场地设置上可以看出，政府希望通过运动场的建设，推广西式运动项目。

运动场入口位于北侧的文登路上，两条通路与文登路交汇处分别设有一座大门，装饰以精美的中式纹样。大门后侧设有厕所和更衣间，按照图纸，两座附属建筑的设计具有明显的现代主义特征。

73 参阅魏枢，2011，107–111。

74 参阅魏枢，2011，111。

75 青岛市工务局《青岛名胜游览指南》，1935，21–22。

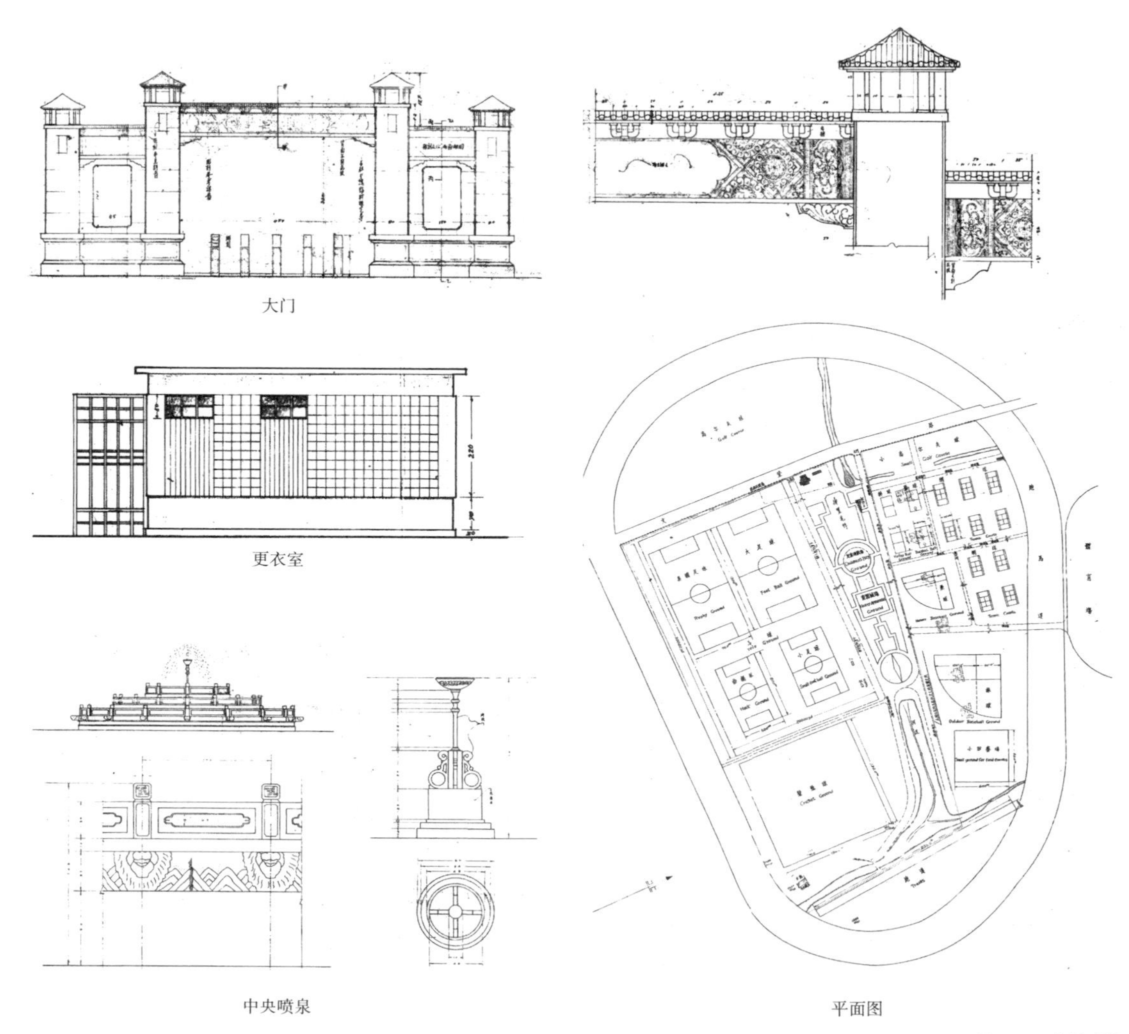

图 2-34 大运动场

五、文化隔离与复兴

20 世纪 30 年代，青岛市政当局将文化与社会建设作为施政重点，通过推广学校与民众教育，促进科学研究与传播，普及西方与中国传统体育运动，构筑底层居民生活保障等工作，推动城市居民的市民化与城市文化发展。通过这些行政措施，政府力图提高市民的文化水平，改善底层市民居住条件，丰富城市生活内容，并为城市长远和可持续发展奠定坚实基础。

76 在青岛，山头公园是指结合市区中的山丘建设的公园。

这一时期的市政公共建筑采用各具特色的风格样式。风格的选择考虑地段与功能的差异，反映政府由西方现代文明和中国传统文化共同组成的双重文化倾向。为配合欧洲风格的整体城市风貌，城区内重要的市政公共建筑，多采用简约欧洲近代建筑风格，强调比例划分，与城市原有建筑协调。莱阳路海滨一线的水族馆与湛山精舍等建筑，借助中国传统建筑生动的色彩、构图、形体和屋顶样式等元素，强调民族风格与特征，美化了小鱼山和曲折的海岸线所构成的自然景观（图 2–35，图 2–36）。

在这些公共项目的设计和建设中，工务局在有限的资金的制约下，坚持对艺术品质的追求。对于建筑项目，设计者尽管选取了实用主义导向，但通过造型、比例和尺度塑造以及对重要部位的装饰，形成良好的艺术效果。在休闲设施的整体布局和设施设计中，这种思想也得到了贯彻，山头公园[76]和海滨公园按照中国园林的思想，突出自然环境特征，开辟游径，设置少量亭、廊等小品作为点缀，与自然环境相映生辉；城市公园则综合多种西方园林与中国园林的分区与造景手法，提供多样化的休憩环境。

现代性始终是这一时期青岛城市文化的显著标志，也是青岛建筑文化的精神主体。青岛建筑文化的突进性、植入性、包容性、多样性与可复制性特征，决定了其在一定时间范围内的非稳定状态，决定了其吸纳外来文化元素的天然优势，决定了其调整、融合的可塑性。在诸如公共

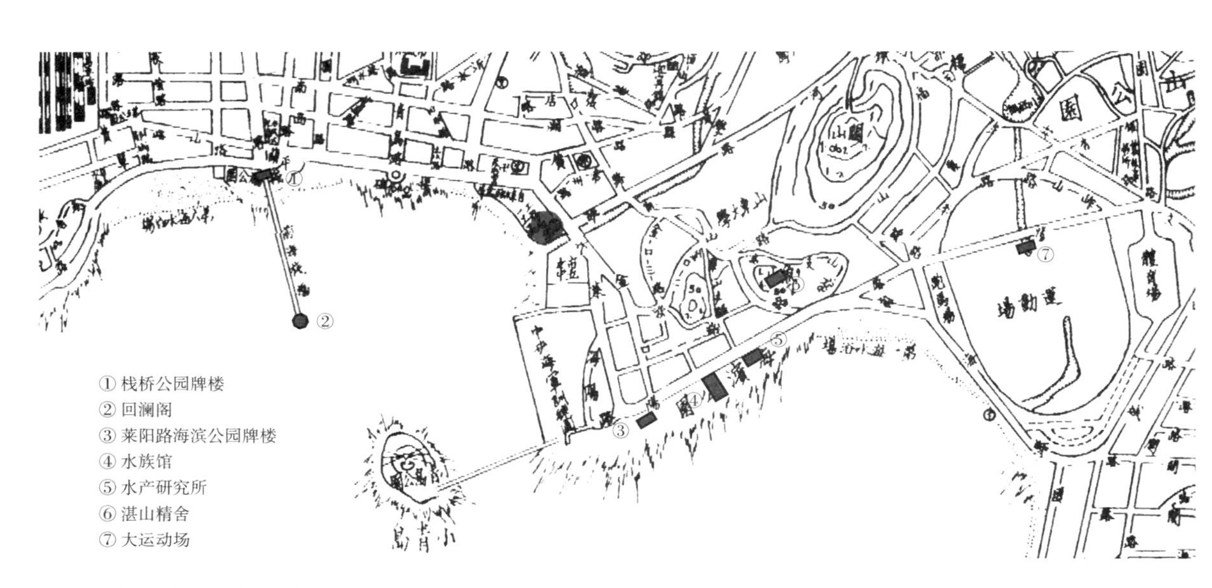

图 2–35　海滨一线民族风格建筑分布

图 2-36　湛山精舍与海水浴场

交流、社会服务、平民意识等领域，青岛的建筑文化都有突出表现，其中公园、运动场、图书馆、学校、会馆、影剧院、民众教育馆等不同类型、不同功能的城市公共建筑，都在青岛的城市化过程中发挥了重要作用，是青岛城市开拓与进步史上不可磨灭的文化标志。

市中心南部鸟瞰，1930年。中央的中山路南端连接前海栈桥，北端连接小港，向北经堂邑路和馆陶路通往大港，串联起青岛的商贸走廊。中山路东侧的浙江路指向天主教堂的预留用地，西侧的河南路通往第四公园，在几年后变身为银行区。图片来源：巴伐利亚国立图书馆，Ana 517

第三章　商业传奇

青岛的主权回归为城市发展平添了许多可能性。1922年至1937年间，许多商业机构、社团组织在青岛建成了一批富有特色的商业建筑，这些建筑以庞大的体量、华丽壮观的设计，成为城市地标，也成为经济繁荣的见证。这些建筑大多坐落于中山路与馆陶路两侧，并使这条联系着栈桥与大港的商业走廊，得到进一步强化。

一、中山路上的财富路线

中山路在德国租借地时期为两条道路，欧人区的一段名为“弗里德里希大街”，大鲍岛中国城的一段称为“山东大街”。两条街道的走向多处轻微转折，以强调地势特征。这一联系栈桥与小港的通道，很快形成一条繁华的商业走廊，大大小小的银行、洋行、货栈、零售商店、海运公司、保险公司入住其间，商业氛围和竞争气息浓郁。1922 年青岛回归以后，两条街道合二为一，统称“山东路”。1929 年国民政府接管青岛后，将其改名为“中山路”。1914 年时街道南段已落成许多建筑。在外观上，这些二至三层的德式建筑大多采用田园风格，建筑朝向路口的位置常设置塔楼，以点缀市街。与南段不同，街道北段是鳞次栉比、整齐划一的二层华人商住建筑。第一次日据时期，胶澳电器公司在街道北侧的尽端建成一栋塔楼。街道的轻微转折，使塔楼正当街道对景，画下富有诗意的句点。当时日本正着力建设新町到辽宁路一带市街，除胶澳电器公司的塔楼外，这一时期两段道路上鲜有建筑行为。1922 年青岛回归以后，华人经济得到长足发展，这条大街的商业也更加兴旺。20 年代末至 1937 年间，沿街建起许多新的商业建筑，尤以华人商业建筑为众。这些建筑富有时代感的形象，使街道面貌焕然一新。

1. 庄俊与交通银行大楼

交通银行青岛分行大楼位于中山路东侧，德县路与肥城路之间。大楼于 1929 年动工，1931 年落成，建筑设计方案由庄俊完成（图 3–1，图 3–2）。

庄俊出生于 1888 年，早年曾在伊利诺伊大学与纽约哥伦比亚大学学习建筑，分别取得学士与硕士学位。1925 年，他在上海开办建筑事务所，又于 1927 年组织发起中国建筑师学会，被推选为第一任会长。庄俊擅长古典主义建筑设计，在上海、青岛、汉口等地留下许多优秀作品。对此，同时代的建筑评论家留有这样的评价：“盖古典派建筑，如中国之骈体文，稍有离题，即画虎类犬，且其雕塑、柱头、花线等，均足以耗金费时，故建筑家多有避之者。庄建筑师不繁难，是其勇敢处，不惮物议，是其果决处，均非常人所能及。”[77]

中山路上的青岛交通银行大楼位于德县路、肥城路两个交叉口之间，既不临路口，也不处于道路对景。尽管如此，建筑师通过赋予建筑庞大

77 参阅麟炳．对于上海金城银行建筑之我见．中国建筑，第 1 卷第 4 期，1933，10。

图 3–1　交通银行正立面

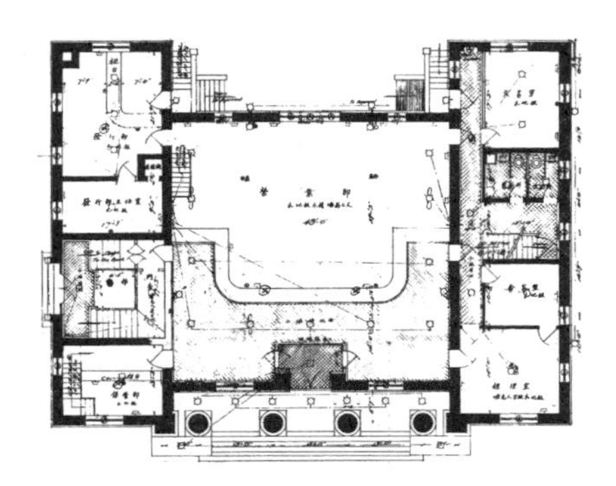

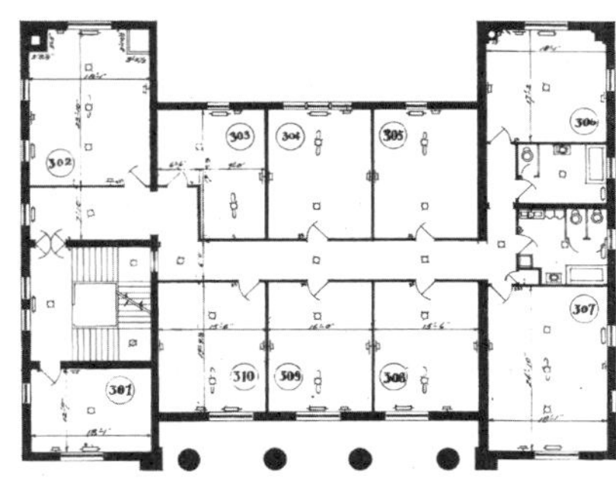

图 3–2　交通银行平面图

的体量和壮丽的立面，使大楼在街道中格外引人注目。大楼体量方正敦厚，正立面退后街道 5 米，采用新古典主义风格，规制严谨、比例协调。大楼地上四层，下设半地下室，并以平屋顶覆盖。立面纵向划分为三段，中段前设置三层高的门廊。门廊处由 4 根柯林斯圆形立柱和两侧的 2 根方形壁柱托起柱顶过梁和宽大的檐壁，再以带有齿状线脚的檐口结束。门廊前方展开一部台阶，将人行道与大门前的平台相连，上方为内游廊，游廊通过 4 对较小的多立克立柱进一步衬托出下方柯林斯立柱的宏伟。

四层大楼中，只有一层和二层及地下室为银行使用。一层中央为宽大的营业厅，双层通高，内部装饰精美气派，充分展示了银行的实力。三层和四层各自分隔为 9 间用以出租的办公室，通过北翼一间独立的楼梯间进出。这种布局方式的巧妙之处在于，尽管银行只需要三层楼面作

图 3-3　交通银行大厅

图 3-4　交通银行二层游廊

图 3-5　交通银行会议室

为营业面积，但四层层高的楼体形象既能使大楼显得庄严气派，彰显可靠形象，又能为日后业务扩张预留空间。可以想象，这些出租办公室在当时一定颇受欢迎，因为租客可以借助银行大楼提升自身形象。30 年代青岛最重要的建筑事务所——联益建筑华行就在交通银行大楼中办公。

青岛交通银行大楼建筑及设备费用总计 22 万元，建筑工程由上海申泰记营造厂承造，水电及暖气采用祝礼德洋行的进口设备。值得一提的是，银行内部家具专门聘请美艺公司设计，完全采用新式图样，“新颖家具与古派建筑映照起来，亦别具风味也”（图 3–3 至图 3–5）。[78]

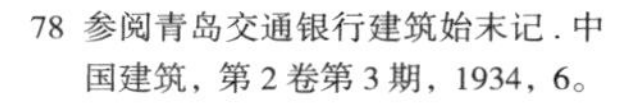
78 参阅青岛交通银行建筑始末记．中国建筑，第 2 卷第 3 期，1934，6。

2. 明华大楼

中山路在北段与胶州路相交，形成丁字路口。由南向北的人流在此一分为二，沿中山路向北是港埠区和港口，沿胶州路向东北方向，是日本人聚居区小鲍岛以及台东镇及工业区，因此路口交通繁忙，人流涌动。1933 年，明华银行取得了路口东南的一块土地，拆除原有两层商住用房后，在此建设起一栋三层商业大楼（图 3–6，图 3–7）。

大楼的建筑方案，由在青岛交通银行大楼办公的联益建筑华行设计完成，建筑师为许守忠。许守忠 1900 年生于浙江，在前往青岛之前，曾在上海和广州的建筑设计事务所及政府部门担任技术职务。1928 年，他参与了在杭州举办的西湖博览会的筹备工作，担任工程处设计股股长，

图 3–6 明华大楼

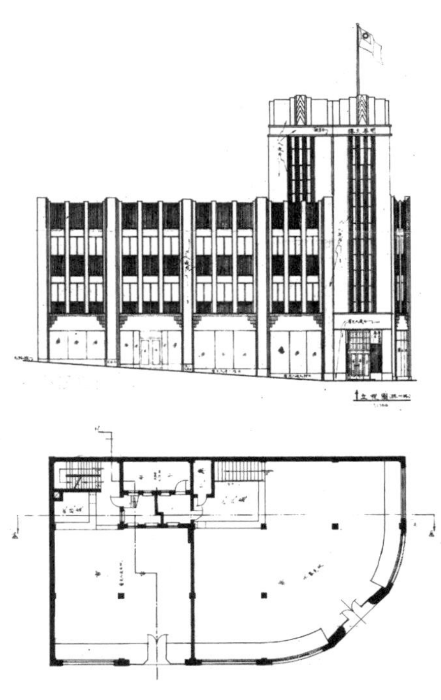

图 3–7 明华大楼平面与立面图

并完成了许多建设项目的设计。共同参与西湖博览会的，还有后来的青岛工务局第一任局长丁紫芳。当时任总务处主任的丁氏大约对许守忠的能力颇为认可，因此邀请他一同前往青岛[79]，并委任其为工务局第四科科长。丁紫芳自 1929 年的 6 月到任，至 1930 年 1 月旋即去职，历时不足 8 个月。1930 年 4 月工务局改组，第四科取消，许守忠转任第三科技正，至 1931 年底去职。之后许氏并未离开青岛，而是联合廖宝贤和其他几名设计师，共同创办了联益建筑华行——当时青岛规模最大和水平最高的建筑设计事务所。

为应对日益增大的交通流量需要，其时政府计划将中山路北段由 20 米拓宽至 25 米，将胶州路由 15 米拓宽至 24 米，位于路口的建筑因此必须在两侧分别退界 2.5 米和 4.5 米，并在路口退让形成 10 米半径的圆角。对于本来就已非常局促的明华银行建筑用地而言，这些规划要求使业主损失了大约 30% 的建设用地面积。作为补偿，所剩用地几乎可以全部用来建筑。

明华银行商业大楼采用钢筋混凝土框架结构和平屋顶，平面呈长方形，在路口设置高耸的五层方形塔楼。建筑师运用了一种在南方口岸城市常见的立面样式，宽窄不一的壁柱和细腻的影线对立面进行清晰、强烈的纵向划分。建筑的实墙面与开窗、墙面的肌理变化比例和尺度关系和谐，并形成有序对比，使立面整体朴素而不失气派。

在中山路北段，胶澳电气公司和明华大楼的塔楼在高度和体量上十分接近，但立面材质、色彩和屋顶样式则大不相同。站在中山路中段北望，胶澳电气公司攒尖顶的塔楼构成街道优美的对景，另一座平顶塔楼以其敦实厚重的形象从右侧低矮的房屋中脱颖而出，强化了前景的变化。两座塔楼遥相呼应，塑造出富有动感的城市意象。

按照最初的设计方案，大楼包含五个三层的商业单元。建筑施工时，将五个商业单元归并为两个较大的商业单元。1937 年，青岛中国国货公司迁入大楼，将一层与二层打通作为商场，三层作为办公室、仓库和职员宿舍。由此，青岛第一栋中国人的百货大楼诞生。

3. 亚当斯大厦

中山路与曲阜路口的亚当斯大厦，由山东起业株式会社投资建设，1931 年建成。大楼最初为四层，大约在 1935 年加盖两层，成为青岛最高建筑之一。[80] 亚当斯大厦采用钢筋混凝土结构，平面为长方形，窄面

79 参阅费文明，2007：9-10。

80 参阅李明，2006。

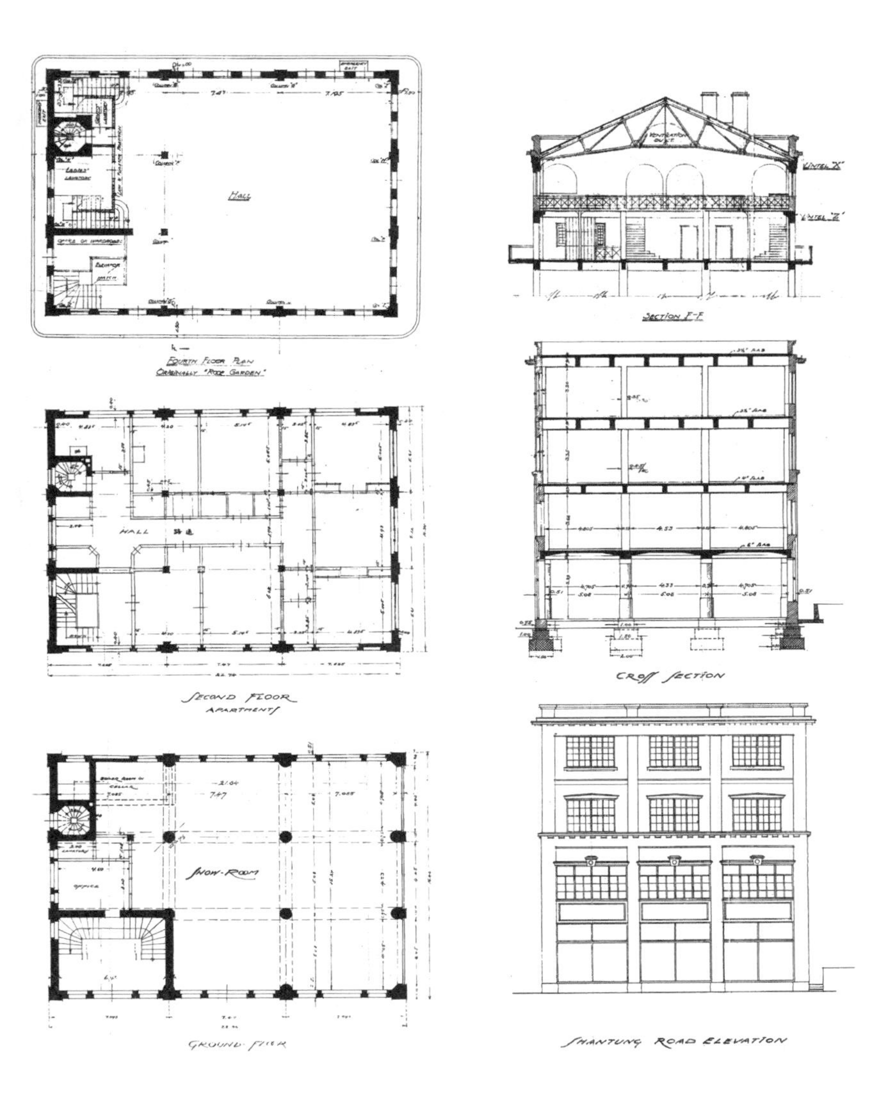

图 3–8　亚当斯大厦设计图

朝向中山路，使用女儿墙遮挡平缓的双坡屋顶。大楼由俄国建筑师尤力甫（Wladimir Georg Yourieff）设计。当时，尤力甫还在法国建筑师白纳德（Boehnert）[81] 的建筑设计事务所工作（图 3–8，图 3–9）。

尤力甫在青岛城市建设史中，是一位举足轻重的建筑师。20 世纪 30 年代和 40 年代，青岛许多优秀的建筑设计作品都出自他的手笔。1905 年尤力甫出生在俄国一个虔诚的东正教家庭，1924 年他和母亲移居青岛，投奔时任法国临时代办的舅舅。在青岛，他通过函授方式进行继续学习，从两所美国大学毕业并且拿到工程学和建筑学的学位。1928 年到 1935 年，他在白纳德的设计事务所担任助理设计师。1935 年尤力甫开办自己的设计事务所，直至 1948 年离开青岛。1940 年建成的圣保罗教堂，是尤力甫在青岛最重要的设计作品之一。此外，他还设计了许

81　白纳德是一位法国籍建筑师，20 世纪 20 年代和 30 年代曾在青岛执业。

图 3-9　亚当斯大厦

多艺术品质较高的私人住宅。1948 年尤力甫移居美国加利福尼亚州的帕罗奥图（palo alto），1999 年在那里去世。[82]

按照 1930 年的图纸，建筑各层的平面布局差异较大：一层为两户规模较大的商铺，二层提供大空间办公室，三层和四层则被划分为小间，既可以作为办公室，也可以用作出租公寓。建筑加盖以后，五层设置两层通高舞厅，六层设置游廊；加盖部分的屋顶采用大跨度桁架结构，使舞厅内可以不设立柱。建筑侧后方设三跑楼梯作为主通道，并建有电梯。

亚当斯大厦外立面采用简化的欧式风格，设计整洁大方，墙面采用浅色粉刷，反映建筑结构的壁柱与腰线纵横交织，仅在几处关键部位应用少量古典装饰元素。五层的舞厅设有一圈悬挑阳台，成为建筑具识别性的要素之一。大楼总体高度达到 23.5 米，远远超过周边二至三层建筑，成为商业走廊南边区域重要的地标和城市天际线的构图重点。亚当斯大厦可以算作青岛第一栋高层建筑，高耸而引人注目的不再仅仅是屋顶和塔楼，而是整座建筑。

二、公园变身银行区

利用中山路中段原第四公园建造银行区是 20 世纪 30 年代青岛规模最大、最重要的建设活动之一。将第四公园放租为建设用地的设想可以追溯到 1927 年。胶澳商埠局于 1927 年 8 月 25 日发布公告，称第四公

82 参阅王栋，2006；周兆利，2006。

园地处市中心，周边已无可供建设之地，而公园自身并无别样景致，因此建议放租用以房屋建设。但政府的这个放租计划并非没有附加条件，而是希望承租这块土地的业主在正常缴纳地租之外，额外缴纳一笔“报效金”，以充实市政。因报效金提出的金额过高，这块土地并未成功出让。[83] 30年代初，第四公园被市政当局作为建设用地完成放租，市长沈鸿烈修建青岛市礼堂的计划也由此得以实现：公园的土地被放租给6家银行及青岛银行同业公会，银行公会则为市政府提供3万元资金，支持礼堂的建设。

第四公园占据整个街坊，连同周边的路网格局都形成于德租时期。规划师在设计路网时，让四条街道与公园交汇时，各发生了一次轻微的转折，使公园被置于中山路北段、河南路南端和肥城路西段的街道对景中，以此突出公园在城市空间中的核心地位。放租时，政府在地块中添加了一条南北向通路，连接曲阜路与肥城路。通路将地块一分为二，中山路一侧划分为四个单元，由南自北分别建造中国银行、山左银行、上海商业储蓄银行和大陆银行。河南路一侧分别划分为三幅土地，南北分别建造中国实业银行和金城银行，中间则是银行公会大楼。

中山路银行聚集区的建设还隐含了另外一层目的：在城市中心为青岛的重量级中资银行提供发展空间，使其能够守望相助，与馆陶路上的日本金融中心相抗衡。1934年，几座巍然屹立的银行大楼先后落成，极大地改变了中山路的功能格局，形成相濡以沫的精神气场。银行区大楼统一采用庄重大气的天然石材立面，建筑形体及立面设计各具特色，形成整体和谐而局部富有变化的形象（图3-10，图3-11）。

1. 中国银行

中国银行大楼于1934年1月竣工。位于曲阜路和中山路口的大楼，占据了银行区最为优越的位置。大楼主体三层，设计方案由中国银行建筑课课长陆谦受完成。

陆谦受祖籍广东新会，1904年7月29日出生于香港。1927年陆谦受远赴英国，进入伦敦建筑学会建筑专门学校（A.A.）建筑系学习，1930年7月完成学业，并于同年9月取得英国皇家建筑工程学会会员身份。1930年至1947年，担任中国银行建筑课课长。1931年陆谦受加入中国建筑师学会，并于1935年当选为副会长。在任职中国银行建筑课期间，陆谦受为中国银行设计了许多行厦与职员宿舍。[84]

83 参阅赵琪《胶澳商埠行政纪要续编》.1929：147-148。

84 参阅王浩娱，2007。

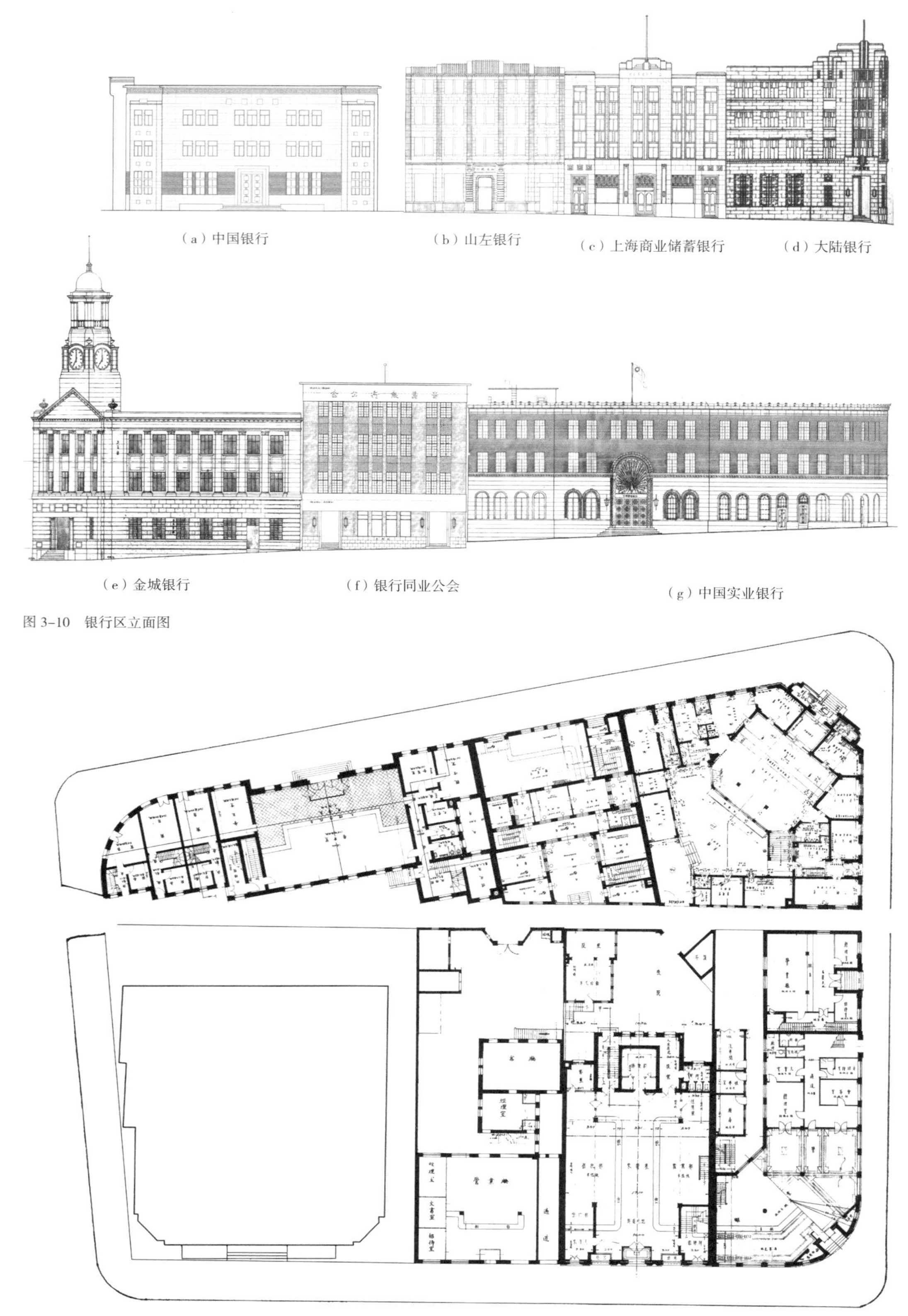

图 3-10 银行区立面图

图 3-11 银行区总平面图

图 3-12 大陆银行

出自陆谦受之手的诸多中国银行大楼，都具有一种简洁、厚重而不失细腻的共性，青岛这座分行大楼也不例外。大楼平面呈方形，正中为双层通高的营业厅，上方设置井字梁与玻璃屋顶。围绕大厅设置会客室、办公室及其他附属用房。建筑临中山路界面两侧设有两处斜切的转角楼，通过转角楼体量收进与檐口降低烘托出主立面宏伟宽大。正立面退后街道数米，均匀布置三组三联窗列，一层正中为主入口，前方设有 6 级宽大的踏步。一层窗户之间的墙面通过石材拼贴形成水平影线，加强建筑底部的厚重感。建筑采用平檐口，细长的檐口稍稍出挑，下方设有内凹的中式装饰纹样带，形成宽窄与进退的对比。

2. 大陆银行

1934 年 9 月，由罗邦杰设计的大陆银行在中山路与肥城路口落成。建筑师罗邦杰 1892 年生于广东，1928 年在美国明尼苏达大学（University of Minnesota）取得建筑学学士学位。回国以后，他曾在天津的北洋大学担任教授。1930 年至 1935 年，他担任大陆银行建筑师，之后创办自己的建筑设计事务所。[85]

大陆银行大楼平面呈“L”形，沿街展开两翼，主体部分地上四层，地下一层，肥城路一翼顺应地势跌落，在尽端设置三层副楼（图 3-12）。主体一层为装修气派考究的营业大厅、小间会客室及办公室，楼上作为办公室和职员宿舍。西翼副楼为独立商户，设置营业厅、办公室与宿舍用房，用于出租。[86]

85 参阅赖德霖，2006。

86 参阅青岛大陆银行新屋，中国建筑，第 3 卷第 5 期，1935 年 3 月。

对于建筑外立面，建筑师选用了当时较为流行的装饰艺术风格，立面构图清晰，变化丰富，装饰元素应用较少。二层的窗台线将建筑划分为上下两个部分，两翼上部采用水平构图，由对窗组成的窗带与实墙面间隔，首层设置宽大窗扇，形成上下对比。建筑主入口位于两翼相交之处，正对路口。银行大门位于一层中央，外侧为由深色石材贴面的宽大墙框，墙框与腰线相互交错，上方中央设有装饰方石，连接上下部分。入口上方将凸凹有致的墙面通过嵌套式手法进行组合，形成层叠上升的山墙，在中央以窗列上方的装饰构件收尾，并设有旗杆，强化中轴线，塑造出丰厚并富于变化的视觉效果。

中山路在肥城路口发生轻微转折，这使得大陆银行的主入口正对中山路北段，建筑构图丰富的转角立面和山墙，为街道提供了优美的对景。

3. 山左银行和上海商业储蓄银行

山左银行[87]与上海商业储蓄银行位于大陆银行与中国银行之间，两处基地形状与大小相当，狭长的长方形的地块短边临街。山左银行建成于 1934 年，上海商业储蓄银行建成于两年之后。两栋大楼均采用钢筋混凝土结构与平屋顶，地上四层，地下一层，沿街立面临街而建，并占满整个面宽，立面构图划分清晰，与大陆银行形成连续立面。大楼一层为营业厅与办公室，楼上大多作为职员宿舍。

山左银行大楼由本地建筑师刘铨法设计，上海商业储蓄银行的建筑师是来自上海的苏夏轩。尽管两栋建筑体量与立面基本划分十分相似，但立面构图与装饰在细节上仍然差异较大。

刘铨法 1889 年生于山东文登。1904 年至 1914 年就读于德国传教士卫礼贤创办的青岛礼贤书院。毕业后其进入上海同济大学，学习土木工程专业。1923 年至 1953 年，刘铨法担任由母校礼贤书院演变而来的礼贤中学校长。为保证学校教学和管理的独立性，他不在基督教同善会领取工资，个人日常生活通过兼职解决，其中包括在政府工务局等部门任职，以及自营建筑设计事务所。[88]

刘铨法设计的山左银行，立面采用简化的欧洲古典主义划分方式与装饰元素，构图清晰简洁，横向采用一层的窗台线脚、一二层之间的楼层腰线以及顶部的檐口线进行划分，纵向等距设置 6 根壁柱，将立面划分为五段，上层每段居中设置一对窗列，一层除入口外对应设置一扇大窗。主入口位于一层中央，两侧设有大块圆边花岗岩砌成的壁柱，突显

87 山左银行于 1920 年代由来自黄县的绅商傅炳昭在青岛牵头筹划成立，由其同乡刘鸣卿任经理。

88 参阅刘铨法简历，刘汉耀，未出版。

银行的气势。

苏夏轩出生于1901年。1923年他前往比利时，进入根特大学（Ghent University）学习建筑。1928年回国以后，进入庄俊的建筑事务所中工作。1932年在上海创办马腾建筑工程司，并在青岛和西安设立分公司。期间在1931年，苏夏轩成为中国建筑师协会会员。[89]

与山左银行的立面相比，苏夏轩设计的上海商业储蓄银行的立面则更加丰富和细腻。立面纵向划分为宽窄不一的五段，中段及侧翼稍稍凸出，水平方向划分与山左银行相似，但檐口高低起伏，与纵向分段形成呼应。建筑中段和侧翼分别设置两列与一列窗列，周边墙面宽大，加强厚重感。中段和侧翼的连接部位设两列窗列，与中段及侧翼相交部位不设实墙，与之形成虚实对比。窗列纵向设有整体边框，窗台下方的墙面通过划分形成统一纹样。一层两侧的次入口周边也设有宽大的墙面，对设计母题进行重现。中央的主入口两侧设有宽大壁柱，壁柱中央设装饰带，周边的宽大的墙面再次渲染母题。通过升高女儿墙，中段和侧翼得到不同程度的强调，并形成屋顶富有变化的收尾。然而，尽管立面构图丰富精美，但由于凹凸幅度较小，光影关系对比不够强烈，雕塑感较弱，因而没有能够形成有力的视觉冲击。

刘铨法和苏夏轩设计的两座银行与相邻的大陆银行立面设计相似，檐口和腰线保持一直，这使得三座银行尽管立面细节存在差异，但整体非常和谐一致。事实上，这种和谐来源于工务局的协调。工务局规定了三座大楼的首层高度，并特别致信山左银行，要求其修改方案中檐口与腰线的高度，与更早提交设计方案的上海商业储蓄银行对齐，增加街区建筑的整体性，“以壮观瞻”。[90]

4. 金城银行

1935年9月，位于河南路与肥城路口的金城银行落成。陆谦受设计的金城大楼，采用欧洲新古典主义风格，地上三层，地下一层，中段朝向路口，沿两条街道分别延展出两翼。建筑一层设有营业厅，二层设有餐厅、会议室及其他办公用房，三层作为员工宿舍。建筑两翼尽端设有可独立出租的办公室，并配备有独立的楼梯间。

金城银行位于街坊中地势最低的地块，所临的河南路也远没有中山路繁华，但陆谦受仍然通过设计，赋予大楼以庄严大气的形象。大楼采用欧洲新古典主义风格，一层采用大面积宽厚石墙，形成建筑基座。基

89 参阅赖德霖，2006。

90 青岛城建档案馆馆藏档案。

图 3-13　金城银行

座上方设两层通高的爱奥尼半圆形壁柱，对两翼进行划分。在中央入口部位，建筑师采用希腊神庙样式，中央 3 根爱奥尼圆柱与两侧 2 根采用相同柱式的方形壁柱托起三角山墙，又在山墙之上设置塔楼，为正对立面的肥城路提供了壮观、俊美而华丽的道路对景，并为周边原本已经非常丰富的天际线，再增添一抹精彩的亮色（图 3-13）。

在中山路金融圈，中国银行和金城银行两座行屋均由陆谦受设计，但两座几乎同时设计建造的银行大厦却风格迥异。这种风格的差异，应该与业主的需求有关。金城银行在各大城市的分行均采用欧洲新古典主义风格，以凸显其威严，加强人们对银行的信赖，而中国银行则试图通过民族文化符号的使用来唤起民众的认同感。

5. 银行公会与实业银行

青岛银行公会大楼建成于 1934 年，设计师为徐垚。四层高的大楼主体采用长方形平面，两侧向后伸出两翼。银行公会只使用大楼的二层和三层，设有会客室、餐厅、大会议室和其他辅助用房。大楼的一层和四层，分别作为商铺和住宅出租。[91]

建筑位于街段中间，占满地块整个临街面宽。立面设计中轴对称，构图规整，纵向设置八列窗列，两侧两两成组，中间四列合为一组，以窗间墙面宽窄变化丰富立面构图。两侧窗列在一层分别对应一层商铺与

91 参阅王祖训，1934；李明，2006。

楼上的入口。入口两侧设阶梯状凹进装饰，一层窗间墙面设有水平影线，其余立面则不设任何装饰。[92] 从有限的资料判断，大楼的设计师徐垚应当接受过工程教育，赋予公会大楼的立面一种工程美学特征。

1934 年 2 月，河南路与曲阜路口的中国实业银行大楼落成。大楼的建筑设计方案由联益建筑华行设计，建筑师为许守忠。大楼主体三层，狭长的平面延河南路伸展，与青岛银行公会大楼相接。建筑两侧设有凸出的两翼，中段退后形成退界空间。主入口设于中段中央，前方设有几级台阶。大楼一层为营业厅，二层及三层为办公室和职员宿舍。建筑右翼较宽，分割为三间商户对外出租，每户商户上下三层贯通。

中国实业银行大楼沿街立面构图清晰，装饰简洁。墙面由二层窗台线脚水平分为两段，一层采用圆拱窗，二层及三层为方窗，并配以简单外框进行装饰。中央的主入口是立面构图重点，两层入口采用罗曼拱门样式，宏伟宽大，拱券立于二层水平线脚之上，使建筑上下紧密联系为一体。

三、火车站周边的崛起

随着 30 年代城市经济的迅速发展，中山路与馆陶路沿线土地基本开发完毕，可供开发的大块空地已经十分难觅。因此许多组织和个人在中山路以西、靠近火车站的地段寻求商业空间。于是，几座重要的商业建筑应运而生。

1. 洪泰商场

洪泰商场位于北京路与河北路口，是青岛第一栋五层高的楼房，远近闻名，被市民称为“五起楼”。大楼由李连溪于 1932 年投资建造，建筑师为王海澜。商场平面呈 L 形，采用钢筋混凝土结构和平屋顶。两翼在路口以弧形交汇。建筑总高 21 米，与基地 22.5 米的限高所差无几，而周边建筑大多只有 9 米，可以想见洪泰商场当时鹤立鸡群、脱颖而出的状况。业主希望以此高度，展示本地商人的实力。然而除了引人注目的高度以外，建筑无论是平面布局还是立面设计都有欠妥当。建筑外立面采用拉毛抹灰，设计较为简单，横向以一层与二层之间的腰线分为两段，纵向采用壁柱和窗列进行均质划分，建筑面向街角的处理也乏善可陈（图 3-14）。

92 参阅杨秉德《中国近代城市与建筑》，1993，290。

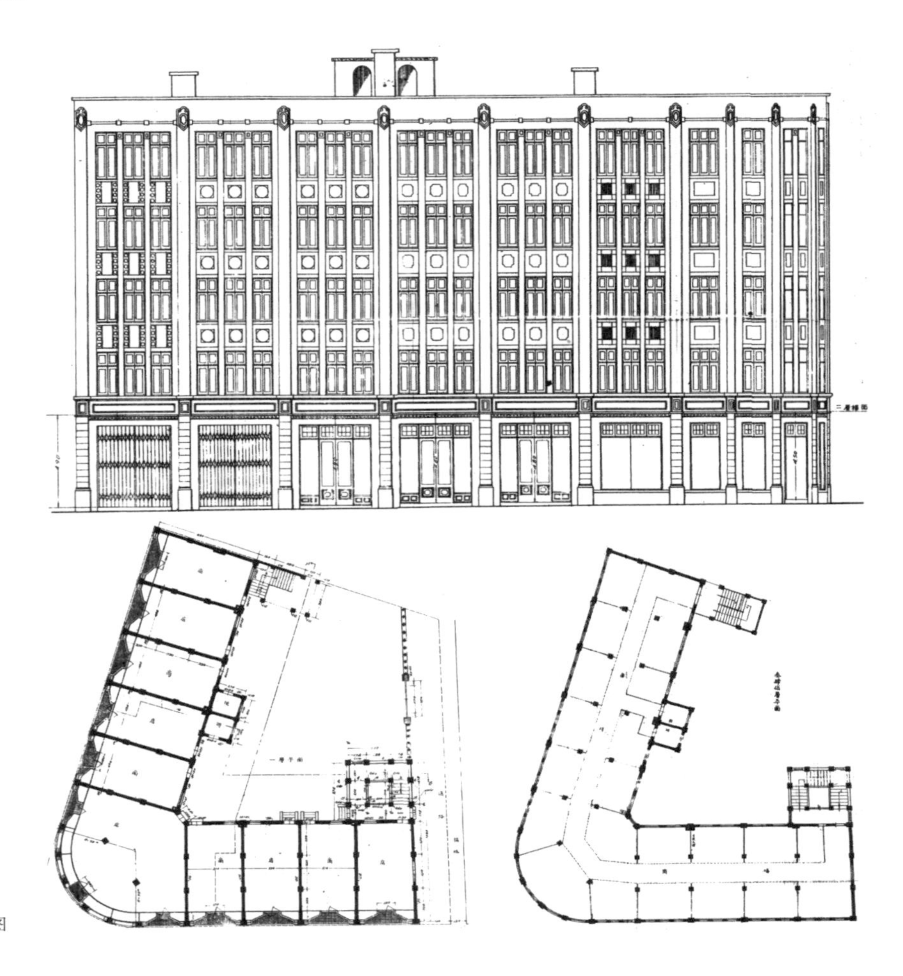

图 3-14 洪泰商场设计图

商场的平面布局极其简单，一层被分割为若干商铺，二层以上则采用柱网平面可以按实际需要划分。联系上下楼层的楼梯间设于两翼末端，厕所则设在北翼中部。按照设计，楼上将用作市场或作为单间商铺出租，然而开业之后，出租情况一直不佳。因为大楼距离商业主街中山路有两个街区，不甚便利，而楼上商铺的商业价值也远逊于临街铺面。为提升商场活力，李连溪还曾在楼顶组织曲艺演出，然而经营却依旧不见起色。

2. 物证交易所

青岛的华商于 1931 年创办物证交易所，进行商品与证券交易，以期与日本人开办的“青岛取引所”[93] 竞争。刚开业时，物证交易所借用齐燕会馆礼堂进行交易。1933 年，由刘铨法设计的交易所大楼在天津路落成。交易所大楼位于由中山路西侧深入的一个半圆形广场，广场西侧的泰安路通往火车站，其余五条放射状道路通往港口和东部的商业区（图 3–15，图 3–16）。

93 日本官办青岛取引所成立于 1920 年 2 月，同年 11 月成立中日合资的商办青岛取引所株式会社。取引所为日本当局的监督管理机构，设物产部、钱钞部、证券部。1922 年，中国收回青岛主权后，改称株式会社青岛取引所，继续由日本人管理。主要经营花生米、油、棉纱、棉花、面粉、日元、银元、股票等期货和证券差价交易。

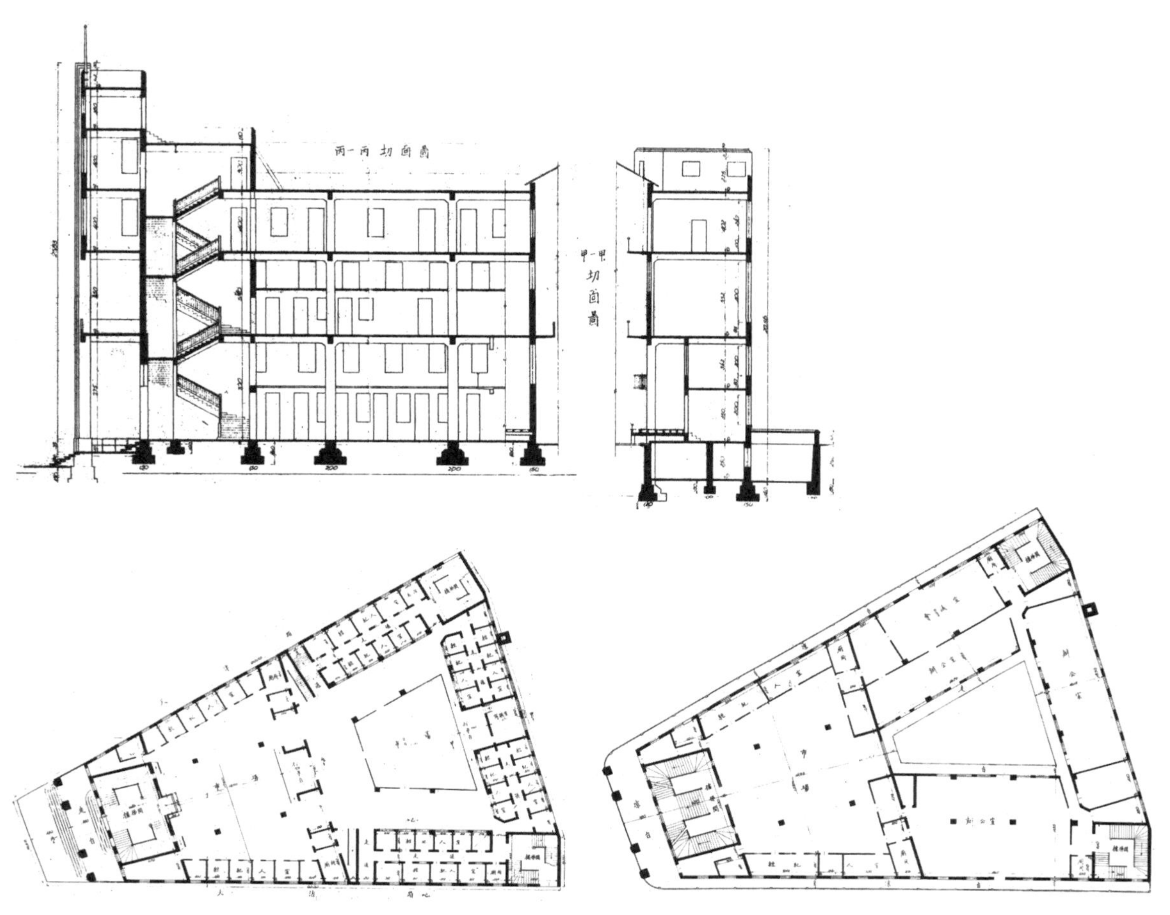

图 3-15　物证交易所设计图

图 3-16　物证交易所

交易大楼主体三层，采用梯形平面、平屋顶。大楼沿天津路和大沽路以及沿广场贴线建造，首层高 7 米，设有夹层，二层高 5.5 米。按照请照图纸，大楼分为前后两部。前部中央一层和二层各设一处交易大厅，周围设办公室，办公室吊顶之上设高窗，为交易大厅提供日光。后部房间围绕中庭布局，中庭上盖有玻璃屋顶，地面下沉若干级台阶形成地池，作为第三处交易大厅。

大楼主入口朝向广场，该处建有四层，并局部加高。主入口前展开两段大台阶，中间休息平台上设有 4 根方形立柱，立柱贯穿整个正立面，强调纵向划分。建筑二层设有阳台，阳台前方与 4 根立柱相交，侧面如腰带一样绕建筑一圈。立柱在二层之上融入建筑立面成为壁柱，并凸出建筑檐口；立柱之间设有细长的镂空窗洞。大楼侧立面较为朴素，没有进行装饰。

建筑师充分利用 1906 年便已形成的街道空间格局，使交易所大楼与半圆形广场相呼应，以突出的视觉形象，将建筑塑造成为周边的核心地标，彰显华商的财富与地位。

3. 新新公寓

刘子周投资在湖南路上建设的新新公寓，成为青岛众多旅馆中的后起之秀。公寓大楼位于湖南路与蒙阴路口西南，由刘铨法设计，1936 年建成。公寓平面呈长形，主体三层，街角四层，并依规定设计为圆角。按照设计图纸，大楼主入口位于街角，但建造时改在侧面。公寓一层沿街设置餐厅，中央设有一处带有舞台的礼堂，礼堂中央三层通高，上方设玻璃顶棚采光。公寓二层至四层为单间及套间客房（图 3–17）。

公寓沿街立面采用水平带状划分，基座部分由花岗岩砌至一层窗台，主体部分由深色面砖带与浅色粉刷带交替而成，在深色面砖带中嵌入门窗，二层至四层设有连续阳台，将浅色粉刷再横向一分为二。阳台形成的投影，进一步加强立面的水平划分。街角部位山墙中央呈阶梯状抬升，连同圆形街角，有如王冠一般。

尽管新新公寓立面受现代建筑的影响，呈现出简洁明快的特征，但与周边城市空间的关系仍然遵循了传统的设计手法。建筑临街贴线建造，并通过规则的立面划分，形成富有节奏的街道空间界面。街角处对建筑体量的加高和女儿墙的变化，与路口空间以及对面德国警察局高耸的塔楼形成呼应，进一步丰富了周边的城市天际线。

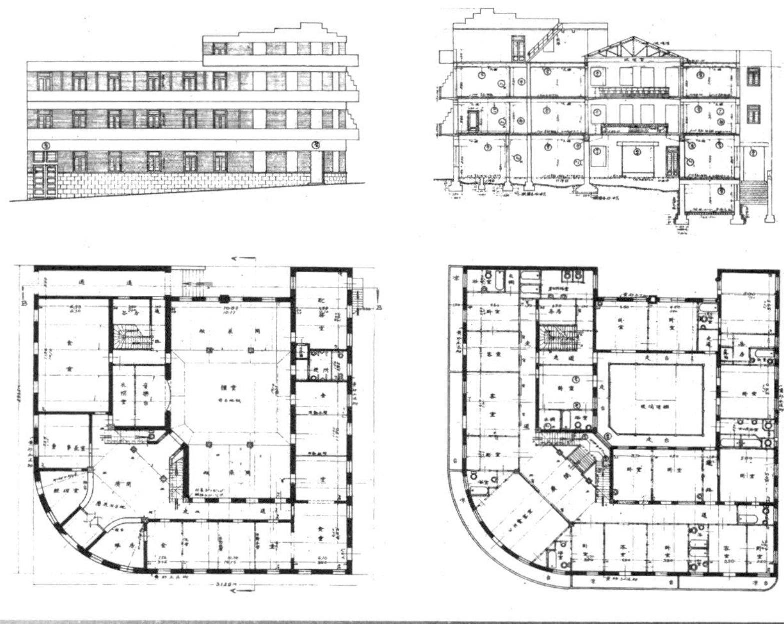

图 3-17　新新公寓设计图

四、馆陶路上的金融线索

馆陶路在德国租借地时代被称为“皇帝大街”，是港埠区最重要的一条街道。然而到 1914 年时，沿街只建设了零星的商业建筑与住宅。在接下来的第一次日据时期，许多日本金融与商业机构进驻这里，沿街建起许多欧式商业大楼，使馆陶路成为日本人的金融街。1922 年的青岛主权回归，似乎并没有影响馆陶路的发展节拍。1922 年至 1937 年间，馆陶路上又建成众多日本商业建筑，而中国商人和外国洋行也开始在这条街道上谋求一席之地。这一时期落成的建筑，以不同方式塑造、影响了街道的形象，并使之成为城市景观体系中的重要组成部分。

1. 青岛取引所

1920 年，日本人在青岛成立青岛取引所[94]，进行证券、纱布、土产、钱钞交易。同年，取引所在馆陶路与莱州路之间取得一块开阔的坡地，建设取引所大楼。大楼由日本建筑师三井幸次郎设计，1925 年建成（图 3–18，图 3–19）。

取引所大楼采用“日”字形平面，主楼沿馆陶路与莱州路展开，再以三段楼房连接，围合出两个中庭。大楼内主要设置办公室，中庭则作为交易大厅。建筑采用欧洲古典主义样式，构图与装饰富丽堂皇。馆陶路正立面中央设置希腊式山墙，6 根三层高的柯林斯立柱塑造出庄严肃穆的气氛。建筑师在三角山墙之上再设一层，托起两座方形角楼。正立面的两翼形体较为简单，三层楼房各设 6 列窗户，尽端以一段较宽的实墙面收尾。一层与二层进行整体构图，二、三层之间以一条纤细但装饰细腻的檐口划分，三层窗间的墙面被分解为一对壁柱，形成更为丰富的光影效果。

尽管取引所大楼中段形体稍显繁重，使整体比例略显失调，但这并没有影响大楼凭借庞大的体量和精美的装饰，成为馆陶路上最引人注目的地标建筑。大楼中央的希腊式山墙正对宁波路与馆陶路相交而成的丁

94 日本官办青岛取引所成立于 1920 年 2 月，同年 11 月成立中日合资的商办青岛取引所株式会社。取引所为日本当局的监督管理机构，设物产部、钱钞部、证券部。1922 年，中国收回青岛主权后，改称株式会社青岛取引所，继续由日本人管理。主要经营花生米、油、棉纱、棉花、面粉、日元、银元、股票等期货和证券差价交易。

图 3–18 青岛取引所大楼

图 3-19　青岛取引所大楼中央走廊与交易大厅

字路口，使山墙成为宁波路优美的道路对景。大楼沿街立面退后馆陶路大约 5 米，使行人能够以更好的视角欣赏楼体的正立面。

2. 齐燕会馆

齐燕会馆成立于 1907 年，为青岛早期三大会馆之一，是以山东、河北商人为主的同乡组织。德国人开辟港埠区以后，会馆在馆陶路与陵县路之间购得一块土地，并在靠近基地北侧建设礼堂一座。1922 年青岛回归以后，华商贸易日渐繁荣，会馆原有建筑不敷使用。1925 年会馆利用院内空地，新建议事厅大楼一栋。在接下来的一段时间，这栋大楼在青岛扮演了重要角色。不仅许多政府和华人团体的公众集会借用齐燕会馆的礼堂举办，1931 年成立的青岛物证交易所也曾借用礼堂作为交易场所（图 3-20）。

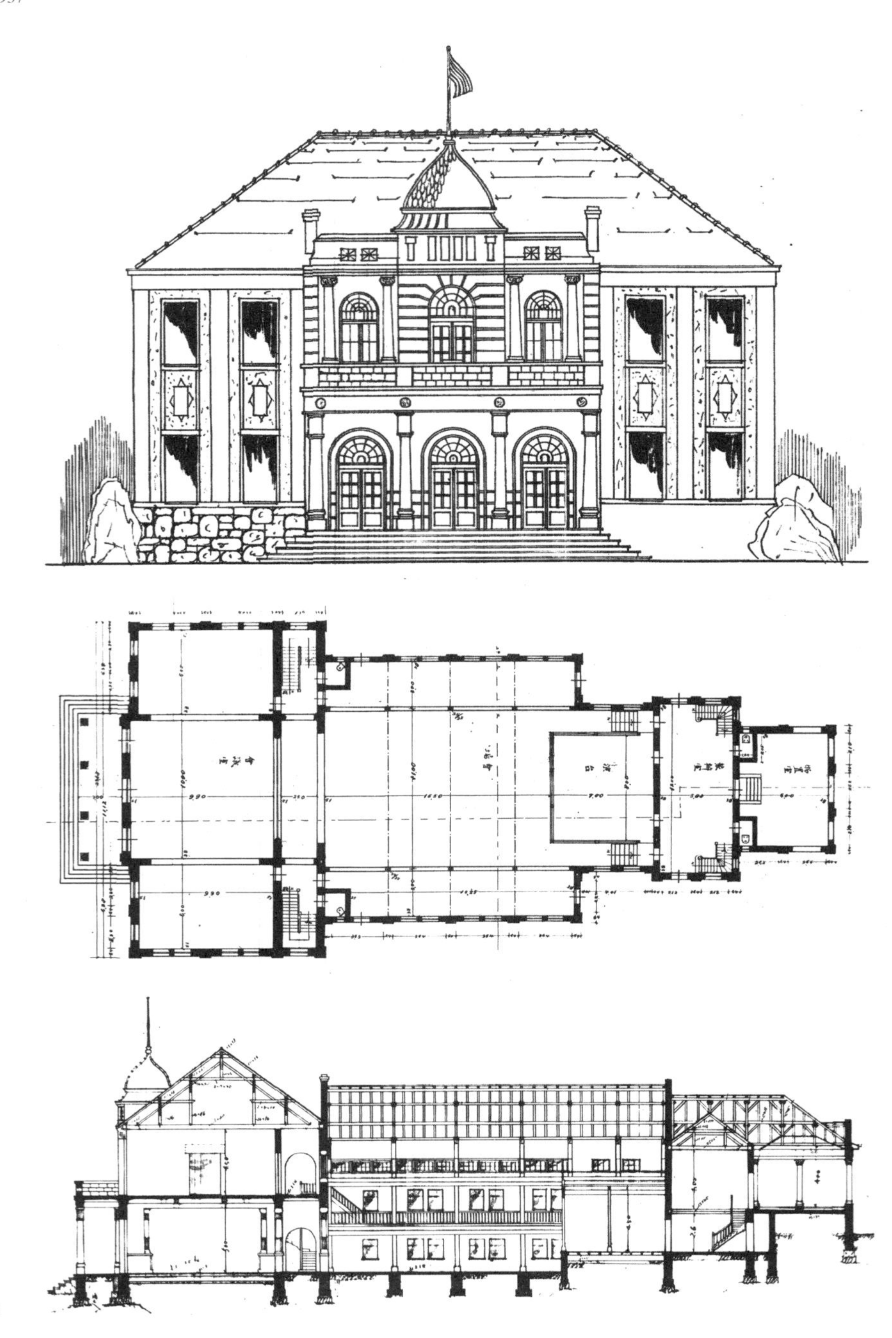

图 3-20　齐燕会馆设计图

新会馆大楼的设计方案，由任职胶澳商埠局工程事务所的王锡波完成。主体两层，位居院落中央位置，正立面朝向馆陶路，在基地的南侧和西侧，分别留出 16 米和 20 米的距离。建筑自身坐西朝东，并不顾及呈东北—西南走向的馆陶路。大门后方是 12 级踏步的台阶，通往会馆两层的前楼。前楼设有一间正厅与两间偏厅，偏厅后侧是楼梯间。前楼后侧与长方形会堂相连，会堂宽 11 米，长 15 米，高 8 米，两侧设两层宽的游廊，后方设一宽大舞台。建筑的后方另设有一处朝向院落的露天舞台，供演出之用。两座舞台背靠背设置，之间设有共用化妆间。

大楼正立面的入口和后侧的讲台是立面处理重点，其他部位的立面处理则比较简单。会馆主入口设置由 6 根立柱组成的前柱廊，二层采用爱奥尼壁柱、水平影线和特殊造型的女儿墙进行装饰，正中还设置一处塔楼，强调中轴线。建筑底部采用石基座，花岗岩乱石砌至窗台高度，上方的主体部分以拉毛抹灰粉刷，再以光面抹灰进行分割，上下两层窗户之间的墙面上还设计了装饰纹样。尽管建筑设计较为简单，但借助形体、屋顶样式和檐口高度的变化，仍然形成了较为活跃的建筑形象。

如前文所述，至 1930 年末，馆陶路上已经建成大量围合式的商业与金融建筑，并在许多路段形成连续的街道界面。与之相比，齐燕会馆的设计师并不着意在馆陶路上树立引人注目的建筑立面来彰显会馆形象。建筑轴线选择与街道垂直相交，并与街道保持了相当的距离，使会馆面向馆陶路体现出的内敛姿态。

3. 日本汽船株式会社

1927 年至 1928 年间，日本大连汽船株式会社在馆陶路和广东路口建造青岛支店（分社）大楼。大楼主体两层，屋顶高耸，平面呈“L”形，由街角展开长短不一的两翼。一层设大营业厅、会客室、办公室，二层设餐厅、娱乐室和职员宿舍（图 3-21）。

汽船株式会社大楼的主入口位于转角处，大门周边采用较为繁复的带有日本色彩的欧式装饰元素装点，前方设有弧形前柱廊，向路口展开 4 级台阶。柱廊由两根立柱与两根壁柱组成，立柱与壁柱两层通高，采用变形的柯林斯柱式，柱头设计独特。柱头承托的横梁上，设有 4 座精美的石雕花瓶。屋脊正中设有一座圆形小亭，由 8 根立柱承托穹顶。与主入口相比，两翼立面相对朴素，在靠近路口处各设置有三角山墙的立面凸起，强化中轴线，馆陶路上长翼的尽头重现了这一元素。立面拉毛抹灰，屋顶以红瓦覆盖，阁楼采用牛眼窗，檐口与窗台使用花岗岩毛面条石，形成一种略显粗犷的田园风格，延续了青岛德式建筑的语言特征。细腻而特色鲜明的装饰细部，则透露出建筑师的日本文化背景。尽管建筑体量不大，但入口气势宏伟，装饰精美，为业主塑造出庄重、可信赖的形象。

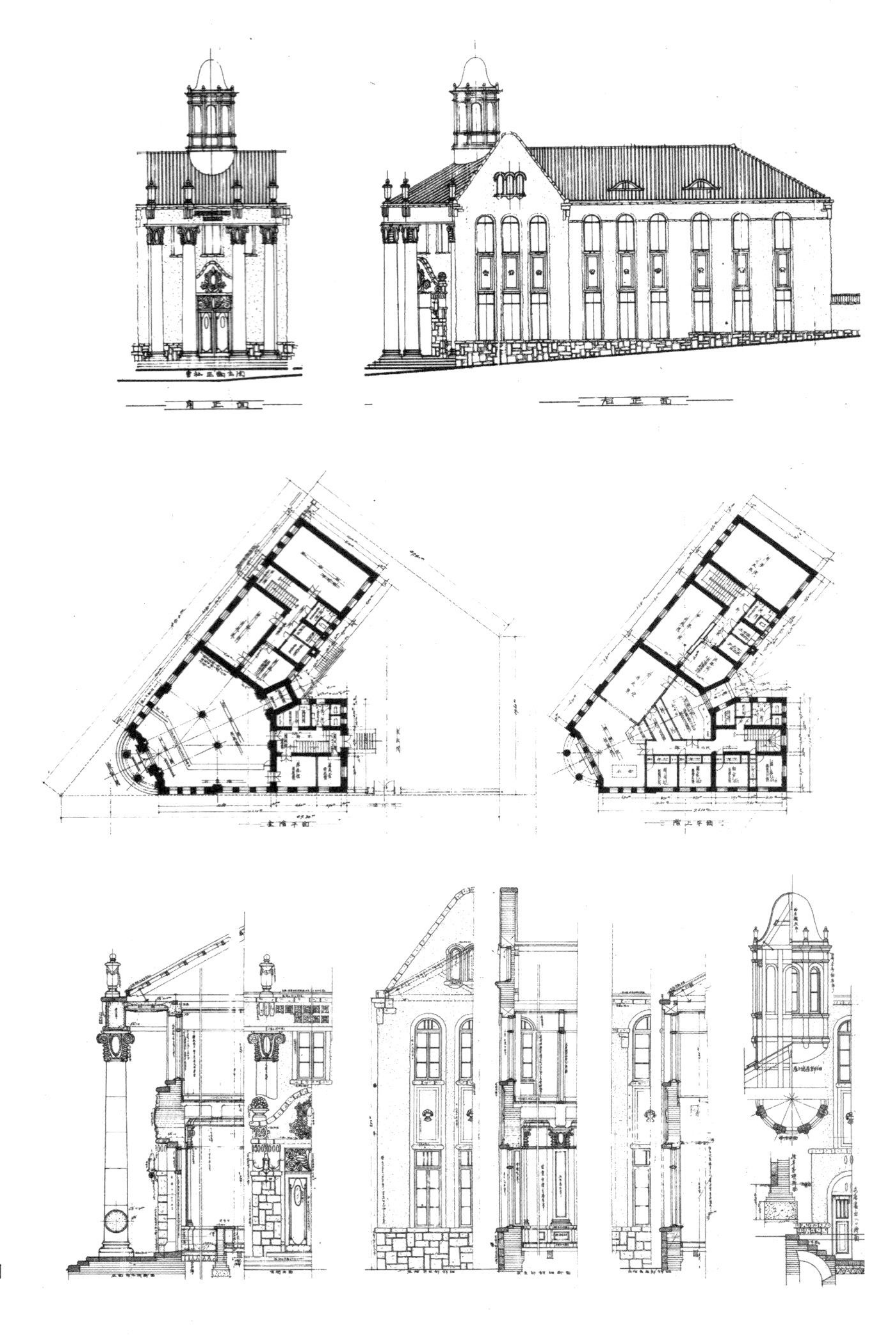

图 3-21 大连汽船会社设计图

4. 朝鲜银行

馆陶路上的朝鲜银行大楼[95]落成于1932年，由三井幸次郎设计，地上二层，地下一层，采用平屋顶覆盖。建筑平面呈凹字形，主体部分沿馆陶路展开，楼前设置6米退界，形成一处小型前广场。建筑主体部分一层为宽大的营业厅，中央设有天光，一层两翼及二层为办公室和其他附属用房（图3-22）。

95 朝鲜银行为日治朝鲜和韩国的中央银行，于1910—1945年发行朝鲜银行券，而于1945—1950年发行韩圆，最后于1950年解体由韩国银行取代。朝鲜银行早期的活动范围仅限于朝鲜半岛，后陆续在上海、沈阳、大连、抚顺、长春、天津、北京、青岛、济南等地开设26处分行。

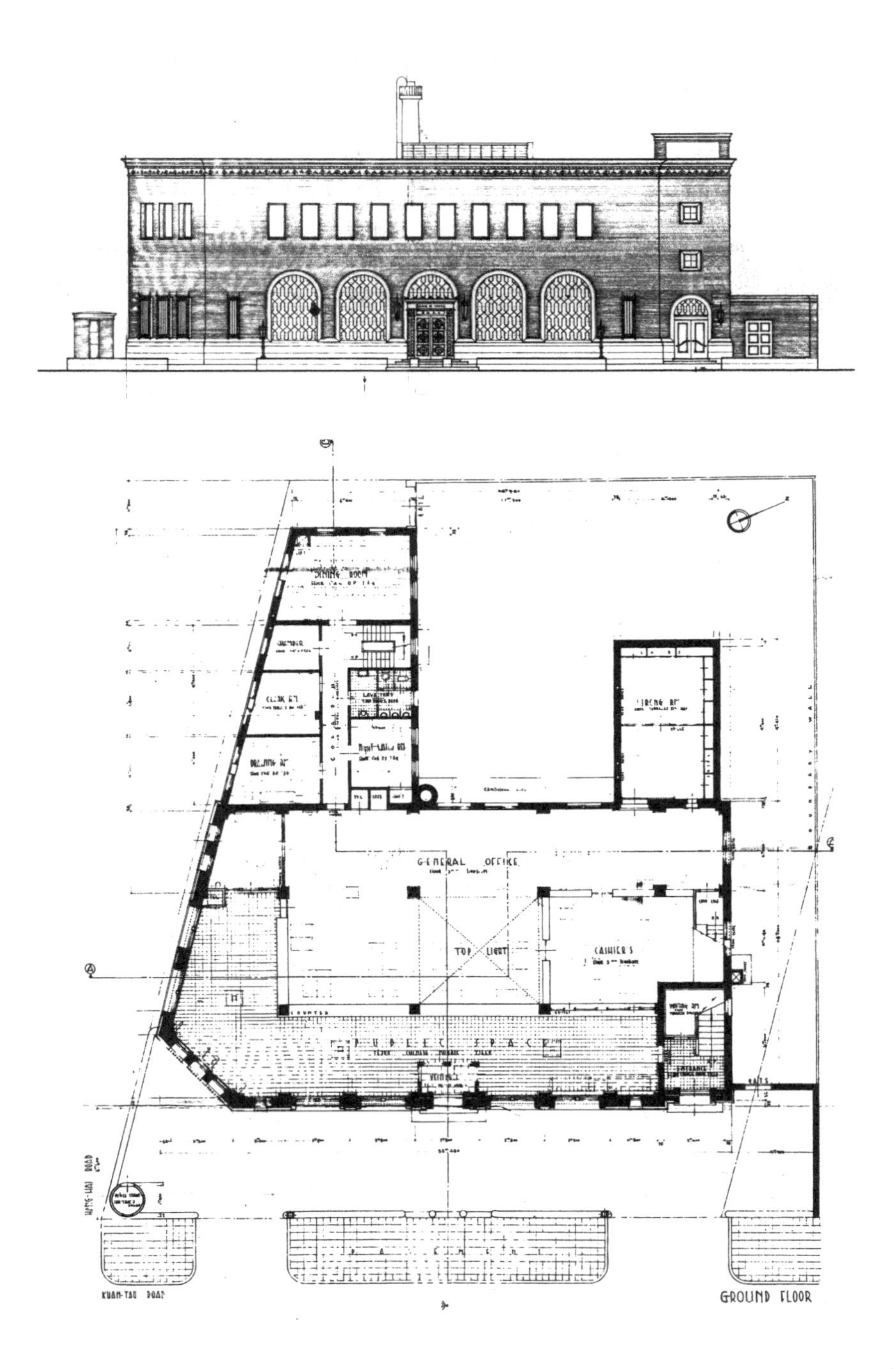

图 3-22 朝鲜银行设计图

整体而言，朝鲜银行的建筑体量十分紧凑，立面设计简洁，赋予建筑敦厚、内敛的形象。立面下方设石基座，砌至一层窗台，屋顶以连续的宽檐口收尾，檐口以线脚和纹样装饰。建筑中部以黄色泰山面砖贴面，中央部分中轴对称，一层设有 5 扇宽大拱窗，正中窗户嵌入主入口。大门设计细腻，采用欧洲古典样式构图与日式细部纹样装饰。二层在拱上方设 10 扇细小窄窗，留出宽大墙面，加强虚实对比。

与三井幸次郎近 10 年之前设计的青岛取引所相比，朝鲜银行的设计尽管局部采用了古典主义的装饰元素，但整体呈现出具有时代气息的现代主义色彩。虽然建筑占据街角，但主入口却设于正立面中央。在建筑与城市的关系、建筑风格、主立面设计等方面，朝鲜银行都与同期在中山路落成的中国银行有许多相似之处。

5. 太古洋行

馆陶路在南端与莱州路相交，共同汇入堂邑路，形成一个“Y”字路口。1936 年，由尤力甫设计的太古洋行大楼，在馆陶路南端正对堂邑路的地块落成。大楼地上两层，地下一层，依街道走向形成梯形平面，上覆孟莎屋顶，设有阁楼。地上的一层和二层分别设置两个独立商号，每个商号设一处大营业厅，以长柜台分隔顾客区与职员办公区，再设置独立办公室及其他附属用房（图 3–23）。

太古洋行大楼采用了 19 世纪德国典型城市建筑的立面样式。半地下室的地上部分为建筑提供了基座。主体四角设置宽大壁柱以增加建筑的稳重感。建筑外立面采用毛面花岗岩贴面，形成自由的石缝图案。正对堂邑路的正立面中轴对称，立面前方设有三角形花园。立面上设有等距的 5 列长窗，一层中间为一层商铺主入口，采用古典主义风格。临馆

图 3–23 太古洋行

陶路和莱州路的立面设计较为相似，其中馆陶路立面的入口设于最北侧的窗列之中，样式与正立面相同。

大楼体量方正，立面划分严谨，立面材质粗野而整体气质稳重厚实，“成为通向馆陶路这一新的城市商务区的显著标志”。[96]

96 参阅李明，2005，55。

国立山东大学校园，1934年左右。大学校园两侧为原俾斯麦兵营的四栋兵营大楼，右下方为1933年1月完工的科学馆大楼。后方四座山丘由左至右为信号山、伏龙山、贮水山、青岛山，郁郁葱葱的绿树中为20年代末、30年代初沿着齐东路东段和信号山路兴建的花园住宅。图片来源：巴伐利亚国立图书馆，Ana 517

第四章　文化地标

标志性文化设施的建设，伴随青岛城市化开拓期与扩展期的全过程，成为本土文化积累、进步与创新的策源地之一。

青岛城市发展初期，城区东侧起伏的丘陵地带，形成了许多富有田园风情的花园住宅社区。民国时期，在这些社区中建成了许多具有宗教、文化属性的建筑。这些建筑样式与功能多样，成为青岛多元文化与社会结构的反映。就区域影响而言，这些场所自然形成周边社区居民的信息中心和公共生活聚集地。

毋庸置疑，青岛不同类型的文化地标的相继建立与影响扩大化，对本土思想、文化的持续发展，起到了积极的推动作用。

一、天主教高地

中山路东侧高地的天主教会中心是德租时代城市功能布局的核心内容之一。两名圣言会传教士在巨野县付出的生命代价（巨野事件），为德国租借青岛提供了借口；作为回报，天主教圣言会最终获得弗里德里希大街东侧高地及周边的大片土地。按照当时的城市规划，高地的制高点将建造一座天主教堂。在这一大片天主教用地的两侧边缘，1900年代起始就已分别建起了圣言会会馆及一座修道院，而中心区域规划中的大教堂，则在30多年后才开始建造。而这个时候，城市精神生活的多元化与丰富性早已今非昔比。

1. 私立圣功女子中学

1931年，美国天主教方济各会在德县路创办青岛私立圣功女子中学。学校位于浙江路天主教堂预留地的北侧，主体大楼三层，由德国建筑师毕娄哈（Arthur Bialucha）设计。圣功中学是天主教会中心的第二所教会学校，学校西南侧方济各玛利亚修会早在1902年已创办圣心修道院，作为教会学校招收外籍女生。而新出现的圣功中学，则以招收中国女生为主。[97]

毕娄哈1880年出生于德国的上西里西亚（Oberschlesien），并就读于卡托维兹（Kattowitz）的科技学校。1907年至1914年，他曾在青岛做泥瓦匠工头，并经营木材贸易。1914年他参加了发生在青岛的日德战争，战后被俘虏至日本，直到1920年获释后返回德国。1926年，毕娄哈再次来到青岛。作为建筑师，他设计了许多私人住宅，并从青岛天主教圣言会得到了许多新建和改建项目的委托。[98]

圣功女中教学楼在南侧几乎紧贴街道建造，在北侧留出较大的操场。教学楼采用紧凑的工字形平面，以平顶覆盖。大楼中央设走廊，南北两侧布置教室及办公室，楼梯设在走廊尽端。建筑立面底部为石砌基座，屋顶设置宽大的带状女儿墙，三层设置窗台檐口，对中段进行水平划分。建筑师放弃了带有明显风格倾向的建筑装饰，仅通过开窗墙的尺度与比例，以交替节奏塑造立面。建筑立面中轴对称设计，一层中央设置大门，以天然石材装饰门框。中段设置四列三联窄窗，外围以宽窗框围护，窗框稍稍凸起，并施以浅色粉刷，与整体较深的粉刷形成对比。两翼一层与二层教室的窗户设于山墙面，朝向街道为大面实墙，实墙上设置十字

97 参阅华纳，1992，252。

98 参阅马维立撰写的毕娄哈生平简介，www.tsingtau.org。

图 4–1　圣功女子中学教学楼

架浮雕，庄严肃穆（图 4–1）。

结合周边城市环境而言，建筑师将大楼中轴线设置在教堂与圣心修道院之间的小路尽端，使教学楼成为小路的对景，而这条小路也是连接教堂前广场与北侧城区的唯一通道。从北侧的大鲍岛向南望，尽管缺乏景观轴线，但体量方正紧凑的教学楼因地势较高，依然可以在许多地方被看到，并显得十分挺拔。

2. 圣弥爱尔大教堂

1931 年 5 月至 1934 年 10 月，魏嘉碌主教（Bischof Georg Weig）主持了青岛天主教大教堂的修建。圣言会修士阿尔弗莱德·福爱博尔（Alfred Fräbel）在德国完成了一座新罗曼风格的三厅教堂的设计图纸，圣言会又委托提奥福鲁斯·克雷曼（Theophorus Kleemann）担任工地监理。然而克雷曼到达青岛不久便染上重病，几个月后在青岛去世。于是圣言会又委托毕娄哈继续担任监工。[99]

圣弥爱尔大教堂采用巴西利卡拉丁十字平面，长 65 米，宽 43 米，教堂大门朝向西南，两侧设 54 米高的双塔，双塔采用正方形平面，上覆八面攒尖屋顶，尖顶上安放有巨大的拉丁十字架。教堂空间屋脊高 27 米，中厅净高 18 米，做井字假梁，偏厅较矮，以十字拱做吊顶（图 4–2 至图 4–6）。[100]

教堂的西立面，由中庭尽端和微微凸出的塔楼底层共同构成。底层正中设置双层大门，两旁设有侧门，大门和侧门均采用圆拱造型。大门

99 早在德租时代末期，天主教会已经着手规划一座三厅教堂，并积极筹备建筑材料。日本 1914 年占领青岛以后，建造教堂的筹备工作停滞了下来。参阅华纳，1994：248–249。

100 参阅华纳，1992：248–249。

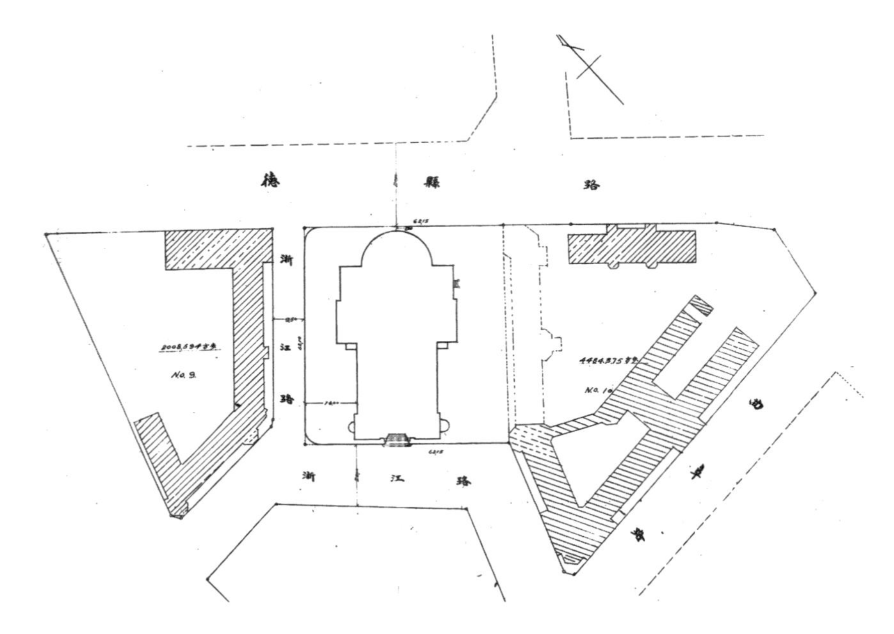

图 4-2　圣弥爱尔教堂与周边道路和建筑的关系

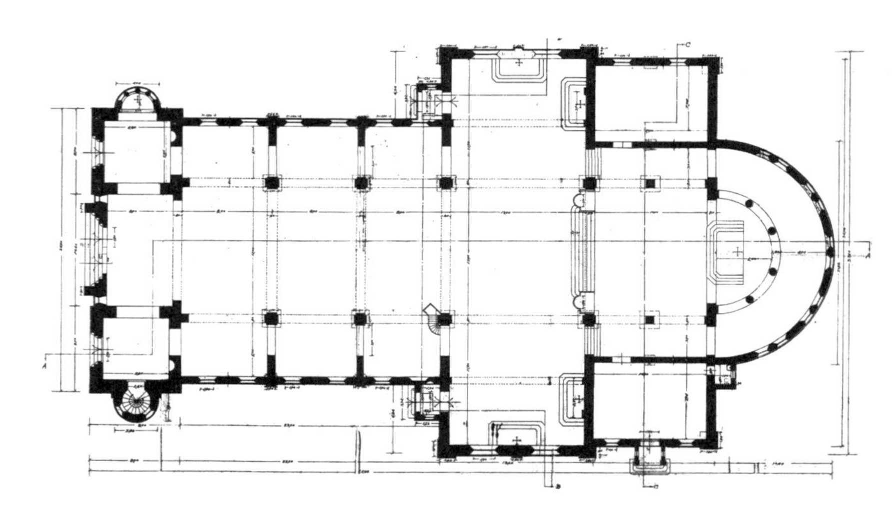

图 4-3　圣弥爱尔教堂平面图

上方通过线脚勾勒出三角形山墙，山墙下方装饰有一圆形盲窗。山墙之上是圆形玫瑰窗，再上方是三联窄窗和连拱盲窗廊，最后以栏杆状女儿墙收尾。简洁的线脚勾画出主厅层与层之间的边界。塔楼下方三层居中设有圆拱单窗，最上两层开对窗，上层则对窗洞再进行划分，形成纵向渐变。塔楼顶部以三角形山墙结束，山墙当中开圆窗，周围以三个窄小的圆拱窗环绕。

水平和竖直方向的立面划分元素，使延展的四边形成为立面构图的主题。立面底部采用天然石材贴面，上部立面则采用人造石，二者外观相似，在保证和谐的整体视觉效果的前提下，通过色彩和表面肌理上细

图 4–4 圣弥爱尔教堂正立面

图 4–5 从中山路与肥城路远望圣弥爱尔教堂

图 4–6 圣弥爱尔教堂与城市天际线

微的差异，丰富近距离的视觉体验。建筑底部设有水平影线，增加建筑的稳重感。正立面及两座塔楼通过层高和窗户组合的变化，从视觉上塑造出厚实稳重的底部和轻盈、细腻的顶部，使教堂显得挺拔向上。

在很长一段时间里，圣弥爱尔大教堂是整座城市中最高的建筑。教堂周边的路网呈方格网状，而教堂则斜置于其中，占据西侧肥城路和南侧浙江路的对景点。教堂庄严的立面和高耸的双塔在地势烘托下格外挺拔，而通过对路网格局的处理，这一壮丽的景象无论从南侧的海岸还是从西侧的商业区，都可以远远望见。其中肥城路和中山路路口的城市景观格外优雅：路口两侧是为两栋德租时代建造的田园风格建筑，左侧的三层大楼采用三角山墙，右侧的二层楼房则在街角设置小型塔楼。两栋建筑有如当中大教堂的画框，而山墙、塔楼与教堂的双塔比例和谐，塑造出富有韵律感的天际线。教堂因地势得以傲视北侧大鲍岛的房屋，其侧后立面又恰好出现在博山路的对景点上。对于生活在大鲍岛中国城的人们，教堂的存在，显然被这种对景关系加强了。从远处眺望，教堂因庞大的体量、高耸的屋顶和双塔，从周边环境中脱颖而出，有如城市上方的一顶皇冠。在接下来的半个世纪的时间里，对于那些乘船前往青岛的人，圣弥爱尔大教堂是他们抵达时，从远处能够看到的第一栋青岛地标。

二、大学路上的自由与理性

大学路的历史可以追溯到德租时代之前，这条路的南边连着青岛村，北侧穿过起伏的丘陵，通往台东镇。民国时期，沿着这条道路建成许多具有文化属性的公共建筑，并反映出当时青岛多元的社会文化面貌。1924 年，胶澳商埠局督办高恩洪发起创办私立青岛大学，利用道路东侧的原俾斯麦兵营作为校舍，而学校西侧的道路也因此得名“大学路”。

1. 红万字会

红万字会青岛分会是位于大学路和鱼山路东北的一组建筑群，建于 1933 年至 1940 年。狭长的基地原为一条冲沟，东西宽约 50 米，南北长 250 米。红万字会将基地南北划分为几段，分批分期进行建造，并由一条中轴线进行串联（图 4–7）。

先期建设的项目包括“道院”与图书馆。两项目均由青岛本地建筑师刘铨法设计。道院位于基地中部，为一进方正的院落，四周由山门、大殿和配殿围合而成，院落中央设有礼亭。院落建筑采用传统中国宫殿样式，建筑墙体漆为朱红色，屋顶采用琉璃瓦，采用新式钢筋混凝土结构（图 4–8）。

山门正中为六扇大门，上覆歇山屋顶，采用金色琉璃瓦，前后各设 7 级台阶，两侧设有 2 间偏房为办公室。进入山门，迎面是院落中央的八角攒尖礼亭，礼亭后方为大殿。大殿坐落在“T”形的基座上，前方作为礼台，供举行礼仪活动之用。大殿建筑仿照曲阜孔庙型，面阔 11 间，

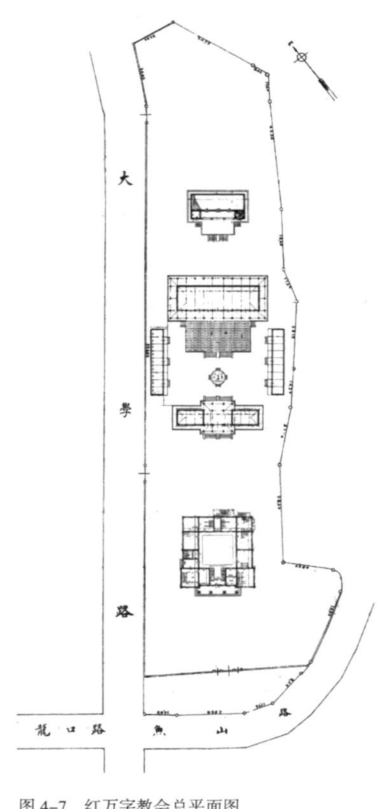

图 4–7　红万字教会总平面图

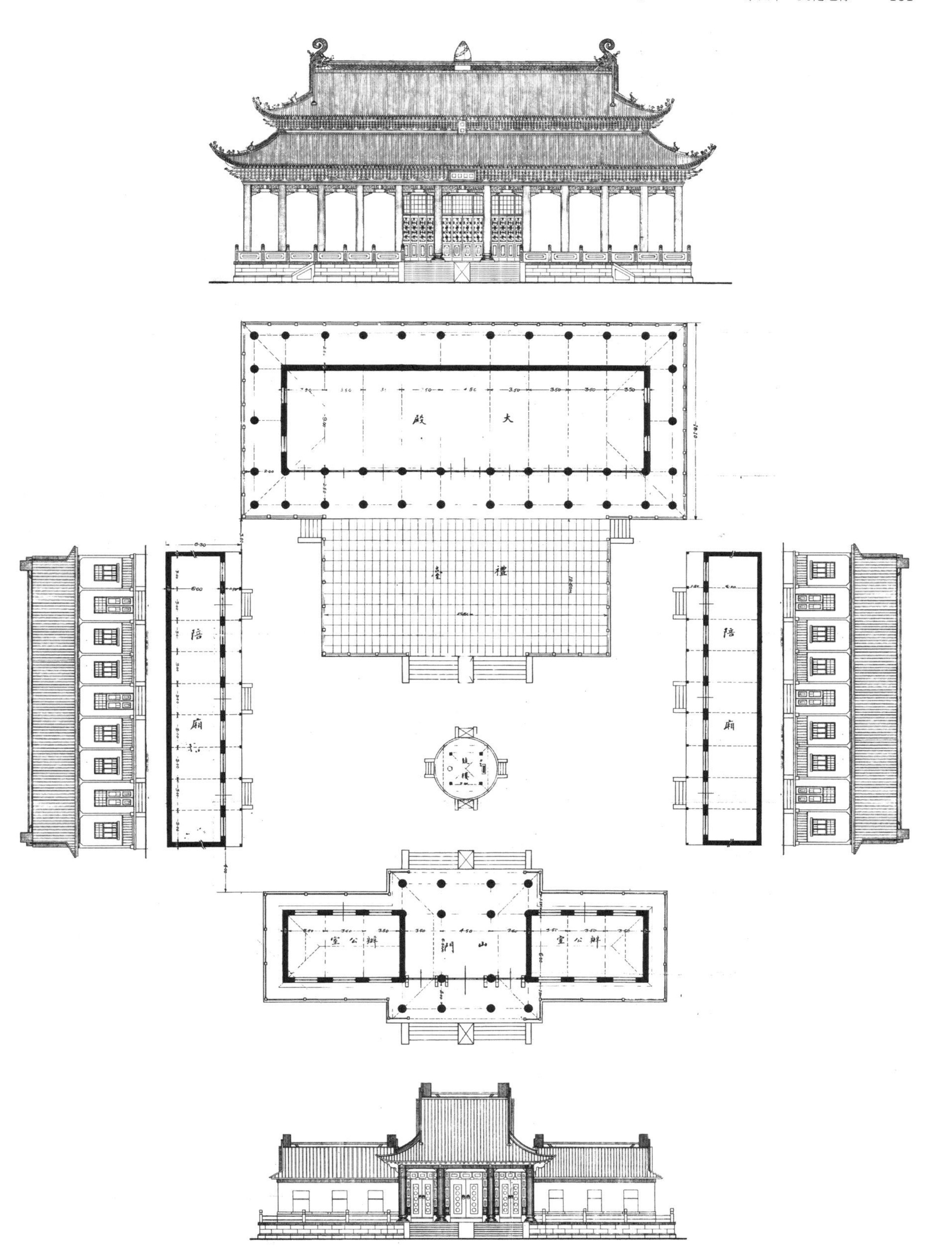

图 4–8　红万字教会道院设计图

屋顶采用重檐歇山顶与金色琉璃瓦。大殿以钢筋混凝土预制件模仿木结构斗拱，为当时国内首创。[101] 由于大殿深度不足，影响举架高度，使屋顶显得有些比例失调。道院两侧为两座配殿，面宽 9 间，采用硬山绿色琉璃瓦屋顶。配殿柱廊的立柱采用细长方柱，檐口也没有采用斗拱结构，样式简约。为使院落尽量宽大，配殿后侧紧贴围墙，房间进深也非常小。大约在设计师看来，两座配殿的作用主要是为院落提供庄严的空间界面，至于建筑本身实用与否，似乎并不是考虑的重点。

图书馆位于道院后侧，楼高两层，平面为长方形，下设基座。大楼正立面中轴对称，中央为入口，稍稍收进形成内廊，并为侧翼所拱卫。内廊一层立柱采用中国样式，二层采用西方样式。入口前方的基座亦设有礼台。图书馆采用平屋顶，正中设一纤细的八角塔楼，塔楼上方覆盖高耸的绿色穹顶。塔楼与穹顶设计为伊斯兰风格（图 4–9）。

道院的设计图纸显示，红万字会曾计划在图书馆后侧建设学校和医院。然而这些计划并没有实现。1940 年，道院前方建成一座三层办公

101 红万字会钢筋混凝土预制件安装工艺当时首创，并向政府申请专利。见杨秉德《中国近代城市与建筑》，1993：291。

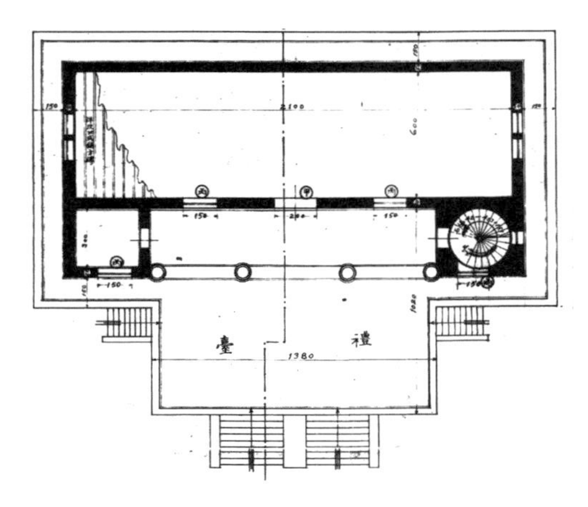

图 4–9　红万字教会图书馆设计图

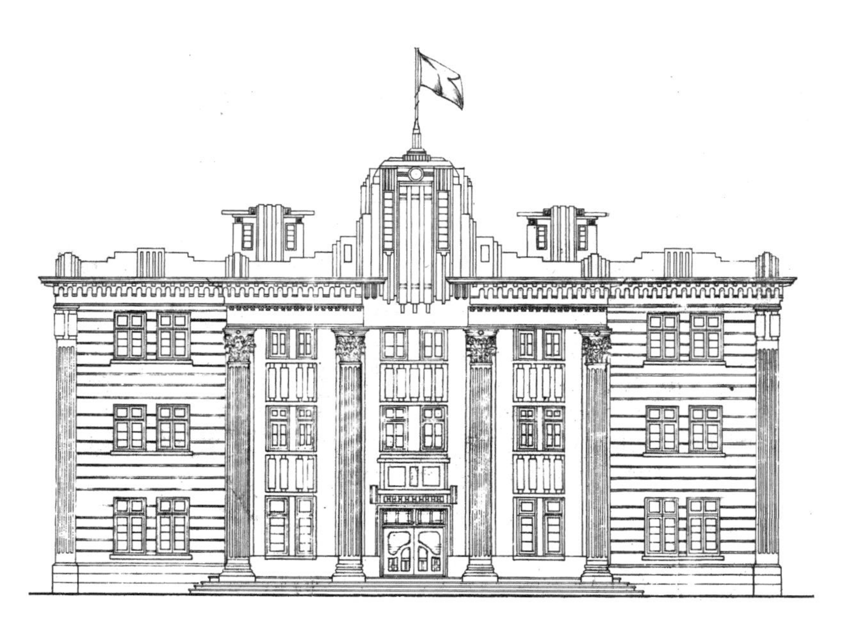

图 4-10 红万字教会办公楼立面图

大楼。大楼平面为方形，中央设一中庭，上方覆盖玻璃穹顶，四周布置房间。办公楼外观采用欧洲罗马样式，正立面设有古典主义门廊，4 根三层高的柯林斯立柱以西方建筑符号展现红万字会庄重威严的形象（图 4-10）。

整个建筑群周边围以红色围墙，并以黄色琉璃瓦覆盖。透过精美的镂空铁艺大门，可以看到前楼庄严的立面。因为围墙的遮挡，从大学路上仅能看到建筑宏大的体量和高耸的屋顶，依然能够让人们仰视。从周边的山丘远眺，金色琉璃瓦覆盖的大殿屋顶、图书馆纤细的塔楼和穹顶，以及办公楼平缓的玻璃穹顶形成富有变化的组合，从周边红瓦屋顶和绿树交相辉映的屋顶景观中脱颖而出，形成城市全景的构图中心（图 4-11，图 4-12）。

图 4-11 道院大殿

2. 两湖会馆

青岛早期的会馆，都选择在繁华的商贸区周边安家落户，而湖南、湖北两省人士于 1933 年在青岛筹建的两湖会馆，却选择了相对安静的大学路。旅青的两湖人士中，具有较大影响力的人物多从事政治、教育、文化等行业，而经商者不多。它们之中，最具影响力的要数青岛市长沈鸿烈及教育局长雷法章。沈鸿烈为湖北天门人，而雷法章的故乡湖北汉川，距离天门也不过一百多公里。大学路环境优美静谧，周边是独栋花园住宅区，又靠近国立山东大学，显然更加符合这些两湖人士

图 4-12 从大学路看道院

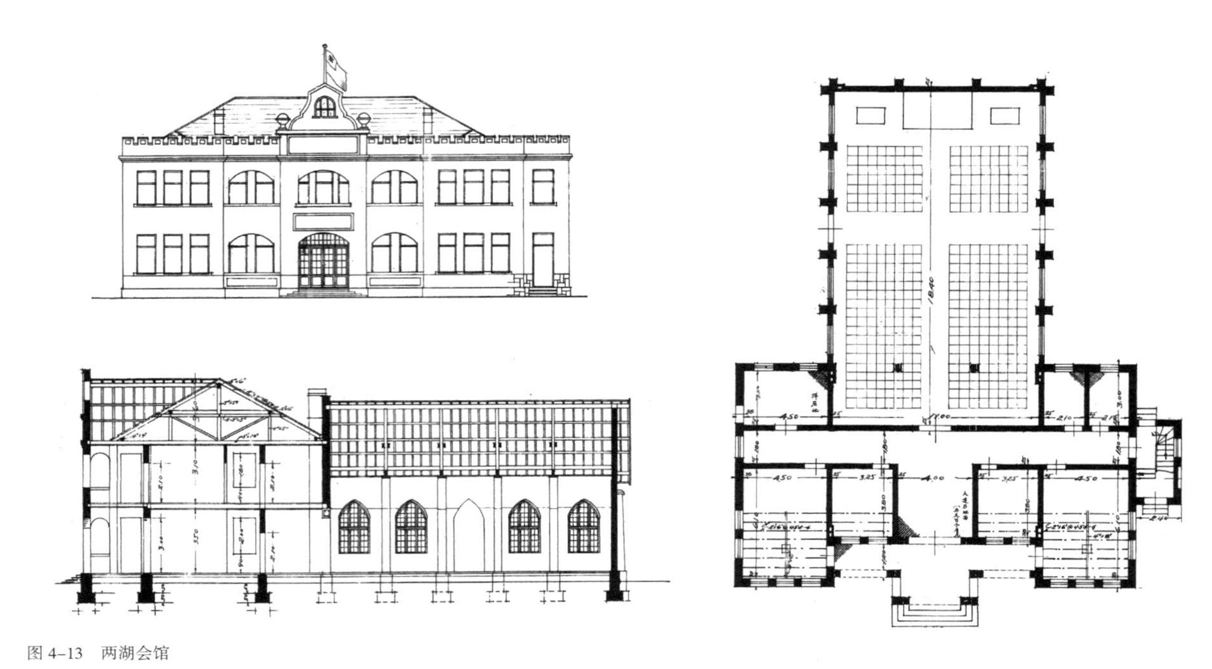

图 4–13 两湖会馆

的需求（图 4–13）。

两湖会馆位于大学路北段，掖县路路口西北，建筑师为王枚生。会馆建筑位于基地南侧，与大学路和掖县路各相距大约 10 米。基地北侧的土地大约作为日后扩建其他设施的预留。会馆朝向大学路为两层的前楼，前楼平面呈长方形，采用四坡屋顶，主要容纳办公用房。前楼后方是会堂，大约能容纳 400 个座位。前楼以中走廊组织平面，南侧为五间房间，楼梯间位于走廊北侧尽端。

建筑下方以花岗岩砌至一层窗台，形成基座，主体部分墙面采用彩色粉刷，顶部女儿墙砌成城垛样式。朝向街道的正立面中轴对称，纵向划分为五段，中央三段设有敞廊，中段的山墙轮廓丰富，强调中轴线。主入口前方展开有四级踏步，建筑与大门之间还设有八级台阶，使朴素的会馆主立面从街道望去颇具几分庄严。

3. 德国中心

1914 年日本占领青岛以后，胶州路与江苏路路口的“德国之家”在留守青岛的德国人的公共生活中，扮演了举足轻重的角色。1924 年，也就是青岛回归不久，德国人又利用湖南路上安治泰住宅的西翼建立德国学校。30 年代中期，这两处设施的建筑规模逐渐不能满足青岛德侨的需求。1936 年，德国之家将胶州路东端的原德国之家和中段的一座教堂一并出售给美国路德教会，用取得的资金在江苏路基督教堂北侧建设新的德国之家与德国学校，形成德国中心。美国路德教会后来出售了胶州路中段的土地，又将原德国中心的房屋拆除，建设了一栋高大宏伟的教堂，也就是圣保罗教堂。

新的德国中心的两栋建筑由德国建筑师李希德（Paul Friedrich Richter）设计。李希德对基地情况并不陌生。1907 年，他曾经参加基督教堂的设计竞赛，并获得第三名，教堂最终实施方案中塔楼的设计，即出自李希德之手。

由两栋建筑组成的德国中心位于教堂东北侧的坡地，入口位于龙山路上。两栋建筑的形体均通过相对方正的建筑主体和与之相连的长翼组成，彼此垂直对应。进入大门之后，一条“Y”字形的石阶路将人们引向两栋建筑。

德国之家位于教堂北侧，主体部分为两层，设有沙龙、会议室、阅览室等房间，西侧接一层礼堂，礼堂后侧设有镜框式舞台。德国学校位于教堂东侧，建筑形体与德国之家较为相似，只是建筑全部为两层，且形体变化较为丰富，与石阶相连的立面上方还设有一处三角山墙强调主入口。学校一层楼设有一大四小五间教室，二层作为教职人员宿舍（图 4–14）。

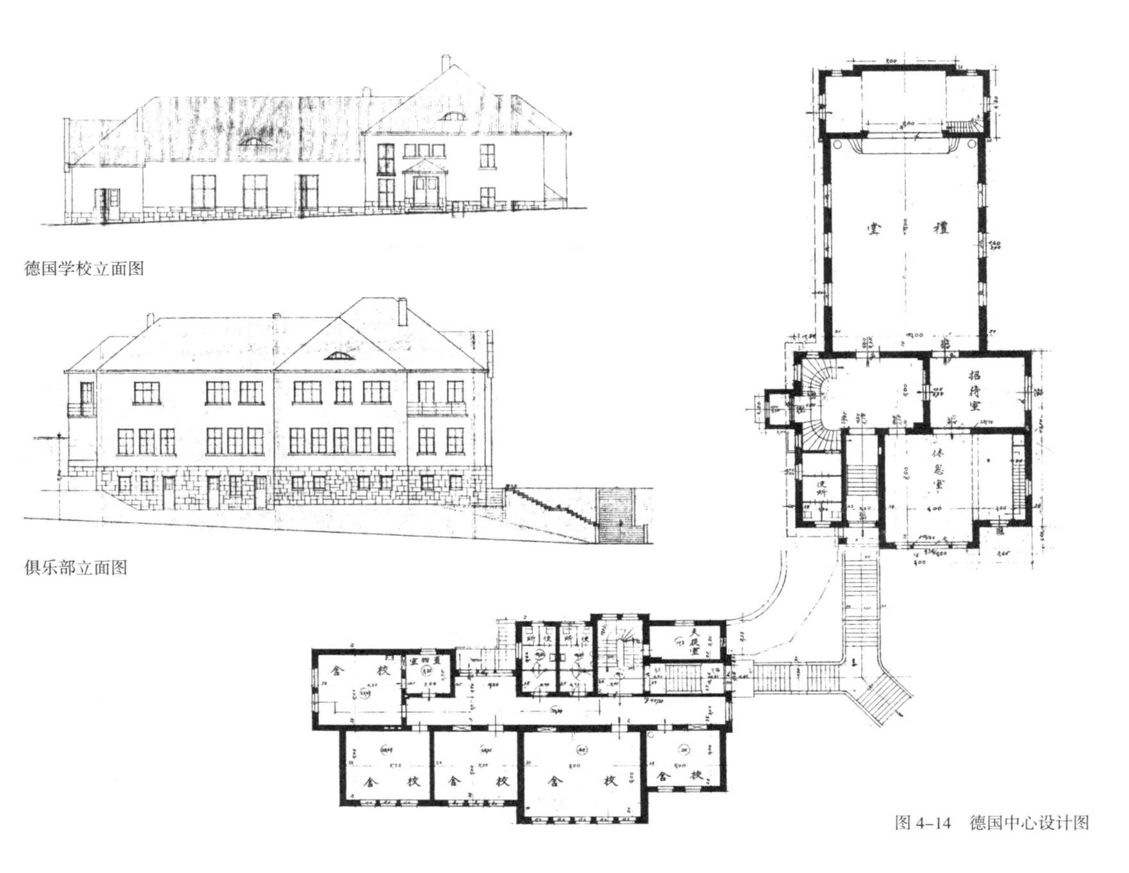

图 4–14　德国中心设计图

图 4-15　德国中心

两座建筑的立面设计较为朴素。建筑的基座部分采用花岗岩毛石饰面，主体部分采用拉毛墙面和彩色粉刷，覆盖以红瓦坡顶。除了使用花岗岩条石作为窗台和建筑轮廓勾边之外，立面未采用其他任何装饰元素。尽管建筑体量较大，但通过降低屋顶高度和分解建筑体量，并未对紧邻的教堂形成压迫感，而是表现出谦卑的态度。浅色的粉刷和富有变化的红瓦屋顶，使两座建筑自然融入周边的田园风貌之中，并使这处曾经的租借地公共活动中心更增添了几分德国风味（图 4-15）。

4. 国立大学

1924 年，胶澳商埠局督办高恩洪发起创办私立青岛大学，利用道路东侧的原俾斯麦兵营作为校舍。私立青岛大学于 1928 年被迫停办。1929 年，在蔡元培建议下，国立山东大学筹备委员会改为“国立青岛大学筹备委员会”，接收私立青岛大学校舍、校产，在青岛筹办国立青岛大学。1930 年 4 月，国立青岛大学开学，隶属国民政府教育部，1932 年 9 月学校又改组为国立山东大学。

俾斯麦兵营由四栋营房大楼与一系列附属用房组成，几座建筑围绕一个方形的练兵场布局，四座兵营两两并列，位于东西两侧，北侧为一字排开的几座附属建筑，南侧向八关山开敞。最初，4 座兵营分别被用作教学楼和宿舍，附属建筑则作为礼堂和图书馆。30 年代，随着学校的发展与规模的扩张，这些建筑已不敷使用。因此，学校在 1932 年和 1937 年分别建设科学馆和化学馆两座大楼，为理工学科提供现代化的教学研究环境。两座教学大楼的布局充分尊重了原有的空间格局。建筑采用与兵营建筑相似的平面结构，并排于练兵场南侧，与原兵营相垂直，将原本开放的南侧封闭，形成围合院落。两座建筑的立面分别采用了新哥特式和装饰艺术风格（图 4–16）。

1934 年，国立山东大学向工务局递交申请，计划在校园靠近大学路一侧建造一栋员工宿舍、一栋女生宿舍以及一座体育馆。建筑方案由王枚生设计完成。几座建筑中只有体育馆在 1936 年最终建成。同一年，学校在原本计划建造宿舍的场地建设了工学馆大楼。工学馆采用国际风格，样式现代，形体流畅（图 4–17）。

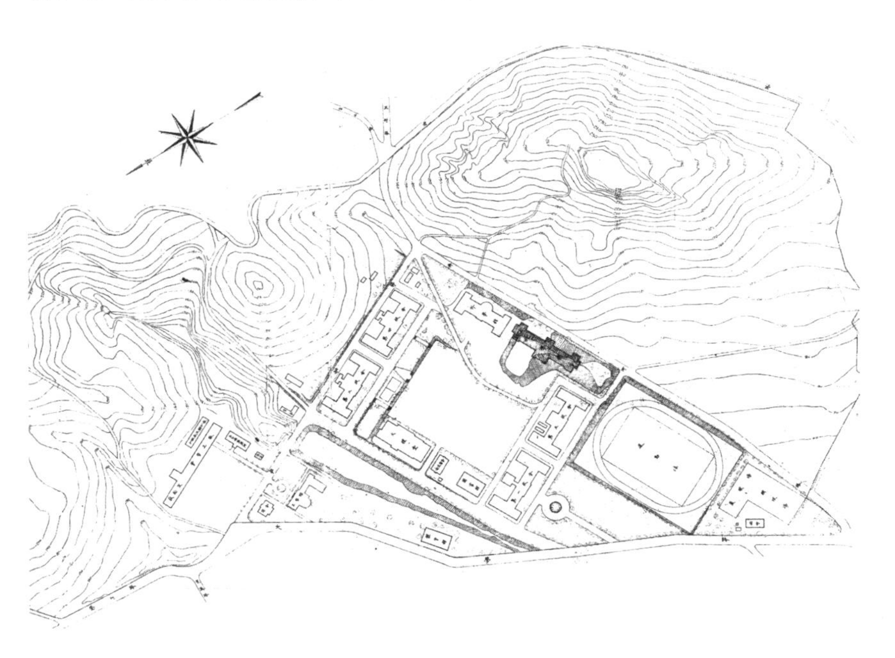

图 4–16　山东大学校园平面

图 4–17　山东大学工学馆

5. 科学馆

1931 年夏天，国立青岛大学校务会议议决建造科学馆，以供理学院的生物、化学、物理三系之用，并组织建筑委员会主持设计工作。委员会聘请董大酉为建筑师。大楼于 1932 年 3 月奠基兴工，至 1933 年 1 月完工。至家具设备配置完毕后，学校于 4 月 1 日举行盛大的开幕典礼，市长沈鸿烈亲自莅临，本地其他学术机关和公共团体领袖，以及北京、杭州等地科学界名流都到场参加。沈鸿烈在致辞中，称这栋建筑为青岛回归以来，市内落成的第一栋“伟大建筑物”，并称“科学为救亡根本要图，斯馆之建成，实有重大意义与使命”[102]。

董大酉，出生于1899年，浙江杭州人。1922年自清华大学毕业后，前往美国留学，先后在明尼苏达大学和哥伦比亚大学研究院取得建筑学学士与硕士学位。1928 年回国，1929 年当选为中国建筑师学会会长。同年，他作为主要设计师，设计完成了“大上海计划”中的行政中心，以及其中许多的重要公共建筑，如市政府大厦、博物馆、图书馆等。

科学馆楼高三层，采用“工”字形平面和平屋顶，以北侧朝向庭院的立面为主立面，中段为四层，在背后设置一层的半圆形报告厅。大楼平面布局结构清晰，平面中部为走廊，连接两侧房间。一层设一方形小门厅，穿过门厅为采用哥特风格装饰的中厅，兼作大演讲厅的前厅，将一层的走廊一分为二。该层为物理学系，各实验室采用水泥地面，避免振动。二层为生物学系，利用大报告厅上方阳台设置温室，作为培养动植物之处所。大楼第三层为化学系，居最上层，实验气味易于散发。大楼中段房间为教室及办公室，实验室设于四角，以获取充足的光线（图 4-18，图 4-19）。

对于“大上海计划”位于江湾的行政中心的几栋公共建筑，董大酉将中国传统建筑元素与现代建筑结构相结合，形成带有强烈民族特征的建筑样式。然而对于这栋大学校园中的教学楼，这位美国留学归国的建筑师却采用了新哥特主义的西式建筑风格。大楼采用花岗岩作为外立面，一层窗台以下部位加厚成为基座，并以哥特式线脚收尾，两翼正中为三联宽窗，转角处留出宽大的实墙面，并设哥特式扶壁，塑造坚实之感。入口两侧各设四列宽窗，一、二层窗间亦设扶壁。上下窗扇以线脚框为整体，窗台下方的墙面设有一对哥特式尖拱盲窗作为装饰。建筑檐口采用垛口样式，分段以入口上方最窄，两翼次之，入口部位与两翼之间最

102 《青岛国立山东大学科学馆开幕记》，见：《科学》1933 年第 17 卷第 5-6 期。

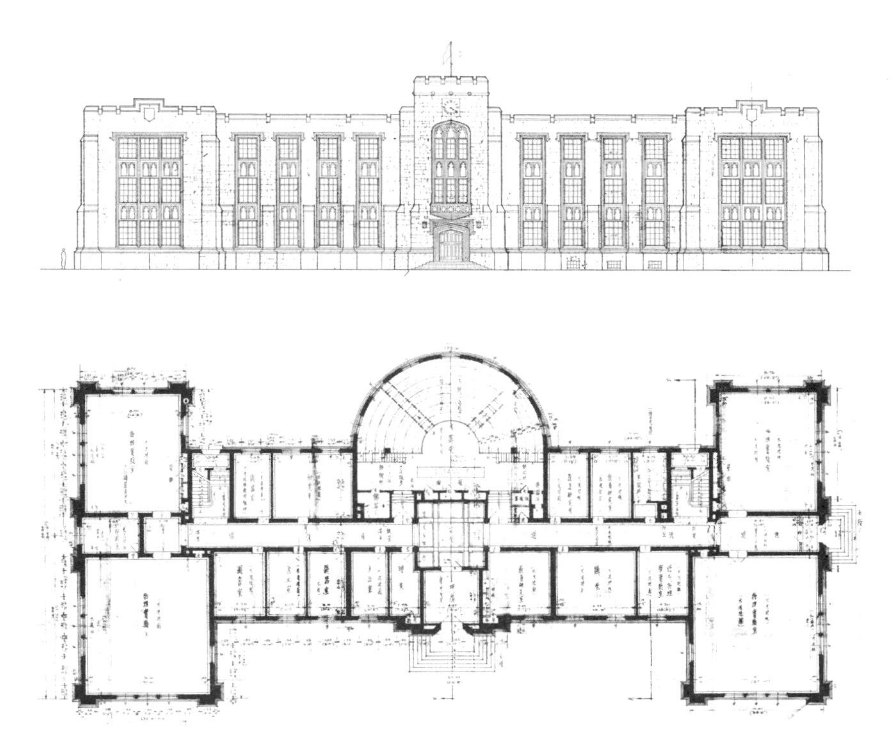

图 4–18　山东大学科学馆设计图

图 4–19　山东大学科学馆

宽，形成韵律变化。大楼入口大门和上方平缓的尖拱大窗让人想起剑桥大学国王学院礼拜堂，仿佛在表达将国立山东大学建设成为世界一流学府的雄心壮志。

6. 化学馆

化学馆大楼的建设，是 20 世纪 30 年代中期国立山东大学化学系快速发展有力的说明。尽管 1933 年落成的科学馆的三楼整层提供给化学系使用，但这并不能够满足化学系教学研究的需求。1936 年 11 月 14 日举行的校务会议上，决定建设化学馆大楼。1937 年 1 月 19 日，学校向青岛市工务局呈送化学馆建筑图样，申请建筑执照并获呈准。两个月之后，化学馆举行奠基仪式。时任国民政府教育部部长的王世杰[103]出席了奠基仪式，并题写“实学渊泉”作为奠基纪念。1937 年 7 月，化学馆最终落成，“实学渊泉”四字被镌刻在基石上，砌于入口右侧的基座中，成为立面的一部分。

化学馆位于科学馆西侧，地势较低。大楼采用钢筋混凝土结构与平屋顶，建筑整体造型与科学馆相似，但建筑中段更为突出。中段朝向院落的部分中央四层，两侧三层，入口处还伸出单层的前厅。侧翼和连接段只有两层，但长翼较之科学馆长出许多。从立面构图推测，最初的设计预留了在侧翼和连接段上加建第三层的可能，以应对日后空间需求的变化。

就平面格局而言，化学馆和科学馆也极为相似，只是门厅之后的中厅因安置楼梯间和储藏室而变为“T”形，显得狭仄（图 4–20）。中庭之后的演讲厅为方形，规模较科学馆略小。大楼一层与二层同样将最重要的实验室设置于尽端，以获得三面采光。大楼三层为图书馆，视野广阔。

大楼基座和主入口以花岗岩砌成，其余立面采用粉刷墙面。与平面一样，建筑立面严谨对称，构图简洁明了，通过加厚的纵向窗间墙并设置边缘影线形成纵向韵律感。除了一层入口和四层檐口处夸张的装饰纹样外，整个建筑几乎没有使用其他装饰。

在建造科学馆时，人们正沉浸在城市快速发展之中，对未来充满了希望和期待。然而 1936 年起，日本的军事威胁日益加重，政治局势急转直下，青岛也不能够幸免。化学馆放弃了浪漫的立面装饰，转而采用实用主义的风格，这与当时的紧张局势应当有直接的联系。在 1936—1937 年期间，青岛的市政建设规模较先前已经大为缩减，而国立山东大学能够将这座规模宏大的建筑尽力完成，实属不易。就在大楼落成四个月之后，化学系连同整个大学因抗战爆发而不得不内迁四川，而崭新的大楼则落入日军之手。新的统治者将大楼作为兵营使用，并将没能带走的书籍与设备悉数焚毁破坏。作为日本兵营期间，大楼被加建为三层（图 4–21）。

103 王世杰（1891 年 3 月 10 日 — 1981 年 4 月 21 日），字雪艇，湖北省武昌府崇阳县人。中华民国官员、宪法学家、教育家，1933 年 4 月至 1938 年 1 月担任教育部长。

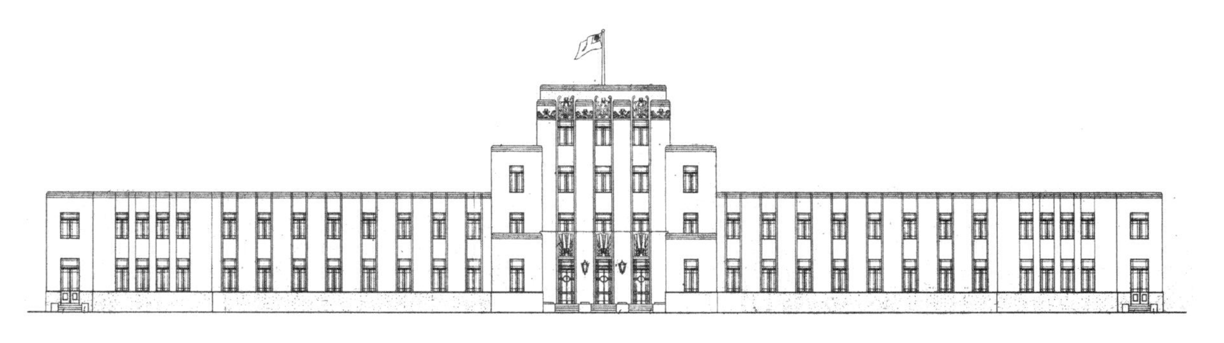

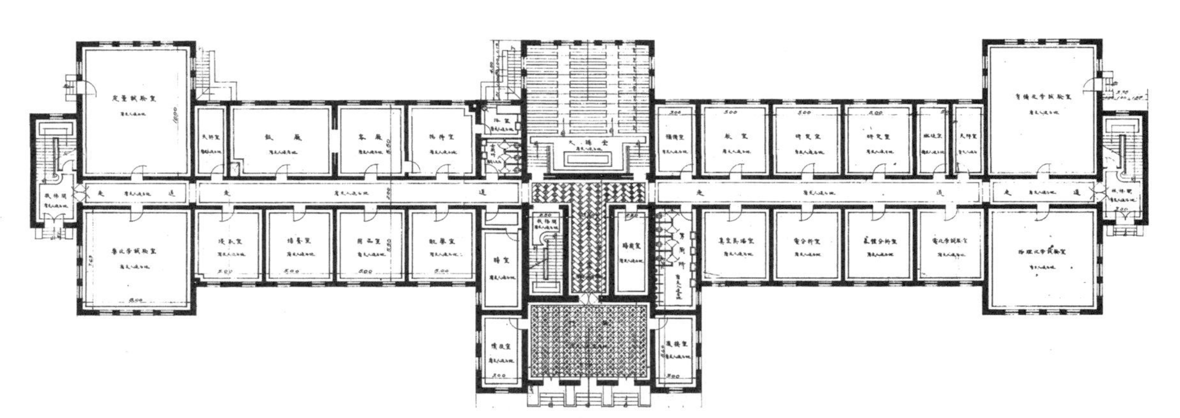

图 4–20　山东大学化学馆设计图

图 4–21　山东大学化学馆

三、社区深处的信仰

对于 20 世纪 20 年代和 30 年代的青岛市民及各国侨民而言，宗教活动是城市生活的重要组成部分。除了圣弥爱尔大教堂之外，这一时期还陆续建成了一系列宗教建筑。这些建筑大多以特定群体为服务对象，位置则往往隐秘在社区深处。

1. 浸信会教堂

1923 年，也就是青岛回归不久，美国浸信会在济宁路东侧正对四方路的位置建成一座礼拜堂（图 4–22）。教堂位于观象山西麓一块高差较大的坡地上。土地整平后，地坪明显高于街道平面。三层高的教堂坐落在平台上，教堂平面呈长方形，山墙面朝向路口。主入口后方左右设置两架双跑楼梯，楼梯前方是一间大厅及附属用房。二层和三层为两层通高的圣堂，三面设有二层游廊。圣堂内部几乎没有任何装饰。

与简洁朴素的室内装饰相比，教堂朝向城市的正立面呈现出宏伟庄严的面貌。教堂的山墙仿照希腊神庙进行设计（图 4–23）。一层由毛面花岗岩贴面，正立面设六处墙垛，上置六根爱奥尼半圆壁柱，柱头上直接承接三角山墙。主入口分居一层中轴线两侧，二层与三层中央三个开间分设三列窗户，边跨则设盲窗作为呼应。立面前方设一宽大台阶，15 级踏步，进一步烘托教堂的庄严。其他立面设计较为简单，二层与三层以带有爱奥尼柱式的壁柱进行等距离划分，柱间各设一列窗户，屋

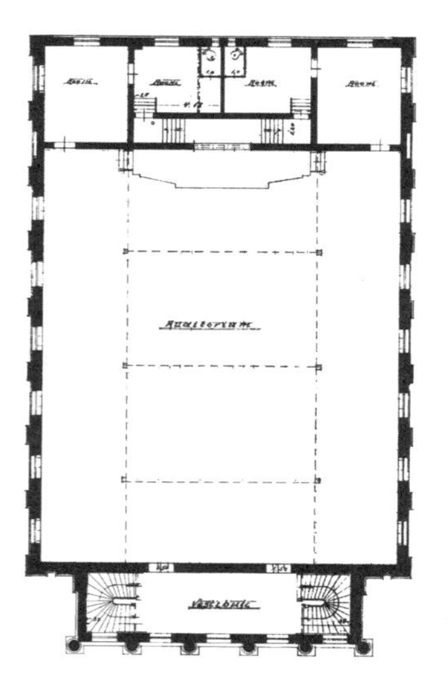

图 4–22　浸信会教堂平面图

图 4–23　浸信会礼拜堂

顶以宽大的檐口线脚与规则划分的女儿墙收尾。

四方路由济宁路通往中山路，是曾经的大鲍岛中国城里一条重要的商业街，其靠近中山路的西段商铺林立。街道东高西底，靠近教堂的东段地势陡然上升，三大会馆之一的三江会馆于1906年建于东段南侧，与会馆隔街相望的则是一所福音教会学校。浸信会教堂神庙样式的立面正对路口，形成四方路庄严的对景。然而由于四方路在经过芝罘路后略有转折，因此从中山路并不能望见教堂，后者静静地隐藏在喧嚣街市的后方。

2. 东正教堂

20世纪20年代末期，随着在青岛俄国侨民的数量增加，建设一座东正教堂进行礼拜活动变得十分必要。俄侨们的愿望在1928年得以实现，一座东正教小礼拜堂在金口一路落成。金口一路周边的土地在20年代初开始放租，到1928年时，已经建成许多造型优美的独栋住宅。这些住宅的业主中，有许多俄国的商人和曾经的贵族。

由俄国建筑师尤力甫设计的教堂坐落在街道中段的北侧，建筑与道路之间留出5米左右的距离（图4–24至图4–26）。教堂上下两层，采用简单的长方形平面和四坡屋顶，屋顶中央设有一座洋葱形小塔楼。教堂一层为辅助用房，二层为礼拜堂，东侧祭坛的位置形成凸窗。教堂一层外墙采用乱石砌成，二层为拉毛墙面与彩色粉刷，南立面以四根纵向壁柱划分为三段，每段设有一扇圆拱窗与三角山墙，塑造出立面韵律。

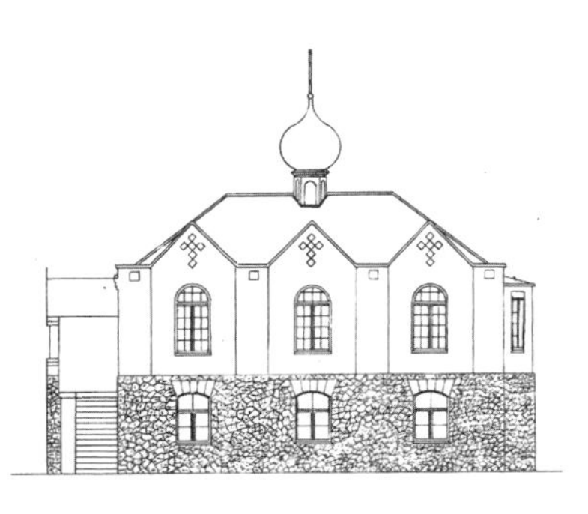

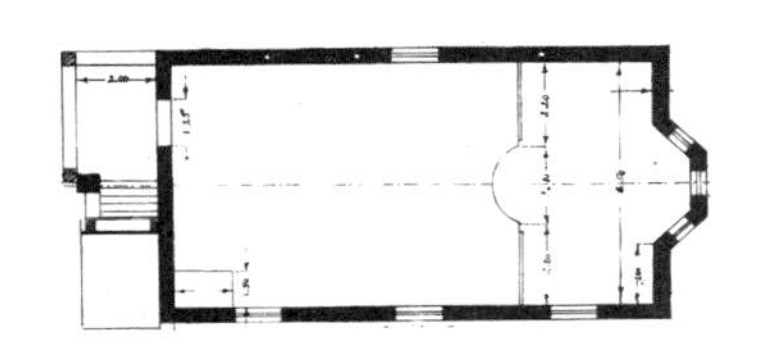

图4–24　东正教堂设计图

图4–25　东正教堂

图 4-26　东正教堂所在的社区

东正教堂体量娇小、造型简朴。这座教堂的存在，为侨居青岛的俄国人提供了一方精神天地。1928 年时，只有大约 100 名俄国人生活在青岛。“九一八”事变以后，许多“十月革命”后流亡至东北的俄国人继续南下，移居青岛。到 1936 年，青岛的俄国侨民数量已经增长到 828 人。一张稍晚的照片显示，教堂西立面被改建为颇为气派的大门，并在上方增加了一个巨大的洋葱形屋顶。这座教堂一直作为俄国侨民自用。从节制的规模看，东正教会没有向当地的华人传播自己宗教的计划。

3. 净土宗善道寺

1930 年，旅青日侨在黄台路中段修建净土宗善道寺。黄台路西侧连接着当时的日本人聚居区小鲍岛，向东可以经由登州路到达台东镇，街道两侧在 20 世纪 30 年代建起许多日本人的独栋住宅。

佛寺位于道路以北，由佛堂、附属楼房和佛像亭组成（图 4-27）。佛堂位于基地西北角的四方基座之上，坐北朝南，采用日本传统木结构建筑样式，屋顶高耸，建筑外观较为朴素。大殿主入口位于正中，入口前方屋檐伸出，形成一间檐廊。入口前方的坡地被理成两段台地，并设有三段连续的宽大楼梯，通过中轴对称的构图和抬升的地势，突显大殿威严。佛像亭位于佛堂右前方，屋顶为中式六角攒尖，中央设须弥座，座上立有一座 2 米多高的善导大师佛像。附属楼房位于佛堂另一侧，与佛堂直接相连，作为僧侣的起居生活用房。

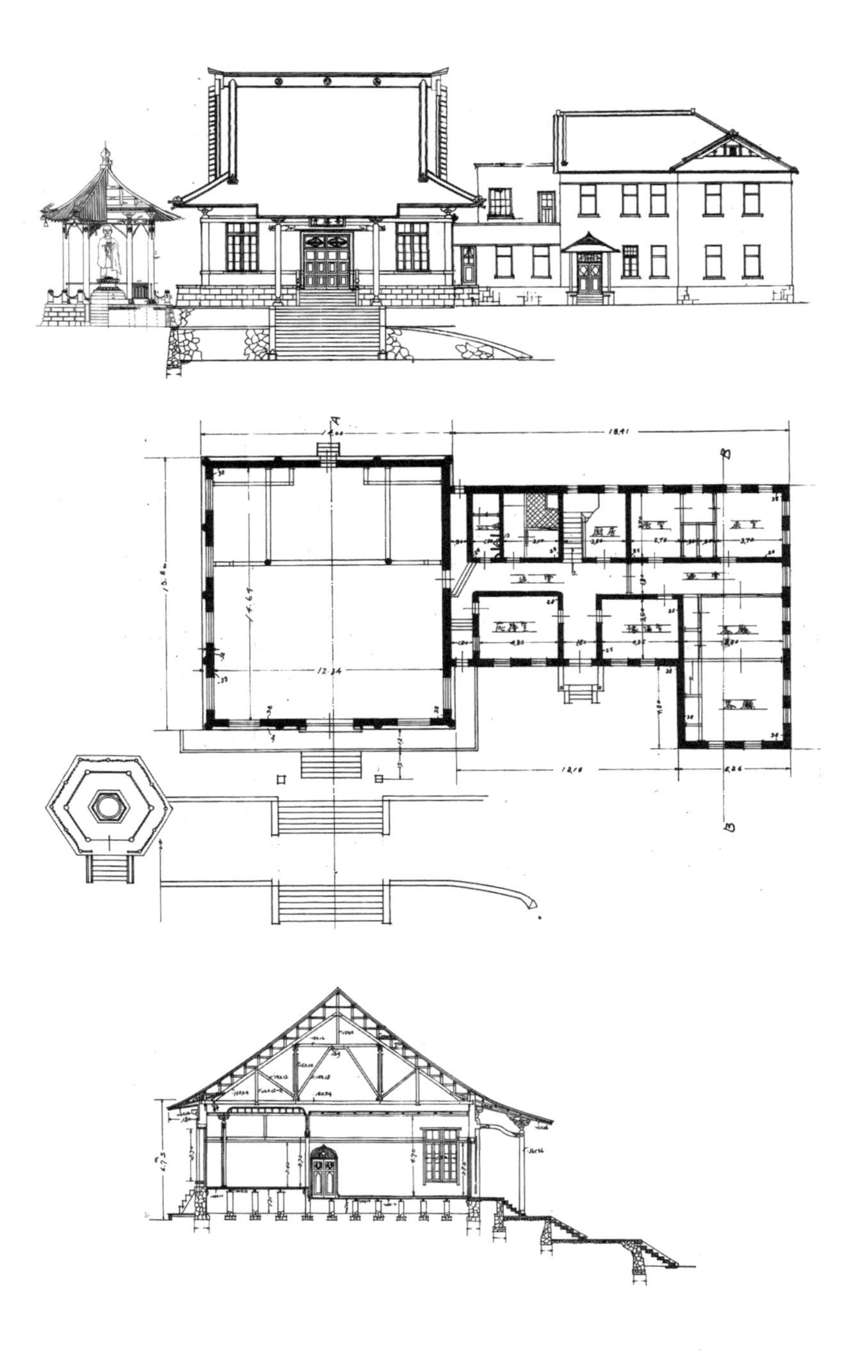

图 4-27　净土宗善道寺设计图

对于这座寺庙在青岛日侨日常生活中所扮演的角色，我们仍然知之甚少。寺庙位于日侨聚居区的外围地区，周边环境安静。与东正教堂一样，这座寺庙也仅供当地侨民自己使用。

4. 天后宫

太平路上的天后宫是青岛为数不多的德租时期之前的建筑遗存之一（图 4-28 至图 4-30）。德国占领青岛以后，曾计划将其拆除，后来在当地华商的抗议下，才得以保留。1933 年，市政府利用天后宫所在街坊的空地建设太平路小学。小学教学楼位于天后宫东侧，西侧作为学校操场，操场与天后宫之间留有一段狭长的空地。太平路小学的建设，从某种程度上对天后宫主持张宗岫形成了压力。自 1934 年开始，张道长开始积极筹划运作天后宫的扩建与改建工程。

改建之前的天后宫，为传统中式一进院落，院落前方正中建有门楼，

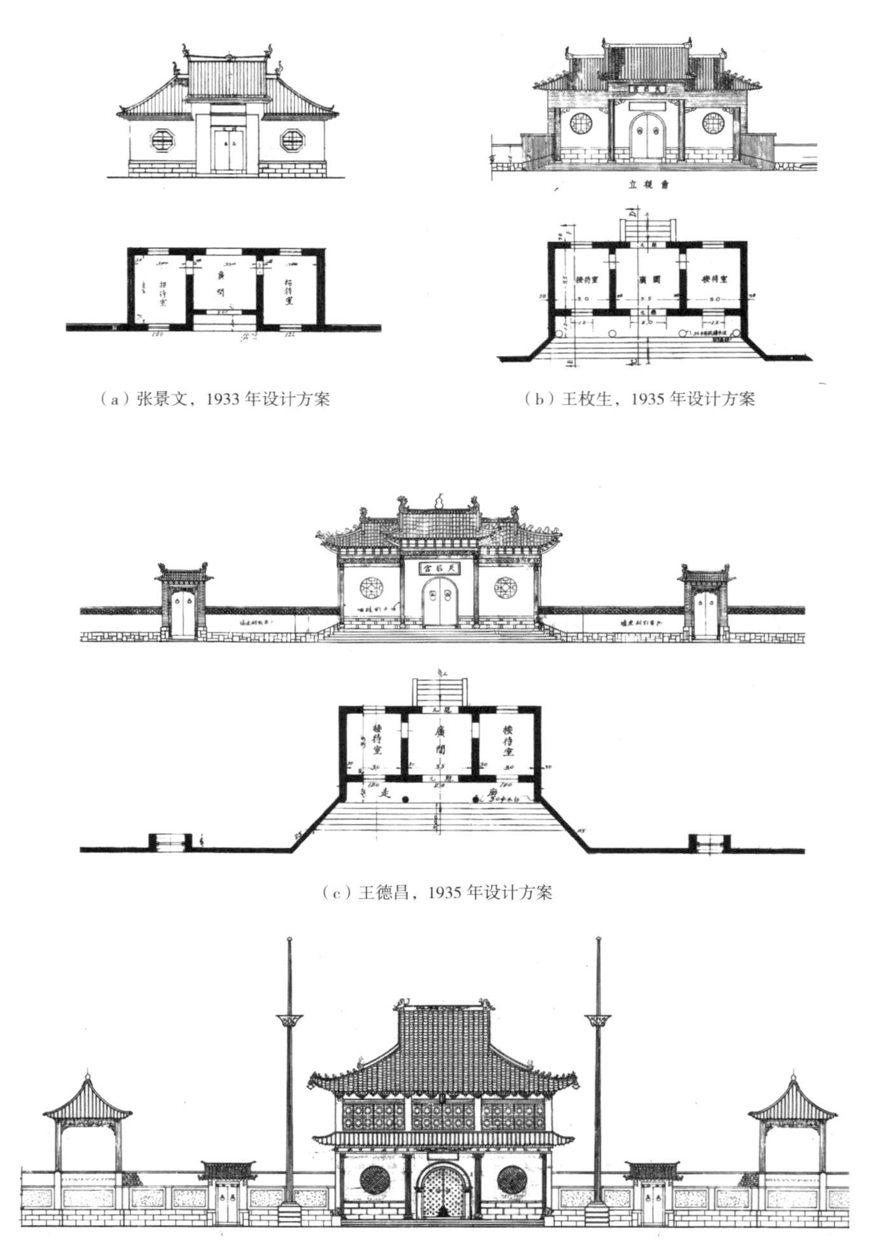

（a）张景文，1933 年设计方案

（b）王枚生，1935 年设计方案

（c）王德昌，1935 年设计方案

（d）潘荆三，1939 年设计方案

图 4-28 天后宫山门与戏台设计图

背面二层为戏台。天后供奉于院落中的正殿，两侧偏殿分别供奉龙王与财神。张宗岫计划在戏台和院落之间建造厢房，形成前院，并在太平路建造一座新大门。然而工务局对他提交的设计图纸显然不够满意。1934年至1937年间，张宗岫先后提交了四次设计方案，并多次更换方案建筑师。到1937年时，只有部分增建计划得以实现。

工务局在1935年一封给张宗岫道长的函件中，基于公共形象要求

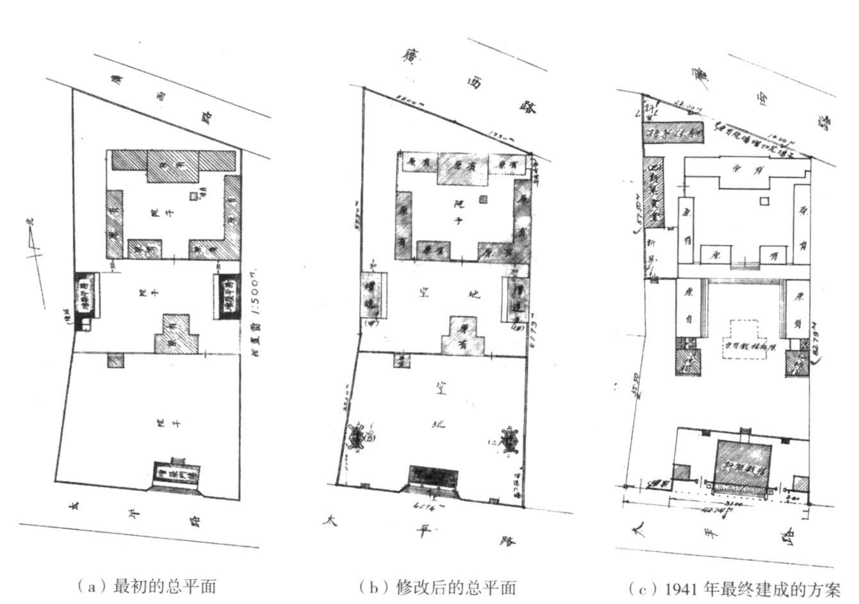

（a）最初的总平面　（b）修改后的总平面　（c）1941年最终建成的方案

图4-29　天后宫平面配置方案

图4-30　1941年最终建成的方案

对方案提出修改意见。工务局要求“大门位置，应移正中，一并退进三公尺，门楼屋檐，应伸出加长，加装饰品，檐下须用木梁，并加花牙，木梁两端，加画彩画，柱子须油硃红色，瓦用博山绿瓦，临路围墙左右各加太平门一个，宜采用垂花门楼式，所有墙皮，刷红黄色，围墙高度一公尺五……”，张宗岫在接下来的呈报中表示，“如用博山绿瓦则所费甚巨”，希望能够“用中国小瓦上涂绿油三遍”作为折中。工务局随即回复表示，“门楼围墙免用博山绿瓦，……准予用中国青筒瓦，毋庸刷绿油”，并提出“着合同建筑师来局”，对沿街围墙方案进行研究改善。[104]

之所以就大门位置产生矛盾，是由于原有建筑群中轴对称，但天后宫西侧与小学操场之间留有空地，使得建筑群的中轴线偏于街道界面中点的东侧。张宗岫显然希望大门能够设置在中轴线上，但工务局从城市形象角度考虑，希望将大门开设在街道界面正中。1937 年在大门戏台和后院之间增建厢房时，延续原有中轴线，放弃利用西侧空地展宽前院的打算。由于经济拮据，太平路上的大门暂缓建造。

直到 1939 年，天后宫扩建工程的沿街部分才最终完成。这时的建筑师已经更换为潘荆三，设计方案也更加体面。原有的大门戏台被拆除，前院两侧厢房向南各加建一间，分别作为土地祠与仙师祠。临街新建大门戏台，围合成新的前院。新建的大门戏台位于中轴线上，大门高两层，采用中国传统建筑式样，上覆歇山屋顶，朝向院落一侧设戏台。大门两侧退后街道 2.6 米设置临路围墙，沿围墙内侧上方设有两座四角攒尖凉亭，凉亭与大门之间设两座垂花门作为侧门。整个街道立面构图对称，建筑造型变化丰富，装饰精美，为沿太平路的城市第一界面又增添了精彩的一段。

四、岬角上的景观地标

汇泉角远远地延伸入海，将汇泉湾和太平湾隔开。太平湾当中还有一处小岬角，将海湾一分为二。1930 年和 1936 年，这两座岬角上分别建起一栋私人住宅与一座饭店。两栋建筑的出现，改变了海岸线的整体景观构图，为由陆到海的过渡增添了许多张力和趣味。

104 青岛城建档案馆馆藏档案。

1. 花石楼

1930 年建成的花石楼，是太平湾畔如画的田园景象的核心构图元素。那一年，在上海经商的俄国商人涞比池（Lembich）承租了黄海路南端的一块土地，在此起造一栋别墅。别墅地上三层，并设有半地下室。档案显示，建筑师王云飞曾对设计进行多次修改，最后形成古堡般的建筑方案。别墅位于基地北侧，在前方留出宽大的花园，并进行精美布置。建筑外立面使用大量毛面花岗岩石块，因此被青岛市民称为“花石楼”。

别墅核心部分三层，呈“L”形，上覆坡顶，西南侧与东北侧连接一大一小两处圆形角楼，南侧较大的角楼高四层，顶端为一观景台，西侧较小的塔楼带有高耸的锥形屋顶。建筑的东侧、南侧和北侧各接有一到两层的建筑体量，并利用屋顶形成露台（图 4–31，图 4–32）。多个细长体块的拼接，赋予建筑挺拔的视觉效果。

建筑平面布局紧凑，楼梯曲折多变。别墅入口位于南立面正中，前方设有 7 级踏步。门厅右侧是起居房间，左侧的圆形角楼里设有一架旋转楼梯通往二层。二层通往三层的旋转楼梯设在角楼北侧的方形房间内，三层通往角楼四层观景亭的楼梯则设在主入口上方的阳台上，观景亭中则再设一架旋转楼梯连接上方的观景台。

尽管建筑体量不大，但建筑师通过对多重元素的有序组织，形成富有特色的建筑立面。使用的元素包括古典主义的大门、尖拱及圆拱窗户

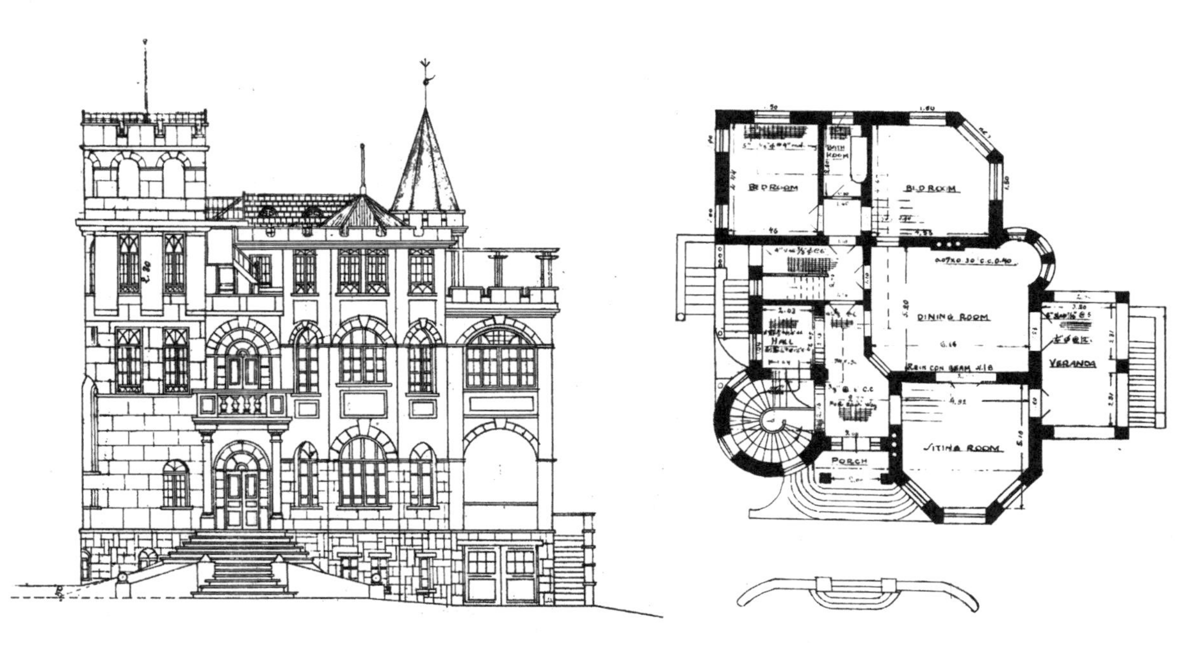

图 4–31　花石楼设计图

图 4–32 花石楼

以及哥特式城垛等。立面材料包括花岗岩以及与之颜色相近的抹灰墙面，再分别通过石缝图案和表面材质的变化形成丰富的对比。

别墅建筑和前方的第二海水浴场共同构成一幅具有童话色彩的城市画卷。画卷的前景是蓝色的大海和水平伸展的金色沙滩，沙滩后侧是几栋色彩鲜艳的蓝色更衣木屋。木屋后方地势为抬高的深色礁石，连同沿黄海路种植的松树和别墅花园的围墙形成第二条水平伸展的缎带。古堡般的别墅位于构图的中心，体量紧凑而敦厚，形体轮廓变化丰富，纵向构图富有韵律，雕塑感强烈，成为整个画卷中的点睛之笔。

2. 水边大厦

汇泉湾畔的水边大厦曾经是青岛最为现代的饭店（图 4–33 至图 4–35）。大厦于 1933 年完工，由新瑞和洋行设计，明华银行投资建造。七层的大厦坐落于汇泉角中段，周围的海岸线礁石嶙峋。大厦南侧为岬角尽端的小土丘，北侧是特别建筑地八大关，东西分别临汇泉湾与太平湾，视野开阔优美。

水边大厦采用现代主义的国际式风格，一层与二层为水平伸展的基座，设有门厅、餐厅、交际厅等，基座上方为四层客房，临汇泉路并与之垂直形成长短两翼。主入口位于两翼交汇之处，加高一层，通过形体变化与纵向窗带加以强调。一层与二层采用自由的平面布局，西面直接滨水的一侧在一、二层的屋顶设有多处露台，以宽大的台阶彼此衔接，形成在水平方向上优雅伸展的姿态。建筑“L”形的上部将酒店房间调

图 4–33　汇泉湾与水边大厦

图 4–34　水边大厦临汇泉路立面

图 4–35　水边大厦朝向大海的立面

转 45°，并与相邻房间错位布局，再结合阳台的弧形实墙围护，使立面形成波纹样的光影效果。纤细的铁艺阳台栏杆扶手、下方平行的影线与平整的抹灰墙面都和简洁的建筑立面形成强烈的对比。

在很长一段时间里，采用现代主义样式的饭店像一位远道而来的陌生人一样，默默凝望着对面欧洲田园风貌的城。从第一海水浴场远眺，汇泉角嶙峋的礁石、浓密的树丛和点缀其中的红瓦屋顶舒展着深入海中，饭店可以看作是在这段流畅的乐章中增添的一个强音，赋予由城至海的过渡富有戏剧化的特征。饭店共有 88 间房间，规模为当时青岛饭店之首，而六层的大楼也是青岛当时最高的建筑之一。饭店通过现代的外观和造型，向人们展示着新式的思潮和生活方式。

火车站及费县路和单县路一代，1930 年左右。图片来源：巴伐利亚国立图书馆，Ana 517

第五章　里院乾坤

里院建筑产生于德国租借地时代，是青岛东西方建筑与文化融合的产物。里院结构简单、样式朴素，兼有中国传统建筑与西方城市建筑的特点，其中临街与西方传统市街建筑类似，内部按照中国人的传统生活习惯，围合成院落组织交通，形成生活空间。历史上，里院发源于大鲍岛地区，随着城市的发展，扩展海关后、台西镇、云南路、辽宁路等地区。民国时期，里院成为数量最多、分布最广、影响力最大的普通城市商住建筑类型，几乎占据了当时青岛市区的半壁江山。

日据与民国时期，日本侨民在青岛建设了许多与里院较为相似的普通商住建筑，这些建筑的外立面模仿欧式商住建筑，但在平面与功能组织保留了日本文化特征。20世纪上半叶，里院建筑和日本普通商住建筑，既是承载城市工商业活动的主要建筑类型，也是中国和日本中下层居民的主要居住与生活场所。这些建筑，构成大多数市民日常生活的空间场景。

一、里院的形成

应当以怎样的建筑形式应对快速成长的城市？面对这一问题，无论是德国人，还是这座城市最早的华人市民，都秉承一种有限开放的态度。一方面，殖民者专为大鲍岛制定的建筑法规，对这个区域的建设活动作出了严格而详细的规定；另一方面，德国总督府却又对中国人的文化传统采取了一种宽容的态度，使得华人可以在许多方面，按照原有的习惯继续生活下去。

大鲍岛德租时期的形成与发展，蕴含多元文化的冲突、融合与重构。与欧人区系统化的发展相比，在缺乏最基本的文化、理论与技术支持的条件下，这个街区早期的建设活动，与德国人对其的规划一样，成为一种带有明显的临时性与尝试性的实践探索。在这个受到多重因素影响和制约的过程中，具有鲜明特征的建设案例，成为发展与建设活动的主流。

1. 希姆森公司的前瞻性开拓

大鲍岛第一批由中国业主建设的商业房屋，呈现出强烈的实用特征。单层的房屋沿街道和内侧用地边界进行排列，在基地中央形成一个到多个院落。临街的房间为商铺和办公，背街则为库房与厨房，以院落组织水平交通而不设走廊。建筑立面上可以看到许多中式元素，如小青瓦、屋脊的起翘与烟囱的装饰，而窗拱与檐口的一些处理方式则来源于对当地德国建筑的借鉴。由此构成早期大鲍岛房屋典型的特征。

图 5-1 早期的简易商业用房

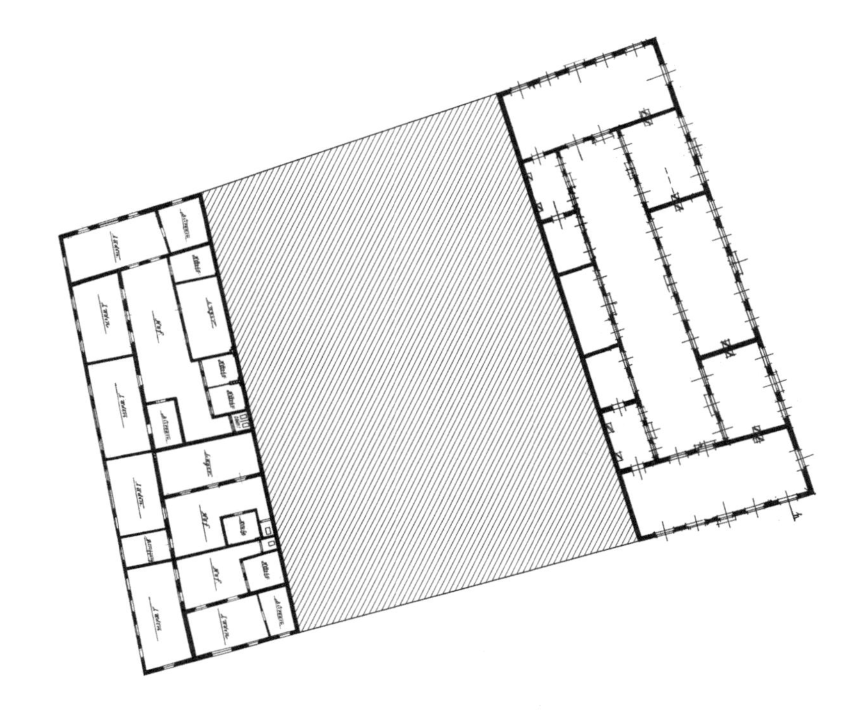

图 5–2　重生堂院落，1900 年

图 5–1 与图 5–2 分别为 1899 年与 1900 年两位中国商人在即墨路与胶州路间的七号街坊建设的两处平房，展现出大鲍岛早期商住建筑的一种普遍形态。

1898 年至 1914 年间，德国建筑公司祥福洋行在大鲍岛的“中国人房屋”，成为西方业主带给大鲍岛的文化冲击中最重要的部分。公司经理阿尔弗雷德·希姆森（Alfred Siemssen）是一位来自德国汉堡的商人。他于 1877 年来到中国，在上海生活过很长一段时间，并因此对中国文化与华人的生活习惯有一定了解。在大鲍岛，他试图将南方华洋折衷的建筑形式移植到北方。希姆森公司先后在大鲍岛开发了四个半完整的街坊，这些建筑全都占据了最有价值的地段，并在建筑形式和功能结构上体现出一种超越时代的前瞻性（图 5–3）。

对于在大鲍岛的建设活动，希姆森在回忆录中写道：“为大鲍岛中国城的华人房屋，我设想了一种特殊的建筑形式。沿着完整的方形街坊四周，是临街店铺和楼上的住间，街坊中间留下一个大的内院供交通之用，也可以成为儿童游戏的场所。每套房屋在内院一侧还用一层高的墙围出一个私人的小院，院子里面是厨房和厕所。”[105]

1900 年建成的大鲍岛市场是里院建筑中最早的一栋。其沿德县路建设有木结构大棚，上覆瓦顶。街坊沿中山路为两层楼房，临中山路和

105 Siemssen，2011：31。

图 5-3 希姆森公司建设的华人房屋

四方路分别由四个和两个单元组成，并可以沿着临四方路和潍县路的空地继续扩展。建筑临四方路与中山路的建筑立面精美，以清水砖作为主要材料，辅以抹灰和局部拉毛墙面砖作为点缀，使用了大量的线脚、窗拱、壁柱、巴洛克山墙等元素，甚至连烟筒都做了细致的艺术处理，雕塑感强烈，光影效果非常生动。建筑二层的窗户安装了百叶遮阳板，中山路四方路路口设置了出挑的装有铁艺栏杆的阳台。

大鲍岛市场北侧的两个街区，大约于 1901 年建成。这两个围合比较完整的街区，中央是供儿童玩耍的庭院。与大鲍岛市场旁的楼房相比，这两栋建筑的装饰略为逊色一些。南边街坊的建筑位于中山路的立面装饰较为精致，抹灰的水平线脚、清水砖的壁柱与窗框构成立面的基本结构，一层商铺的入口两侧设有科林斯式的壁柱，入口上方还有小三角山墙。其他几个立面处理相对简单（图 5-4，图 5-5）。

希姆森公司于 1905 年在中山路最北端建成一排商住房屋。与先前中山路南端的建筑不同，这座建筑既没有使用清水砖墙，也没有使用传统的小青瓦，而是选择拉毛粉刷墙面和机制红瓦。在门框和底部边框的处理上，能看到新艺术运动的装饰手法（图 5-6）。

希姆森为商住单元配备独立使用的厨房、厕所与小院等设施，远远超越了同时代大鲍岛其他房屋的建设标准。在接下来的建设活动中，当地业主广泛采用临街设置连续商业用房，二层房间作为居住的做法。

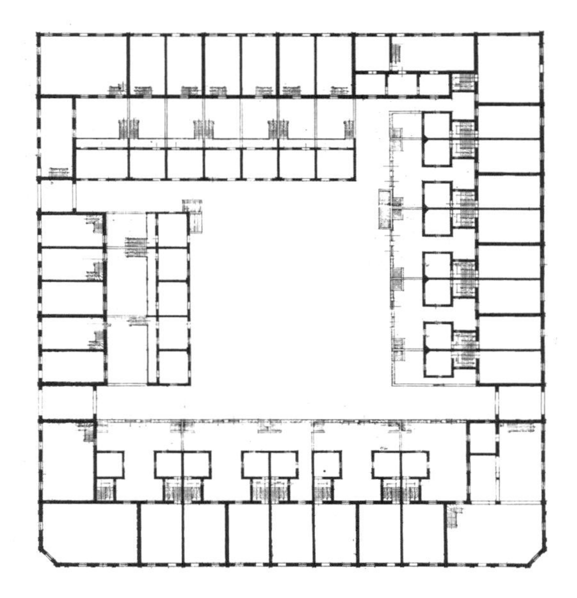

图 5-4　希姆森公司建设的华人房屋四方路北侧街坊平面图

图 5-5　希姆森公司建设的华人房屋四方路北侧街坊中央庭院

图 5-6　希姆森公司建设的中山路端的华人房屋

2. 孟氏家族的院落布局

1904 年，孟子后裔、章丘商人、绸布店瑞蚨祥的创始人孟鸿升率领孟氏家族进入青岛，在胶州路与海泊路购买了大片土地，建起两处传统的院落式建筑群。它们采用了北方四合院住宅与商业建筑相结合的布局方式。

海泊路的三块土地中，西侧的房屋形成一个独立的院落，由临街的两层楼屋和东西两厢组成。东侧为两进连续院落，包括三栋两层正屋与两组单层东西厢房。商业店面仅设在南北两侧的临街面，临芝罘路一侧则没有门店。三个院子和街道之间没有门洞连接，必须穿过正屋才能到达（图 5-7）。胶州路上房舍也采用类似的建筑形制。

两组建筑群皆选用上等的机制砖砌成。建筑通体为清水砖墙面，交替使用青红砖作为立面的框架与填充，砖缝采用白色凸缝做法。通过相邻建筑颜色的对比，产生了生动的视觉效果。建筑的山墙面设计成富有岭南特色的镬耳山墙，令人印象深刻。建筑的木廊架雕刻精美、用料上乘、油漆厚重（图 5-8）。

孟氏家族的院落，是大鲍岛街区早期典型的建筑布局方式。这类建筑临街作为商业用房，院内按照中国北方传统建筑布局方式，设置正房和厢房。一般来说，临街为两层楼房，厢房和背街的正房则为一至二层不等。采用这种布局的房屋，多为规模较大的商铺，临街的房屋的底层作为店铺，背街房屋的底层作为账房、厨房和仓库等辅助用房，店主与伙计的住间设在二层。作为一个完整的商住单元，这类房屋的层次清晰，分工明确。正房的二层一般通过外走廊组织水平交通，但厢房一般不设外走廊。通往二层的楼梯，有时位于院内，有时位于外走廊尽端，有时则设置在房屋内部。

在这一类型之外，许多建筑以一种更加自由的方式进行布局。建筑沿街为两层房屋，背街则为单层辅助用房，没有“正屋—厢房”的主次划分。这些建筑往往以房间为单位出租，一般临街一层为店铺，二层为住室；院内房屋根据功能，灵活地安排为住室、仓库、辅助用房与小型作坊。此院落不仅是交通与生活空间，也是货物堆场与露天的生产场所。

3. 贝尔那茨的本地化方案

如果说阿尔弗雷德·希姆森与孟鸿升的建筑活动是对自身相对完善的建筑文化理念的植入，那么德国建筑师彼得·贝尔那茨（Peter

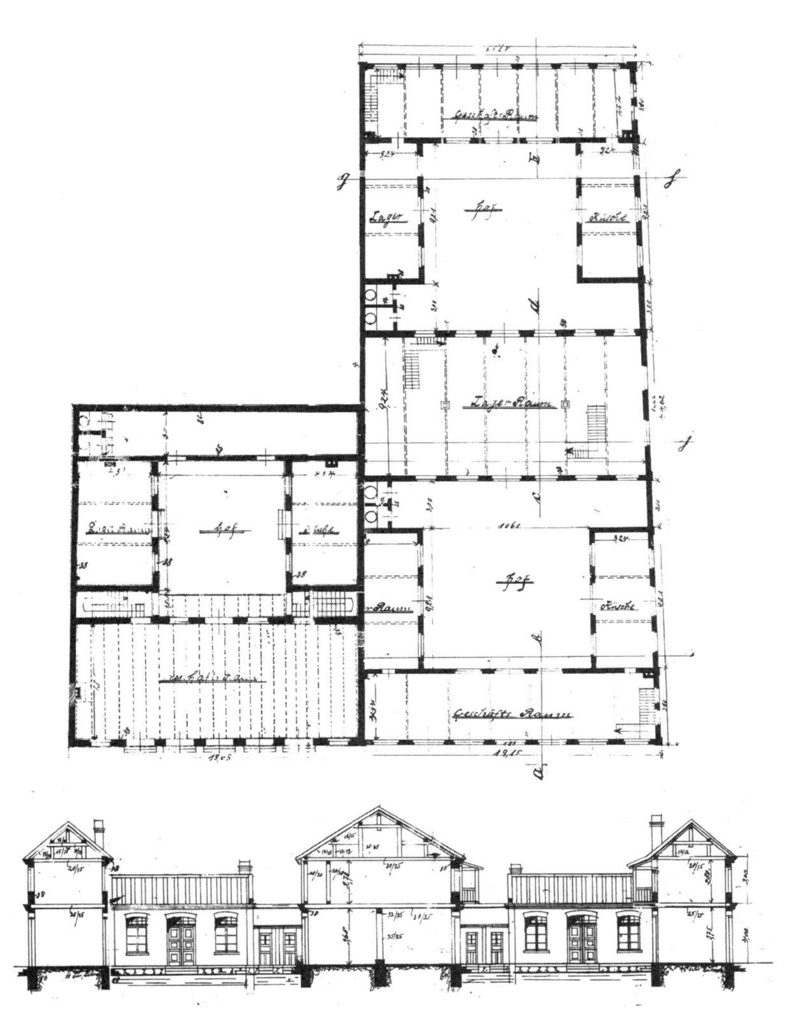

图 5-7　孟鸿升家族海泊路院落

图 5-8　孟鸿升家族海泊路院落外立面

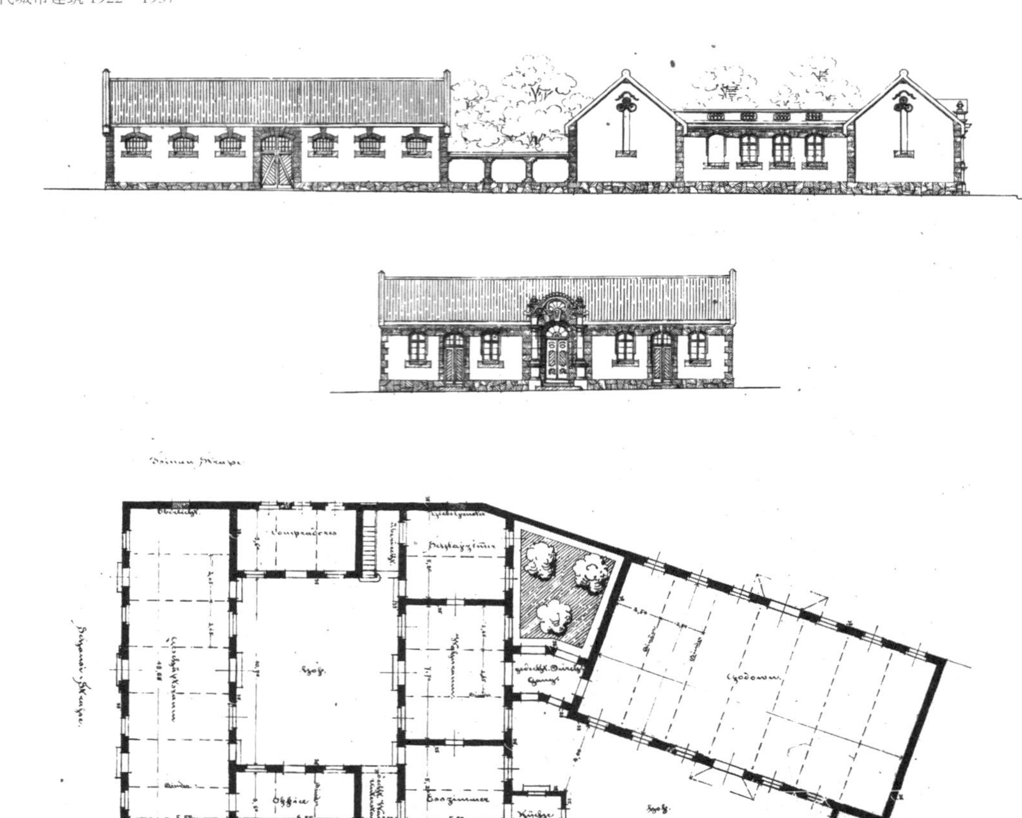

图 5-9 贝尔纳茨院

Bernatz）则试图在中德建筑文化之间，探索一种本地化的解决方案。1907 年，他为业主刘子山在山西路设计了一处房屋的建筑图样。在这座单层商住建筑的设计方案中，设计师表现出一种对中国传统建筑文化的理解与尊重。建筑的前半部分采用四合院的房间布局，院落临街建筑为商业用房，东西两厢为办公，院内正屋则为一套有起居室、餐室和卧室组成的住宅。方正的庭院后侧，是一座大型仓库。按照华人的生活习惯，厨房和厕所被安排到后院的角落中（图 5-9）。

在外观上，建筑师将西方的建筑细部与中式建筑形体融合起来。建筑的正屋采用硬山顶。建筑应用大量石材勾边，增加厚重感。厢房女儿墙和正屋山墙上的纹样受到中国美术的影响，而石作的窗楣、窗台以及窗口侧沿则按照欧洲手法进行处理。正立面中央为巴洛克式入口，壮观的立柱和精美的装饰格外引人注目。

4. 广兴里与南风北渐

青岛开埠以后，吸引了许多中国南方商人前来经商，其中以江浙与

图 5-10　古成章大楼立面图

广东商人为多。不同的地域背景，造就青岛华商文化认知的差异，并在大鲍岛早期的建设活动中清晰地表现出来。

1901 年，广东商人古成章出资在博山路兴建了一座商业楼房。大楼聘请德国建筑师设计，并成为大鲍岛早期由华商建造的、最具西方特色的建筑之一。大楼上下两层，设有地下室。“凹”字形的平面以及立面的三段式划分，使大楼显得与欧洲近代公共建筑有几分神似。但细看来，主立面的两翼并没有凸出建筑体量，仅通过砖框进行简单的划分。与同时期的大鲍岛其他建筑一样，这座大楼也使用清水砖窗拱作为立面语言，只是二层的窗户采用半圆拱较为罕见。建筑中央的山花非常引人注目。平面布局上，建筑一层为开间较大的店铺，二层为住房，以外走廊组织水平交通。建筑中央设有联系街道与庭院的走廊，兼做楼梯间。厨房和卫生间被安置在一座独立的附属建筑中（图 5-10）。

这座大楼只占街坊土地的一小部分。1912 年，古成章将楼房连同街坊其余的空地一同出售给浙江商人周宝山。1914 年，街坊另三面临街建起楼房，形成一个闭合的大型合院式建筑，也就是后来著名的广兴里（图 5-11）。

新建部分沿海泊路、易州路、高密路起造两层房屋，三翼各设一个拱门作为院落入口，通向二层的楼梯也位于其中。博山路与易州路之间存在 3 米高差，建筑随海泊路与高密路逐渐抬升，以保证沿街的 16 间店面全部能够与街道保持平齐，而内院保持水平，在建筑东侧形成半地下室。二层的房间由外走廊连接，并与一期的外走廊相连，形成一条围绕庭院的闭合回路。

广兴里的建筑立面表现出一种朴素的姿态，除了一层商铺入口和庭院拱门处用石块进行简单的装饰，以拉毛粉刷作为外墙面的整个建筑几乎没有多余的装饰。内侧庭院的木廊架，使用的也是最简单的斜撑。与

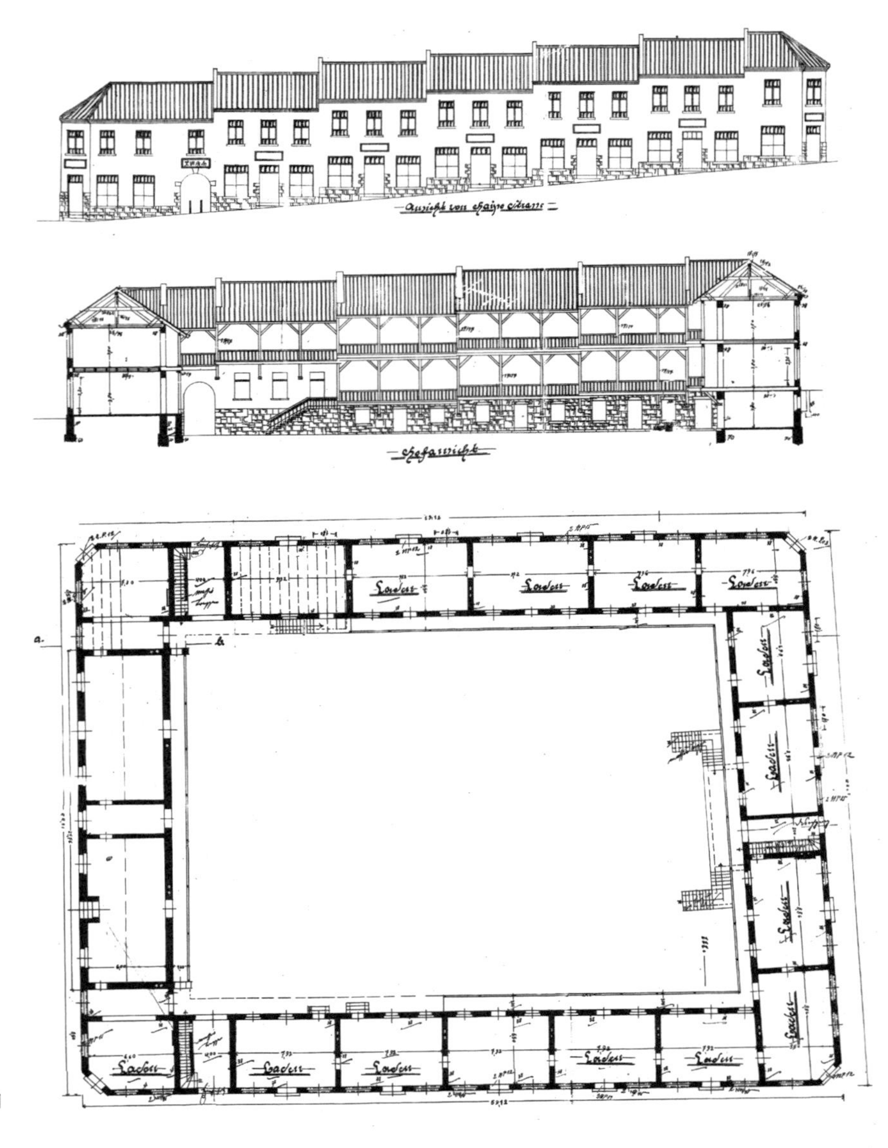

图 5-11 广兴里设计图

立面的朴素形成对比的，是这座占据整个街坊的建筑中央的庭院，与四周漆成红色的木制廊架，在空间相对紧凑的大鲍岛，提供了一处宽敞、大气的开放空间。

二、民国时期的里院实践

大鲍岛早期建设活动中，夹杂业主与建筑师的各式文化背景和诉求。它们之间彼此影响，并通过不断调整适应青岛的社会结构特征，在德租时期的末期，形成一种后来被称为“里院”的建筑类型，并在民国时期成为普通商业与居住建筑的主要建筑形式。

1. 平面格局的明与暗

里院建筑的平面布局具有鲜明的特征：建筑沿街设置一排房屋，以背街的外走廊连接，围合出天井式院落。根据院落规模大小，在一层设置一处或多处门洞，连接院落与街道。许多院落正对门洞设置影壁，避免从街道就将院落一览无余。大多数房屋为二至三层。较大的地块内往往围绕两处甚至多处院落布局房间，以提高建筑密度，充分利用土地。

里院中，处于不同位置的房间采光条件差异较大。临街房间两侧开有门窗，光线充足。某些建筑增加临街房间进深，或临街设置两列房间，充分利用采光条件。背街房间仅能依靠朝向走廊的门窗采光，房间较为昏暗。许多里院在背街侧与相邻地块间留出狭窄的采光天井，改善这些房间的采光。

一般而言，作为商住用途的里院可以划分为两种基本类型：独立使用的独院与出租给多户商户与住家的杂院。独院是一个或两个独立的功能单元，规模一般较小，房间的大小依据功能需求确定，如大开间的商铺，中等开间的宿舍以及小开间的账房、仓库等辅助用房。这些商号的伙计往往住在店里。杂院以房间为单位进行出租，建筑的规模往往较大，一层出租给不同的商号作为店铺和仓库，二层则为城市的中下层居民提供住房。公用的卫生间与厨房一般位于院落或建筑的角落中，没有成套的住宅单元。

里院通过对院落尺度的调整以及院落的叠加，满足不同功能和规模的需求，延续了中国传统院落式建筑的理念。无论在空间、交通还是功能意义上，院落都是里院平面组织的核心。一层所有的房间，包含临街的商业用房在内，都设有朝向院落的入口。楼梯大多设置在院落中，即便是设置在建筑两翼之间，也会朝向院落。在功能上，院落可以灵活的用作交流空间、集体生活场所、仓储场地和露天作坊。对于里院而言，院落是一个没有屋顶，但极为重要的“厅堂”（图 5-12）。

2. 叠加式更新

在城区向外扩张的同时，建成区域内部也通过对已有建筑的翻建和加建提升开发强度。在许多改建项目中，均存在一种以标准里院平面格局为目标的改建倾向。作为类似改建活动的典型案例，芝罘路上的一处

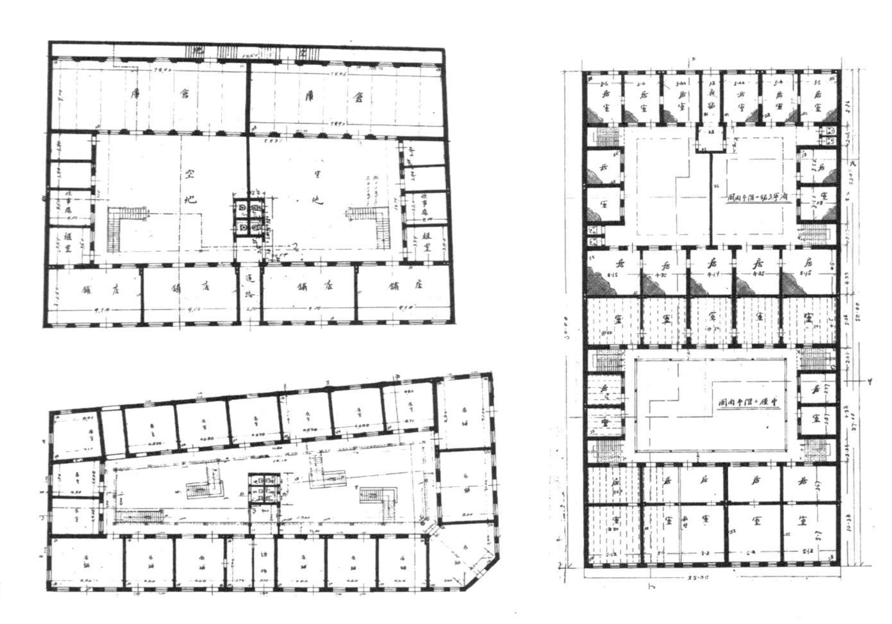
图 5-12 典型里院平面图

图 5-13 即墨路与芝罘路街角楼房原貌

商住用房和一处仓库经过几次改建，成为两套标准的里院建筑。

位于即墨路与芝罘路路口东北侧的前楼建于 1904 年，由德国建筑师设计。二层房屋采用简约的欧式风格，正立面三联大窗引人注目，水平与竖直线脚简单划分立面，街道转角二层设置有阳台，屋顶采用假平顶，檐口处设女儿墙，与周边带有浓郁的地域特色的房屋迥然不同（图 5-13）。1929 年第一次改建时，沿地块边界加建侧翼与后翼，二层房

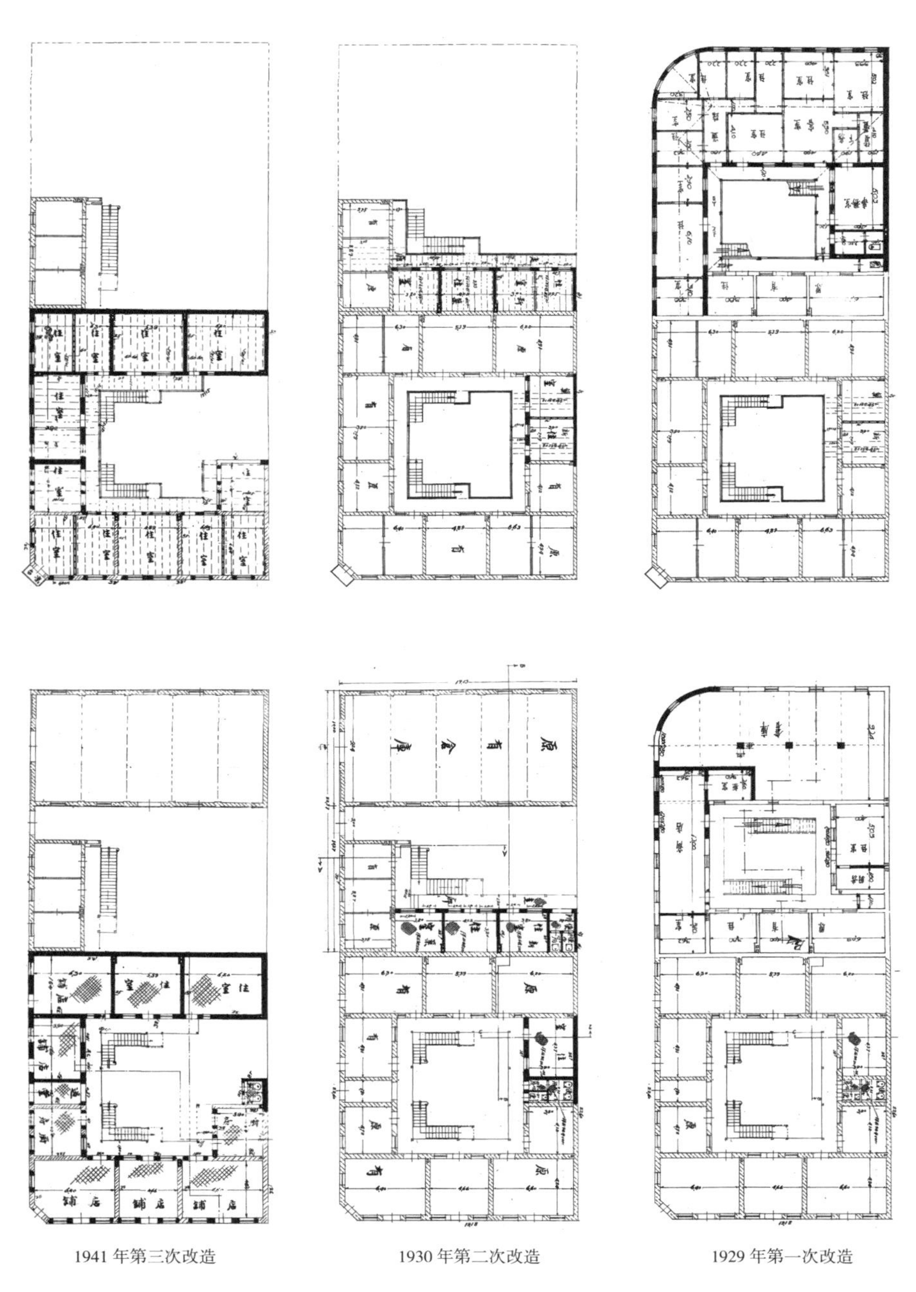

图 5-14　即墨路与芝罘路里院改造设计图

间以外走廊联系，在院落中设置两架对称的楼梯。翌年完成的第二次加建将半围合院落的东侧也闭合起来，形成完整的环路。这次扩建工程还在相邻地块西侧的二层楼房加建南翼，与南侧的院落形成背靠背的格局。建筑的第三次改建于 1941 年完成，这次扩建中，北侧原本单层的仓库改建为二层房屋，并通过完善西翼与接建东翼，同样形成一个完整的里院院落（图 5-14）。

1933 年汶上路一处院落的改建，用另外一种空间格局表现了院落的重要性。长方形的基地临街面较窄，进深较深，原有建筑由临街的两层楼房和院内两侧平房组成。改建时将原有侧翼加建为两层，另在院子后方加建两层楼房，围合出中央院落。院落中央另建有一栋独立式两层“腰房”，建筑平面为长方形，与侧翼间留出狭窄的走道。“腰房”南北两侧建有木制敞廊，中部为双排背靠背的三开间，两侧二层中央各伸出一架“T”形两跑楼梯。整幢建筑的空间格局与平面显示出中国传统建筑的影响（图 5-15）。

民国时期，对于许多新开发的街区，分期建造里院也成为一种经常性做法。业主承租土地以后，往往先建设临街部分，待街区得到进一步发展之后，再进行加建。位于观城路的一处房屋于 1923 年先期仅建造两层七开间的临街一翼，以及院内右侧两间附属用房。然而在请照图纸中，业主已经明确地标识出日后扩建为一座标准里院的意图（图 5-16）。1929 年邹县路一处改建工程实现了扩建计划。基底临街一侧原有一栋“凹”字形的两层建筑，接建部分由中翼与后翼组成，中翼为垂直于临街前翼的两排房间，将原本宽大的院落划分为两个长方形天井（图 5-17）。

与一步到位的建设方式相比，分期建造可以减少前期对建设资金的需求，而且前期经营或出租所取得的收入，可以用于后期的建设。此外，

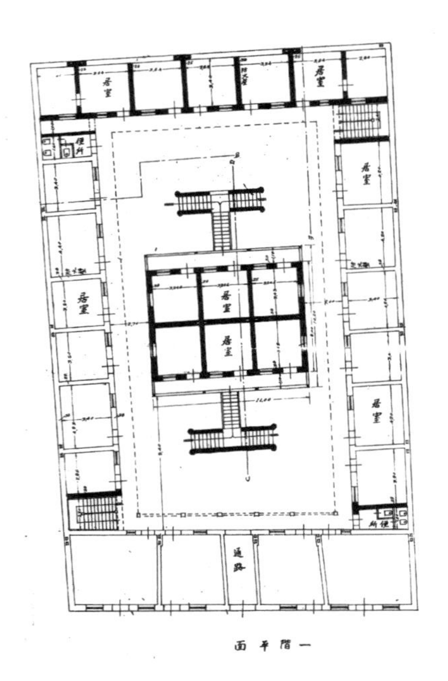

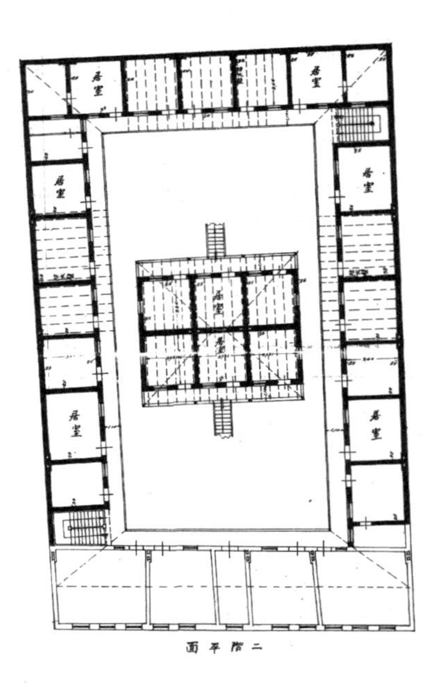

图 5-15 汶上路里院平面图

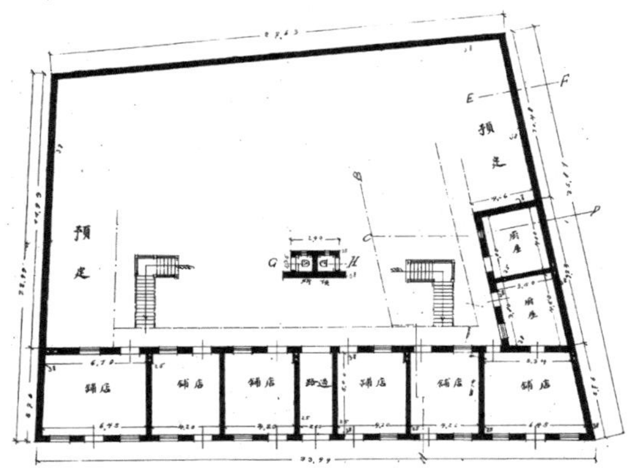
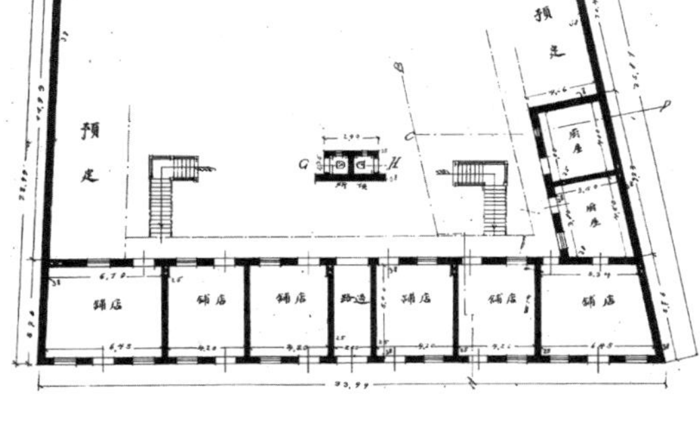

图 5–16　观城路里院平面图

图 5–17　邹县路里院平面图

新开发的城区先建设沿街房屋，既可以迅速形成街道空间与商业氛围，又能够有效避免房屋闲置，而增建的部分可以按照市场需求逐步释放，以保证街区持续发展的要求，里院成为一种可以承载渐进式的城市发展模式的建筑类型。

3. 范式波动

对于里院而言，存在建立立面范式的倾向，然而在各种具有自身鲜明特征的建筑形式的冲击下，这种范式的内涵持续进行着深刻的调整。建立范式的努力与对范式的各种冲击所构筑的动态变化，构成 20 世纪 20 年代及 30 年代里院沿街立面设计的主要特征（图 5–18，图 5–19）。

德租时期末的许多里院已经采用一种更为简洁和富有现代感的立面样式。20 年代中后期，这种样式的影响以立面改造的方式扩展开来。通过 1925 年至 1928 年间的三次改建工程，业主刘坚鲍使位于中山路与海泊路路口东北，在德租时代由希姆森公司开发建设的整个街坊的沿街立面完全改换了模样。新立面将原先的砖拱窗全部改为平梁窗，并加大了底层商店橱窗的尺寸。立面以壁柱进行纵向划分，檐口加建了女儿墙和强调入口的山花。立面上混凝土立柱的使用，使得大面积的开窗成为可能。新技术成为新式立面的有力支撑。

在立面样式的转型过程中，还出现了一种特征非常鲜明的建筑样式。1923 年至 1924 年，希姆森公司开发的位于李村路中段的楼房，先后被四位华商翻建为新式楼房。这些楼房的立面采用纵向构图，院落入口与山墙成为装饰的重点。夸张的山花处理以及柱身与柱头的装饰图案都令

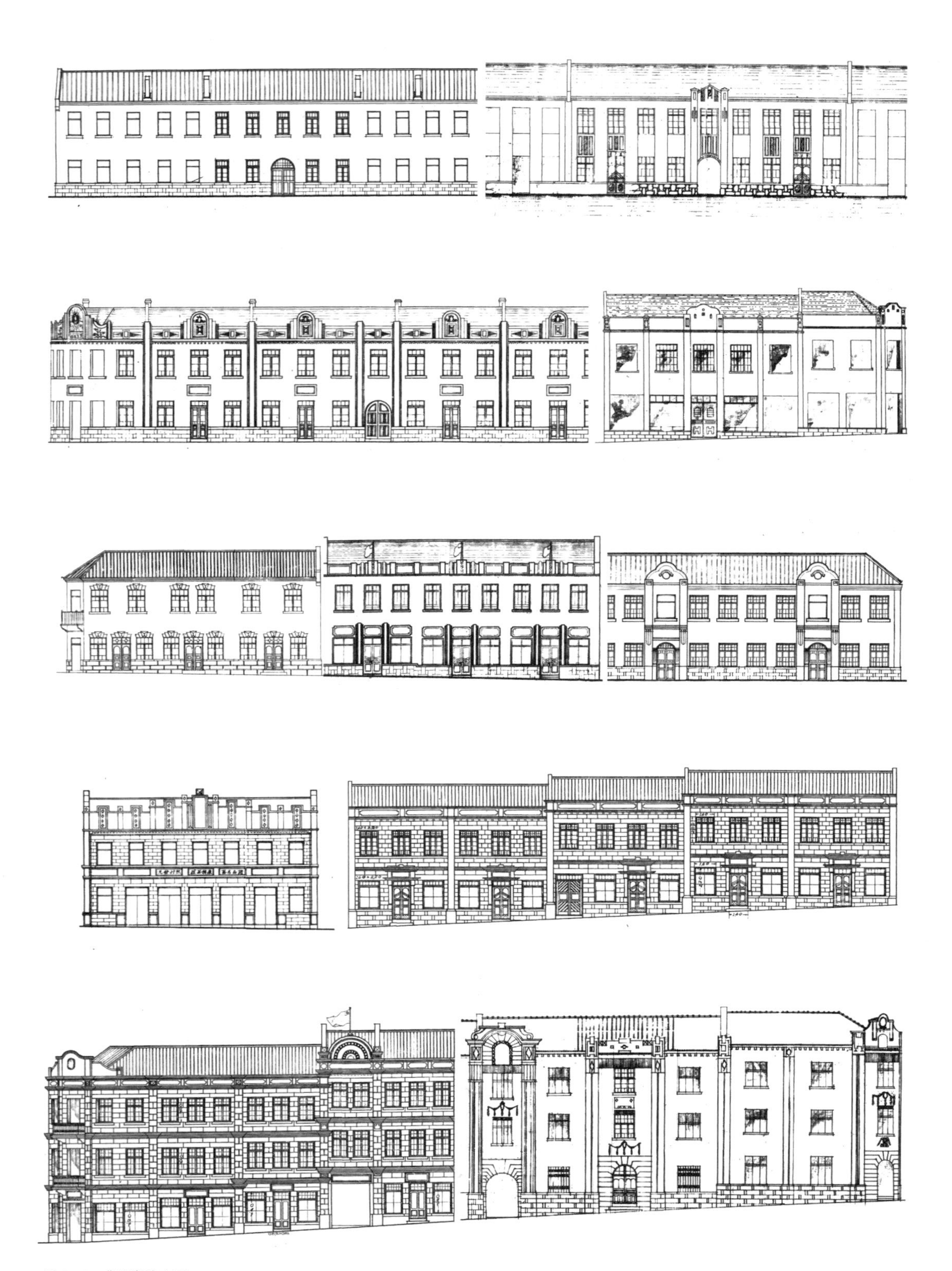

图 5-18　典型里院立面

图 5-19　人造石古典样式立面（左侧建筑）

人印象深刻。根据推测，这种样式很可能受到旅居青岛的日本侨民的影响。日据时期，纵向构图与对壁柱的装饰在商用建筑和民用建筑都得到广泛应用。这种样式由移居青岛的日本建筑师引入，并成为一部分早期华人设计师模仿的对象。民国时期最初几年在费县路一带建成的房屋中，也可以见到大量类似的立面样式。

在稍后的几年中，“人造石古典样式”逐渐形成另一种普遍应用的建筑样式。这种样式以人造石为主要材料，用线脚和壁柱对立面进行简单划分，将女儿墙作为装饰重点。由于建设成本较高，“人造石古典样式”主要局限在大鲍岛商业区，以及海关后与云南路具有较高商业价值的建筑。

1931 年，四位济南商人合资在平度路建设的一座两层楼房，采用“人造石古典样式”：壁柱将立面划分成 5 个单元，石基座、腰线、檐口与女儿墙则构成横向的层次与划分。立面使用人造石墙面，窗框刻画较为简单，装饰的重点位于店铺的入口，使用圆壁柱与门楼等装饰手段。在这种立面范式中，德租时期传统的花岗岩基座得以保留，砌筑方式有所创新，除了传统的叠砌法，出现了仿砖的条块砌法。

新出现的立面范式，也对作为传统华商代表的孟氏家族产生了影响。1931 年胶州路瑞蚨祥的东侧起造一座新式二层楼房，四年后，高密路上的泉祥茶庄通过立面翻修，也完全改换了模样。两座建筑立面样式与做法较为相似，胶州路上的楼房立面相对简单一些，泉祥茶庄夸张的山墙则赋予建筑一种戏剧性的张力。孟氏家族的这两座院落，始终是中式传统建筑在大鲍岛最重要的地标之一。而两座西式楼房的出现，也宣示了一种文化倾向与认同的转变。

立面所采用的装饰样式，表明设计师模仿西方古典建筑的意图。然而囿于有限的理解，这种模仿常常力有不逮。西方建筑中，线脚的主要作用是通过光影关系加强立面的雕塑感。但“人造石古典样式”对线脚的使用过于柔和，虽然建筑在立面图纸上非常生动，但实际建成以后却显得十分平淡。

4. 院落与廊架

围绕院落设置开敞的廊架，是里院最重要的特征。这些廊架充当了中国古典建筑中檐廊的角色，加强房间与庭院之间的联系，使“院落—半开敞空间—室内”的空间序列变得完整。无论是廊架产生的虚实对比和明暗光影关系，还是其承担的交通功能，都增加了庭院界面的亲和力与进深感（图 5-20，图 5-21）。

里院廊架的样式相对稳定。德租时期形成的斜撑式、雀替式、垂花式等廊架样式，在民国时期得到继承和推广。在此基础上，民国时期也产生了一批具有时代特征的廊架类型。

1）斜撑式廊架

斜撑式廊架是形成较早，并且流传最广的廊架样式。敞廊底层的木质走台，以斜向腰撑木支架支撑，支架与墙相交的地方嵌入一块垫石，支架一半嵌入墙内，一半架于垫石之上。廊柱截面为方形，边角一般作斜角处理。廊柱与檐枋之间设有斜撑，以改善檐枋的受力情况。这种斜撑在德国传统建筑中也有着悠久的历史。[106]

2）雀替式廊架

雀替式廊架由传统的中式檐廊发展而来。廊架走台使用立柱支撑，落地的立柱下设有柱础。廊柱开间使用带有花牙子雀替的倒挂楣子，尽管这种中式雀替样式早在德租时期便已经出现，然而其真正得到广泛使用，却是在民国时期。这大概与当时华商文化意识的觉醒以及经济实力

106 为减少梁的应力，英国常采用窄柱距，法国则加大材料截面尺寸而不用斜撑，参阅藤森照信，2010：56。

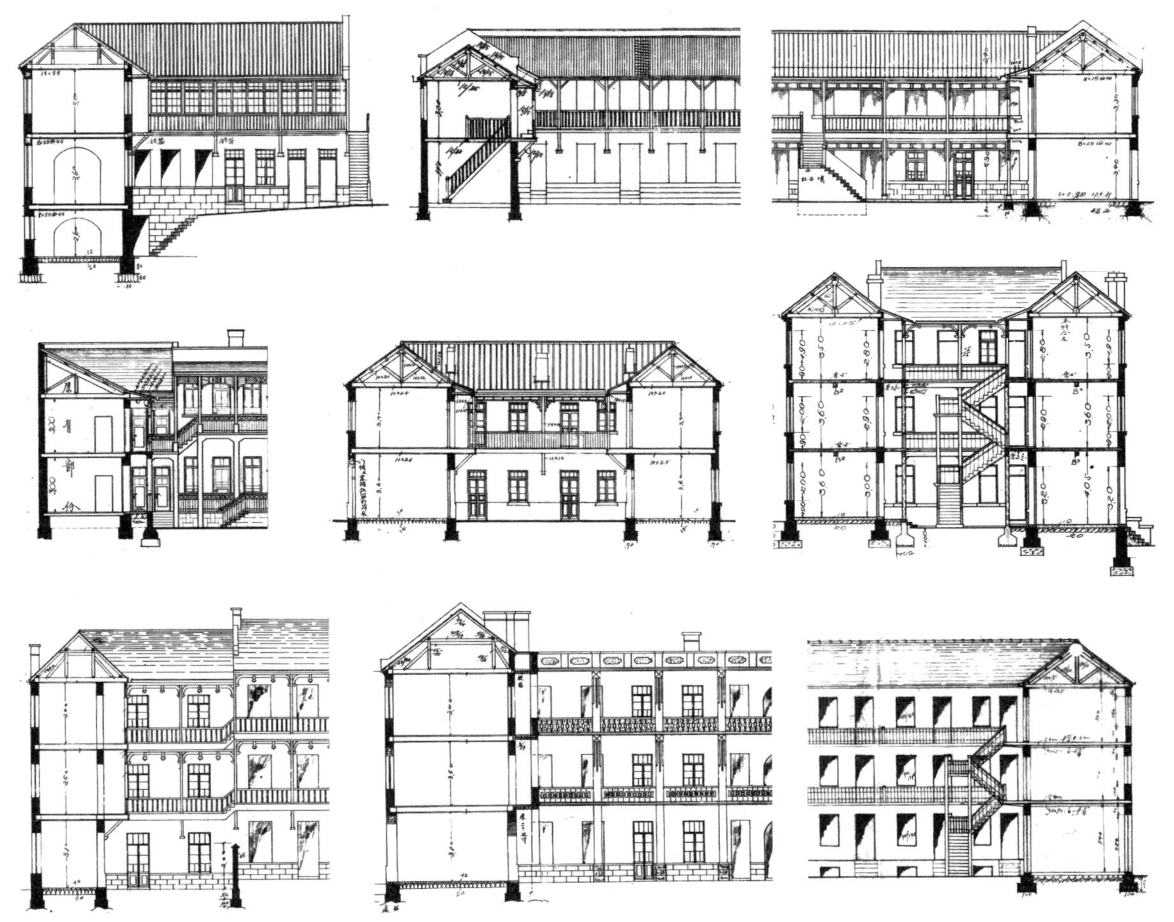

图 5-20　里院廊架样式

的增长，有一定关系。

3）垂花式廊架

除了以上两种典型的廊架做法外，还有一种垂花式廊架，也在大鲍岛得到较为广泛的应用。这种廊架做法与斜撑式类似，只是用一根曲形木梁取代斜撑。木梁中央与檐枋用两个雕刻有垂花的木构件连接，两侧与廊柱相交的地方架于牛腿（支脚）之上。

4）封闭式廊架

许多院落出于功能需求封闭外廊，并由此产生了一种封闭式廊架。封闭式廊架一般仅封闭二层走廊，一层仍然保持开敞状态。封闭的走廊保留栏杆，但不设斜撑与雀替。

5）其他

除了这些基本类型，木质廊架还有许多组合与变形，例如海泊路东段上的一个院落，就将斜撑式廊架与雀替式组合使用，将镂空雕花的月

图 5-21　早期里院将廊架置于建筑外侧

牙子，装饰到斜撑与柱枋之间三角形的空隙中。中山路北段的一个院落中，可以见到一种比垂花式廊架简单一些的“拱撑”做法。这些特殊的做法均以个案的形式出现，丰富了廊架的多样性。

中国北方建筑用色，素有成例与定制，对于大部分砌体建材，如屋瓦、青砖与石材等，多保留其原有颜色，而木质建材则以明度高的红色、绿色漆之，辅以其他鲜艳的颜色彩绘，形成色彩丰富、用色鲜明、对比强烈的特点。大鲍岛的木质廊架，大都以红漆为主，栏杆的竖向构件施以绿漆，花牙子雀替中的帽子板则用蓝漆，形成明快喜庆的色调。天主教圣言会位于即墨路与李村路之间的房屋的檐口，还有彩绘的痕迹。

木质廊架固然造价低、施工快，却不够坚固耐用。民国时期，大鲍岛许多木质楼梯与廊架都已经使用超过 20 年，损坏严重。而同一时期，钢筋混凝土逐渐普及。因此，许多业主将原先的木质楼梯走台，更换为钢筋混凝土结构，由此产生了混凝土支柱与挑梁两种新走台样式。支柱式走台是指用混凝土支柱支撑走台，而挑梁式走台则是用悬臂梁将走台悬挑在墙壁上。后者可以减少支柱从而使内院显得宽敞一些，但对结构强度有较高要求。这类走台一般使用铁艺栏杆，栏杆扶手往往漆成红色，而栏杆本身则漆为绿色。混凝土结构只做到最上层的走台，如果走台有屋顶覆盖，则屋檐仍用木质廊架支撑。从外观上，混凝土走台没有木质廊架亲切与轻盈，但设计师仍然通过在走台边缘添加线脚、刻画挑梁截面形状，以及对栏杆纹样进行设计等细节处理方式改善视觉体验。

三、里院的自我超越

在稳定的政治环境下，青岛华商在20世纪30年代初的几年间蓬勃发展，并迅速改变了这座城市的经济格局。城市经济发展与社会进步也对建筑平面布局提出新的要求。20世纪30年代，在当时的华人商业中心大鲍岛，出现一系列对里院建筑进行超越的尝试。

1. 弹性平面格局

许多业主通过对现有建筑的改造，满足新功能的需求。这些改造既在一定程度上保留了里院建筑的原有特征，又顺应了时代发展的潮流。

1922年，中华书局在青岛开设分店，由栾延玠设计。书店最初位于中山路上，店堂很小，后迁至即墨路一处典型的里院建筑中。1933年，因店面不敷使用，中华书局对建筑一层进行改建，以增加营业面积。改建并非简单地封闭外廊，而是将一层沿街及两翼房屋向院落延宽2米，并取消外廊。延宽部分采用钢筋混凝土楼板与墙壁，二层与院落后侧房屋结构不做变更，二层廊柱架在延宽部分梁上。改造之后，建筑一层作为门店，附设厨房、餐厅与藏书库，二层为经理室、会客室、库房以及经理与店员宿舍。这种改造方式，在增加建筑面积的前提下保留了院落空间的特征，虽然底层院落有所减少，但在二层形成宽敞的平台（图5–22）。

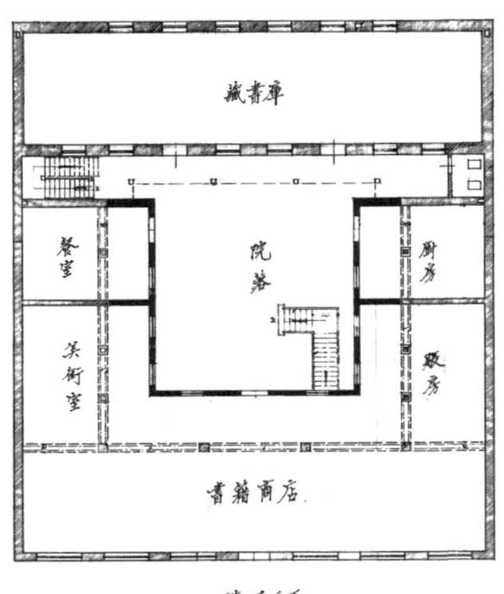

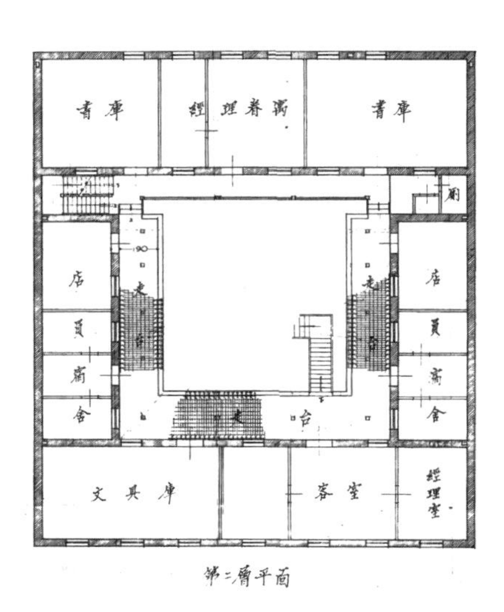

图5–22　中华书局改建设计图

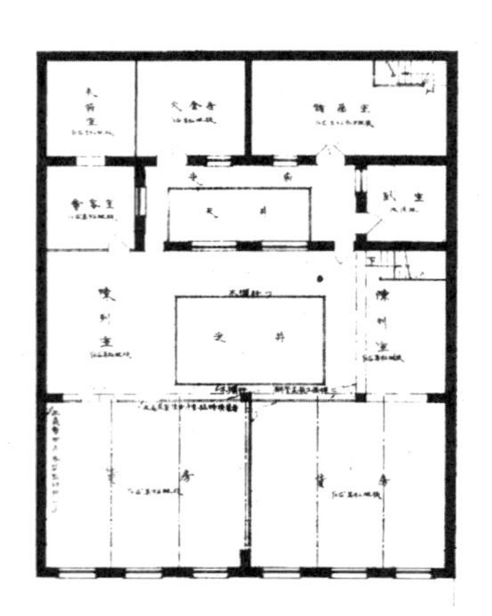

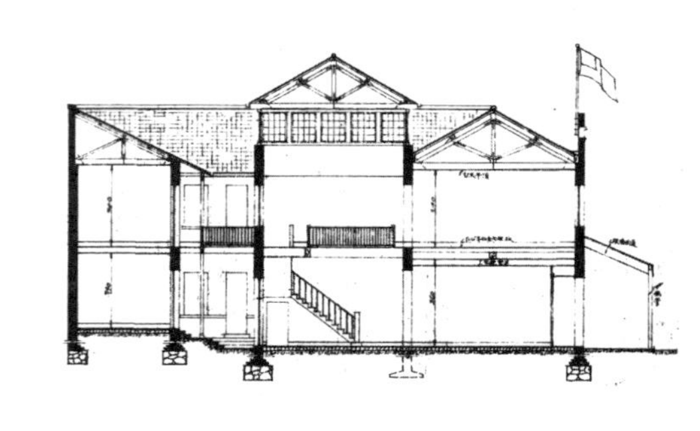

图 5-23 海泊路商业里院改建设计图

1934 年黄县商人王子久对其位于海泊路上一处产业的改建，采用另一种增加使用面积的方式。从屋顶的形态来看，建筑原本为典型的里院式平面格局。为扩大商业面积，业主将约占院落三分之二的区域加顶覆盖，仅保留约三分之一继续作为露天院落。原实墙位置皆以钢筋混凝土柱梁承重，形成可以灵活使用的大空间。加盖的屋顶檐口与原屋顶屋脊平齐，檐口下方为 2 米高的环形窗带，以利二层店面采光。一层与二层之间还设置一通高空间，使光线可以达到一层。一层店面与西侧房屋之间亦打通，形成规模较大的商业空间。这种在院落上空加建顶盖的方式，同样实现既扩大商业面积，又保留里院空间特色的效果。高大的中庭空间，形成宽敞的商业面积的中心，与向心性的院落格局具有异曲同工之处（图 5-23）。

2. 里弄形制的尝试

连排式里弄建筑是中国南方口岸城市的主要建筑类型，然而民国时期，青岛却鲜有采用这种形制的建筑。1934 年芝罘路广东会馆后侧，建成一处里弄建筑社区。房屋的业主为广东香山商人梁裕元，建筑群由三排里弄式建筑组成，共计 25 套。该处建筑的设计者为本地建筑师王德昌，立面采用当时典型的“人造石古典样式”。较长的西列为三层，一层为店铺，楼上为住宅。中列为两层，与西列基本相同。临济宁路的东列高两层，底商上住，部分带有地下室。每套使用单元分别配备厨房、卫生间和储藏室。与里院一样，这里的楼梯也置于室外（图 5-24）。

根据推测，这些住房当时主要出租给自广东来青岛经商的商人。这种类型的先行者可以追溯到 1901 年希姆森所建的中式房屋，然而即便是在三十多年之后，这种代表更高生活水平的住宅形态依旧是个案性的尝试和探索。

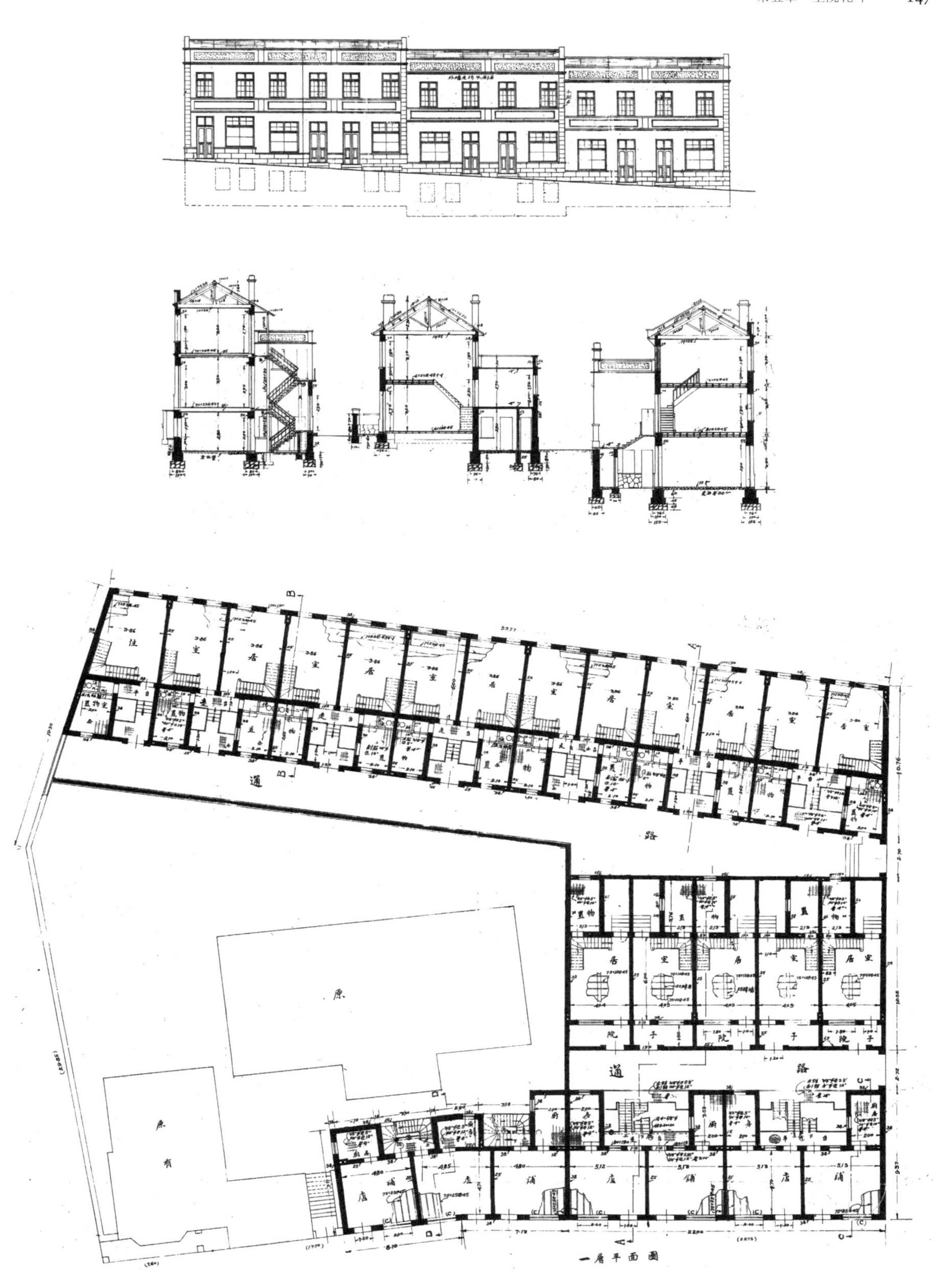

图 5–24　济宁路里弄建筑设计图

3. 蜕变

20 世纪 30 年代，大鲍岛陆续建成三座新式里院，展示了传统里院建筑格局在新的时空背景下正在发生的蜕变。

位于四方路与博山路拐角处的九如里建成于 1932 年 10 月，这座商住楼房与同一街坊对角地块上的三多里同属于浙商金升卿。两座大楼均为建筑师范维滢设计，华丰恒营造厂施工。大楼平面格局基本相同，三多里比九如里早竣工 9 个月。[107] 虽然建筑以“里”命名，却与传统里院格局大不相同。九如里大楼平面为“L”形，地上三层，地下一层。大楼由 7 个毗连的商业单元组成，每个单元拥有上下 4 间房间，并设有楼梯上下连接。大楼背街另设外走廊，通往公共楼梯间。厨房与卫生间并不设置在主楼中。建筑的立面划分反映了平面格局，每个开间成为一个纵向划分的单元。按照图纸，一层店面的入口与橱窗，以及檐口和女儿墙处理比较细腻，建筑师还为墙身设计了一些独特的纹样装饰。最后建筑实施时，并没有采用这些华而不实的纹样，而是使用了当时典型的人造石立面（图 5–25）。

107 “三多九如”是传统祝颂之辞，“三多”典出《庄子·天地》，即“多寿、多福、多子孙”。“九如”出自《诗经·小雅·天保》，即如山、如阜、如冈、如陵、如川之方至、如月之恒、如日之升、如南山之寿、如松柏之茂。

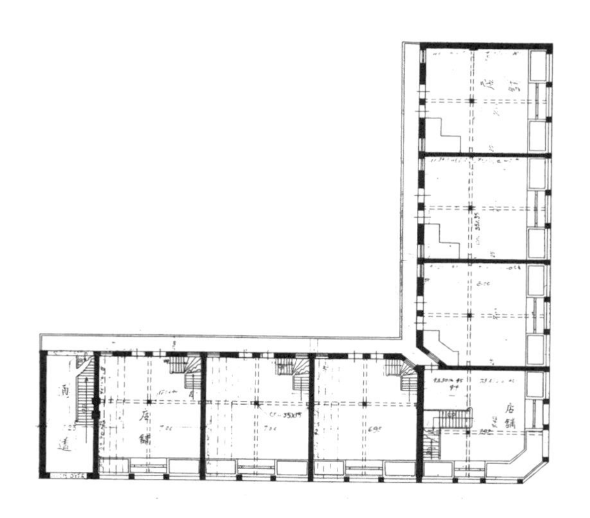

图 5–25　九如里

1934 年 6 月，位于易州路口的平康东里[108]大楼完成建设。平康东里由湖南商人谭大武投资建设。谭大武邀请尤力甫的建筑事务所绘制图样，设计师为张少闻。平康东里为四层高大楼，局部为三层。建筑围绕三个院落布置房间，三个院落间有走廊连通。四方路一侧因街道坡度较大，故建筑地坪沿街逐渐抬升，以利沿街店铺与街道相联系。建筑采用混凝土楼板，楼梯直达顶楼的屋顶平台。采用人造石墙面的立面设计简洁，以壁柱作纵向划分，女儿墙作竖向收尾，强调体量高度节奏（图 5-26）。

108 “平康”来自唐长安城坊名，平康坊又称平康里、平康巷，为妓女聚居之地。

位于芝罘路口的广合兴大楼兴建于 1934 年，由青岛联益建筑华行的叶奎书建筑师设计，新慎记营造厂建造。三层大楼平面的基本形状为矩形，东北角改为圆角。一层为营业用房，二层设置饭厅及客房，三层提供员工宿舍，两架楼梯位于北侧，中间是天井。中央入口将立面在纵向划分为三段，入口两侧配有壁灯，上方设三联窗。建筑主体部分较为简约，水平方向仅对基座、一二层之间的腰线和檐口做简单处理。建筑选用浮山花岗石贴面，线脚以黑色磨光花岗石作为装饰。在立面材料和

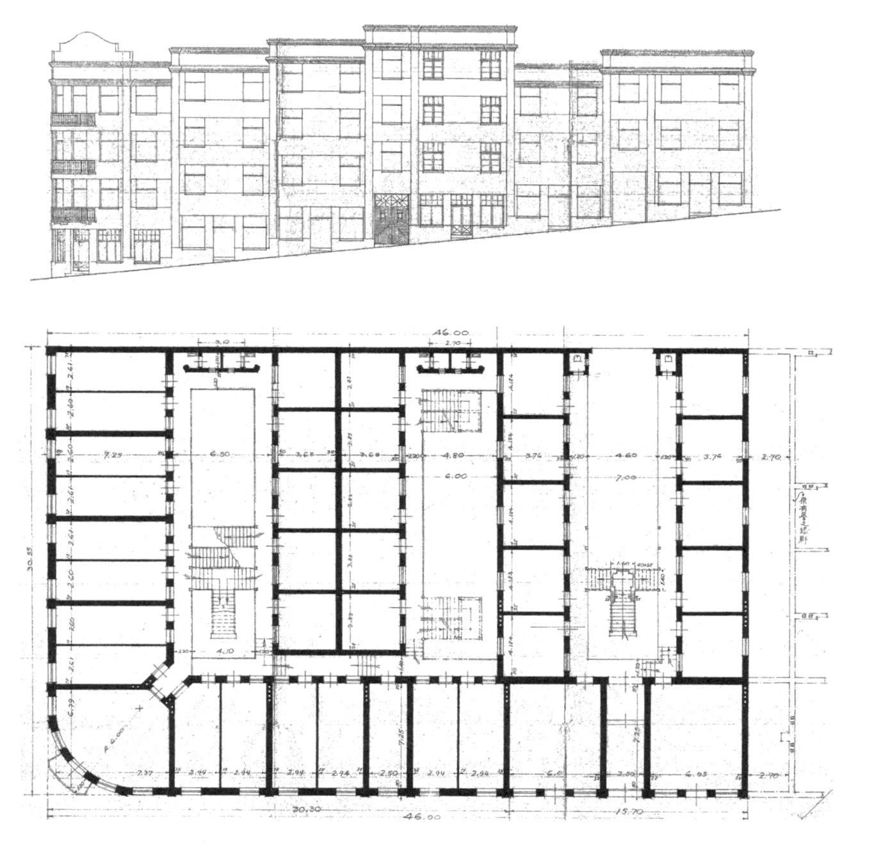

图 5-26 平康东里设计图

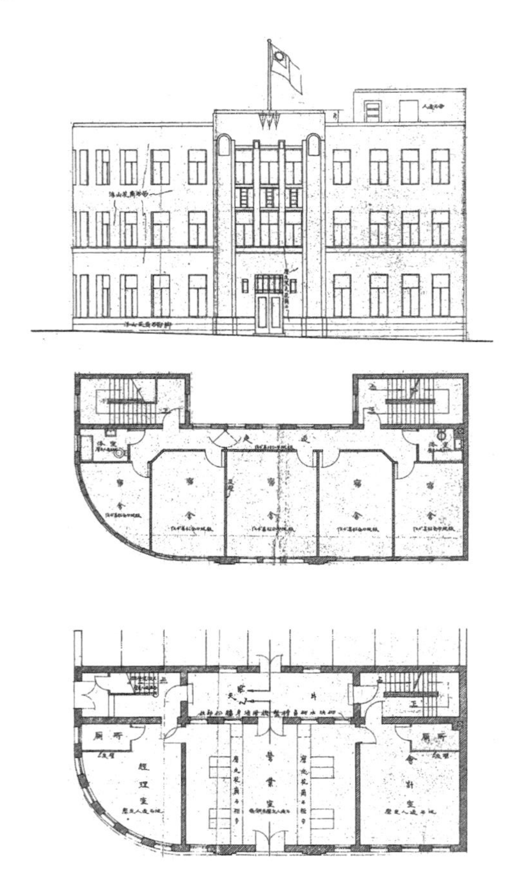

图 5-27　广和兴大楼设计图

装饰手法方面，广合兴大楼与几乎同时建成的中国实业银行青岛分行非常相似。后者位于曲阜路与河南路路口，设计也出自联益建筑华行。在主入口的装饰中，建筑师参考同样位于银行区的、由苏夏轩设计的上海商业储蓄银行大楼的装饰纹样。大楼既无外走廊、又无围绕庭院布置的房间，从这个意义上而言，这栋建筑已非里院，而是一座新式商业房屋。大楼采用混凝土楼板，跨度达到 7 米，因此楼层中除楼梯间与外墙之外，皆使用轻质隔墙，以利日后改建。这显示出当时的青岛建筑领域，无论在技术上还是观念上，都具有较高的水平（图 5-27）。

这三处建筑外立面模仿欧洲建筑式样，尽管这种模仿还停留在较低的层次上。在空间格局上，尽管保留了里院的敞廊与外楼梯的交通方式，但空间尺度和界面面貌已经发生根本改变。为获取更大的土地价值，建筑越来越高，紧凑的格局使得院落空间变的狭窄、幽暗，混凝土外走廊与铁栏杆的广泛使用，使院落丧失了传统的亲切感。

四、平行吹拂的和风

日本占领青岛以后，在大量涌入青岛的日本侨民的推动下，新开辟的市场路、新町、小鲍岛一带市街很快形成鳞次栉比的市区。这几处街区的建筑在层数、体量和功能方面与大鲍岛的里院建筑较为接近，但建筑的立面样式、平面格局以及彼此之间的关系却又与里院建筑之间存在明显的差异。1923年青岛回归之后，和式商住建筑的建设数量有所减少，但仍然是民国时期青岛商住建筑发展的重要组成部分。

1. 和式联排商住建筑

和式联排商住建筑一般为规模较大的两层建筑，型制与希姆森的“中国人房屋”比较接近。1923年初，在小鲍岛由桓台路、益都路、淄川路围合的街坊内，建成一处较大规模的联排和式商住建筑。建筑沿益都路与桓台路设置商住单元。每单元一层为一间较大的商用房间以及厨房和厕所；通往二层的楼梯有的位于商店与厨房之间，有的与厨房紧密结合；二层一般为两个房间。临淄川路的三个开间较大的单元，分别被划分成四套两居室住宅，并分别配套厨房和卫生间。建筑平面对称布局，采用传统的和式房间划分方式，即采用厚度不超过10厘米的露柱墙，以拉窗与隔扇而非实墙作为房间之间的界限（图5-28）。

对于较长的连续街道立面，建筑师通过变换立面装饰母题与山墙样式增加多样性，避免枯燥的重复。细腻的浮雕、线条、体块等多种装饰元素形成戏剧性的细节变化，丰富了临街界面，形成良好的视觉节奏；细腻的墙面水平线条将各部分联系成有机整体。

2. 独立和式商住建筑

独立和式商住建筑形式灵活更具个性化。1931年，长冈平藏设计的一栋位于辽宁路的两层商住建筑，以及筑紫庄作在1935年设计完成的招远路和市场二路路口的商住建筑就属于这种类型。

辽宁路的商住建筑一层为两间商铺，均配有独立的厨房、厕所和一间卧室，楼上是两套三居室和式住宅。建筑临街立面坐落在细长的石材基座上，一层门窗宽大，二层一对细窄窗，基本沿中轴对称排布。二层住宅位于一层的入口与上方的圆窗均置于中轴线上。主立面上部设计有水平的窄条纹带，作为立面的核心装饰元素。两侧转角处设置

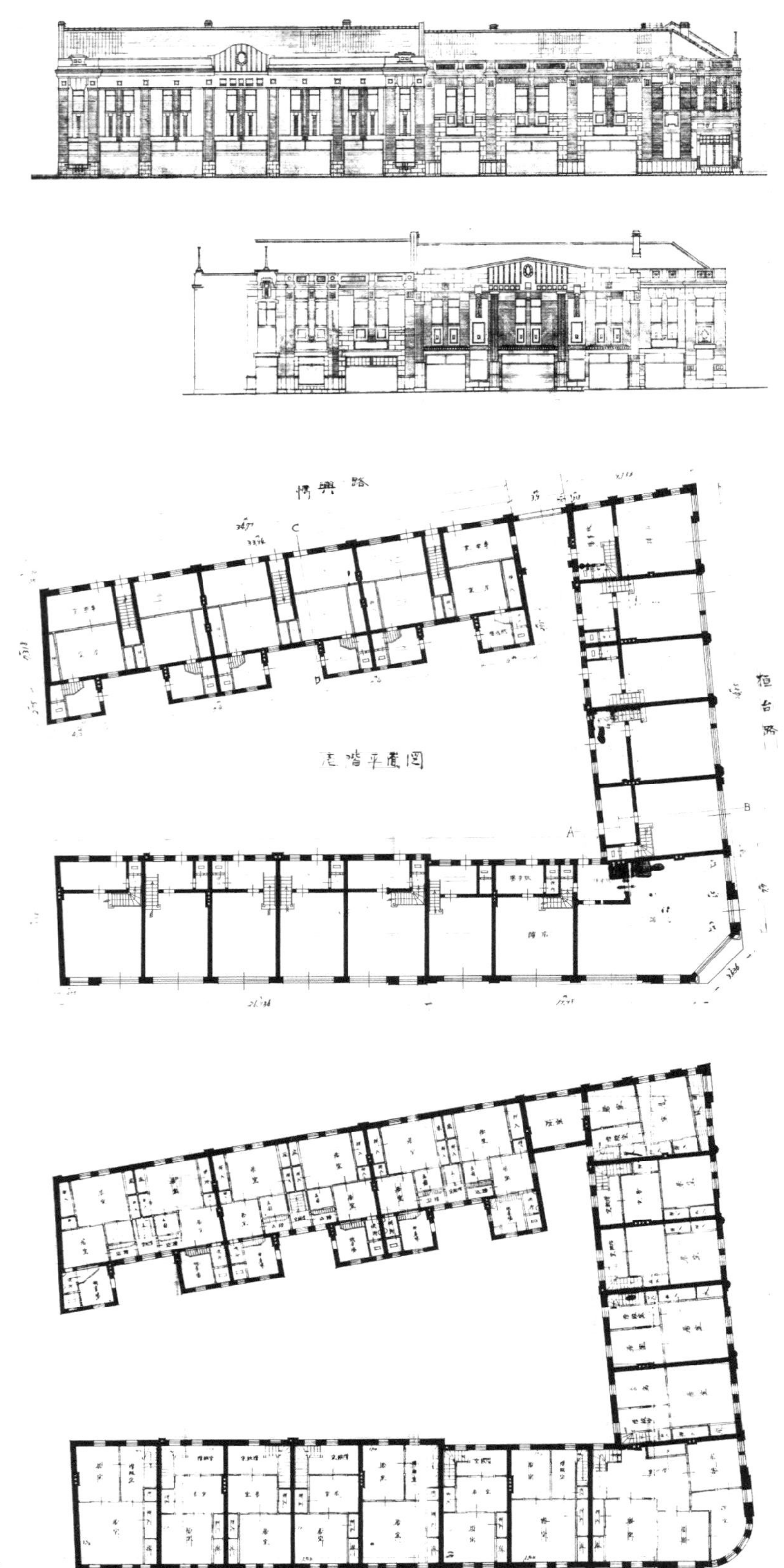

图 5-28 桓台路和式商住建筑设计图

竖直的条纹带，并嵌入宽度相同的细长窗。条纹带向上与水平条纹带交织，形成类似画框的效果。与之相比，商店的入口并没有重点装饰（图5–29）。

市场二路的商住建筑可以容纳规模更大的商户。建筑平面呈“凹”字形，几乎占据全部基地，与相邻建筑共同围合出一处小天井。建筑整体两层，弧形街角部分为三层，成为外立面视觉中心。建筑一层用作商店与办公室，楼上为居住空间。按照建筑图纸上所示的功能划分，楼上空间可以容纳店主家庭以及店员共同生活。与里院的结构相比，轻质的露柱墙结构使平面划分更加细致复杂，与具体的功能需求更加贴合。与之前两个案例相比，这栋建筑的立面采用简约的现代主义风格。两条连续的挑檐将立面纵向划分为三段，立面中段由整齐的纵向长窗序列填充，一层店铺部位的大面积玻璃门面与办公室的三联长窗形成虚实对比，上段女儿墙为大面积实墙，为建筑立面提供厚重的纵向收尾（图5–30）。

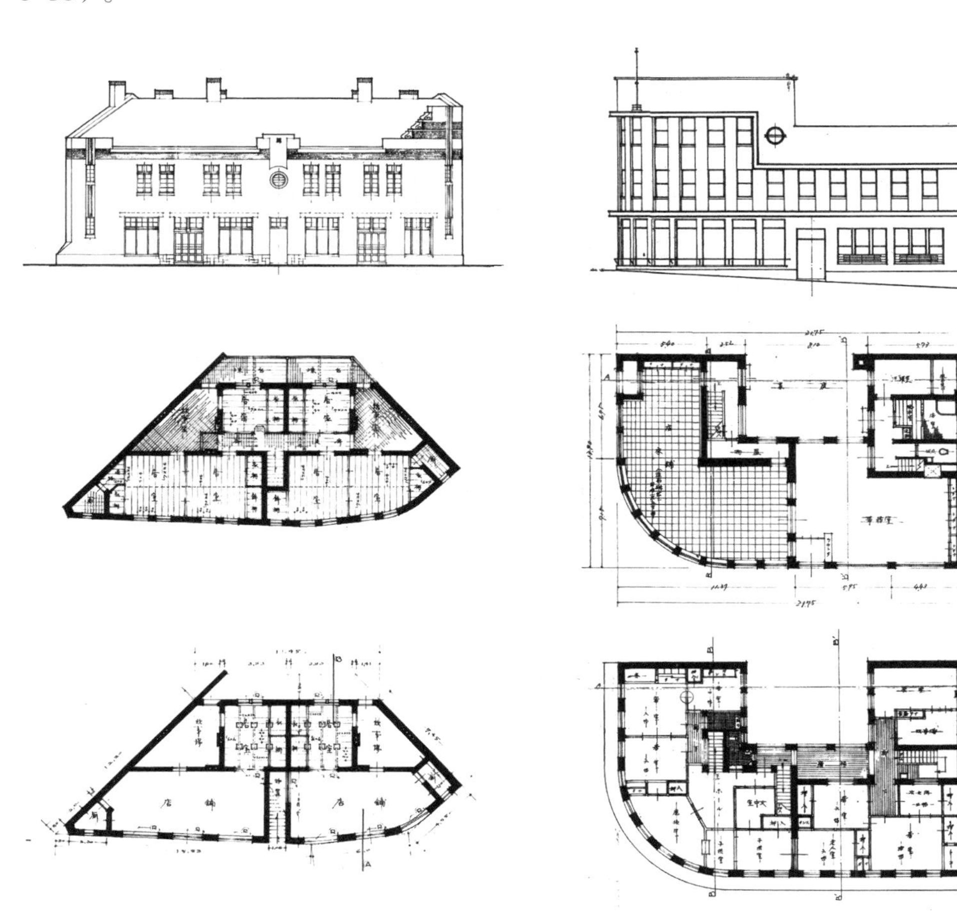

图5–29　辽宁路和式商住建筑设计图

图5–30　市场二路商住建筑设计图

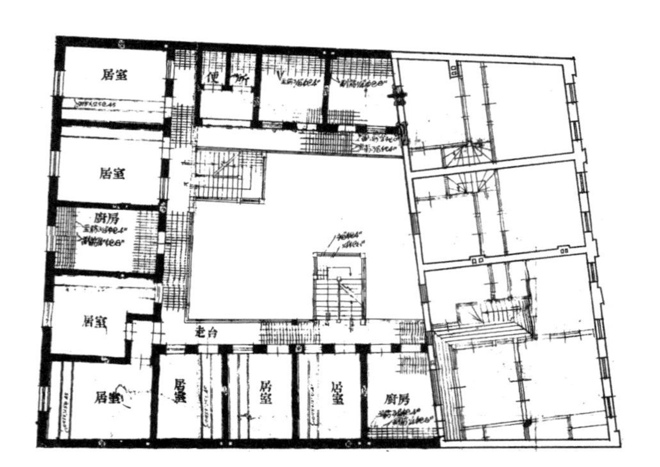

图 5-31 益都路商住建筑加建设计图（李岐鸣设计）

3. 和式商住建筑与里院的结合

青岛回归之后大量日侨撤离，一些华人业主购买了他们的产业，并在空地加建房屋，以提高土地利用率。从李凤梧于 1936 年对益都路一栋楼房的加建，可以看出华人业主对待这些和式商住建筑的态度。

原有的二层楼房沿街建造，并占据整个街面。建筑采用典型和式连排式商住建筑平面格局，由三套使用单元组成。每套单元楼下为商店与厨房，楼上为 2~3 间卧室，采用日式露柱墙与推拉门。加建部分位于背街后院，为三层楼房，采用典型的里院平面布局方式，以外走廊与两家院落中的外楼梯组织交通。加建部分与原有建筑之间没有直接的通道。由于加建，原有建筑背街部分门窗被封闭。就这个改造案例而言，民国时期日式联排商住建筑并没有对里院产生影响（图 5-31）。

五、里院与日式商住建筑的文化符号

可以认为青岛里院建筑形式受到来自卫生、消防等追求自身安全与公共秩序的考量影响，影响的手段主要依靠建筑法规，以及对自来水、下水道等现代生活设施有计划的普及。作为被动接受与适应的一方，大多数华人采取的态度是在满足规范要求的条件下，最大限度地保留原有生活习惯。中德双方的关注点分别聚焦于建筑内外两个部分，由此形成的错位使得里院一方面成为欧洲式街道空间的塑造者，另一方面又成为中国传统院落生活方式的传承者。

从德租时代到民国时期，里院的发展体现出强烈的延续性，除了既有建设模式的路径依赖之外，与城市建设规定的稳定也有相当大的关系。对德租时代倡导的城市形态的认可，使得类似的强制性法规在民国时期得以延续。里院平面格局的包容性、可扩展性和功能适应性也使它成为一种稳定的建筑类型，使它通过简单的改扩建就能适应不同的功能需求。

和式商住建筑所采用的以露柱墙和拉门为特色的室内布置方式，展现出对日本民族文化与传统的坚持。这些要素决定了和式商住建筑的设计重点位于建筑内部，尽管和式建筑也会围合出院落，但就其形象和功能而言，这些院落在建筑中处于次要地位，与里院中的庭院完全不具有可比性。

和式商住建筑与里院在城市肌理中扮演了类似的角色。建筑法规的限制、可类比的功能要求与社会经济条件，是造成这种相似性的重要影响因素。但二者的立面有着较为显著的差异。受过专业训练的日本建筑师广泛参与了和式商住建筑的设计工作。早期的日式商住建筑的立面构图，对外围地区的里院形成一定影响。而在以大鲍岛为代表的华人商业区，这种带有明显风格与文化倾向的立面构图遭到抵制。按照建筑法规与建筑管理部门的要求，许多建筑的街角被改为圆角，设计师借此机会，在街角设置山墙与挑空阳台，使街角成为立面构图的重点。在这一点上，里院与和式商住建筑具有相似的特征。

里院与和式商住建筑的平面格局，代表了两种不同层次的居住水平。里院提供的居住空间以独立的房间为单位，厨房与厕所为公用；和式商住建筑提供的大多为带有独立卫生间与厨房的套间。不同的物质环境基础导致了民国时期生活在青岛的这两个主要居民群体在生活水平、习惯以及卫生条件等方面的差别。

太平湾畔的花园住宅，1934 年左右。图片来源：巴伐利亚国立图书馆，Ana 517

第六章　花园范式

德国租借地时代，花园住宅作为社会中上阶层的居住单元，被引入青岛。在接下来的二三十年时间里，这种住宅形式得到中国人和日本人的接受和普遍认同，获得快速繁衍的土壤。民国时期，青岛建成大量花园住宅，并形成许多环境优美的社区，成为“红瓦绿树，碧海蓝天”城市风貌的重要组成部分。

中式花园住宅、和式花园住宅和欧式花园住宅，三种类型相对独立的发展演进，以及有限的相互影响，构成民国时代青岛花园住宅发展的主要特征。此外，现代主义建筑也对青岛的花园住宅样式产生了一定影响，对于这一新兴的建筑思潮，三大建筑文化群体都给出不同的回应。

一、租借地时代的花园住宅

青岛租借地时代，多数德国人选择花园住宅作为居住形式，诸如安娜别墅、伯恩尼克住宅、单威廉住宅、克烈纳住宅、格尔皮克与科尼希别墅等数量众多的建筑，都是这一时期花园住宅的代表。作为早期城市空间的重要塑造者，这些分布区域广泛、体量适度、风格多样的花园住宅，对美轮美奂的城市风貌的形成，厥功至伟。1911 年辛亥革命以后，许多前清贵族与遗老涌入青岛，形成大规模的政治避难群体。这些裹携着巨额财富的人群，随后开始在青岛的欧洲人城区为自己建造样式相似的花园住宅。租借地时代晚期出现的爆发式建筑增长现象中，中式花园住宅打破了欧式花园住宅的单一格局，在空间分割、交通组织、建筑装饰等方面丰富了花园住宅的内容与形式。但这些变化，总体上并没有形成对欧式花园住宅的影响，也没有改变青岛建筑文化的主流（图 6–1）。

1. 德国花园的移植

整体而言，青岛的德式花园住宅是对德国本土同时代的历史主义晚期建筑风格的移植。林德认为，德租时代青岛的德式花园住宅并没有受到上海、香港等中国口岸城市建筑样式的影响。除了带有少量“本地化”的建筑符号，这种建筑类型在演变过程中，始终与德国本土同类型的建筑发展保持一致。[109]

1905 年以前建成的德式花园住宅，具有明显的个性化特征。这些住宅采用多样的装饰，具有明显的田园风格。经常采用的建筑元素与构件包括立面木骨架、角楼和凸窗。1905 年至 1914 年间，花园住宅建筑开始倾向于更加简洁的形体处理和立面装饰。许多住宅通过孟莎屋顶（四坡两折屋顶）以及屋顶样式的变化增加建筑的美感。[110] 除此之外，住宅的顶部还常常用各种样式的山墙和小塔楼进行装饰。这些山墙和小塔楼与纪念性公共建筑的塔楼相呼应，共同塑造出富有韵律的街道天际线和轻松、亲切的城市形象。

德式花园住宅大多采用相似的平面格局，一层大多围绕中厅设置起居室、沙龙、餐厅、厨房、配餐室，二层设置卧室、更衣室和浴室。独立设置的附属用房和佣人房大多位于住宅主体的北侧。这些住宅多在中厅中设置一架宽大的楼梯，连接一层和二层，为在住宅中举行的社交活动提供气派的场景。许多住宅还设有存衣间和小型舞台，以举办规模较

109 参阅林德，1998：248–249。

110 参阅林德，1998：248。

图 6–1　江苏路北段的独立住宅

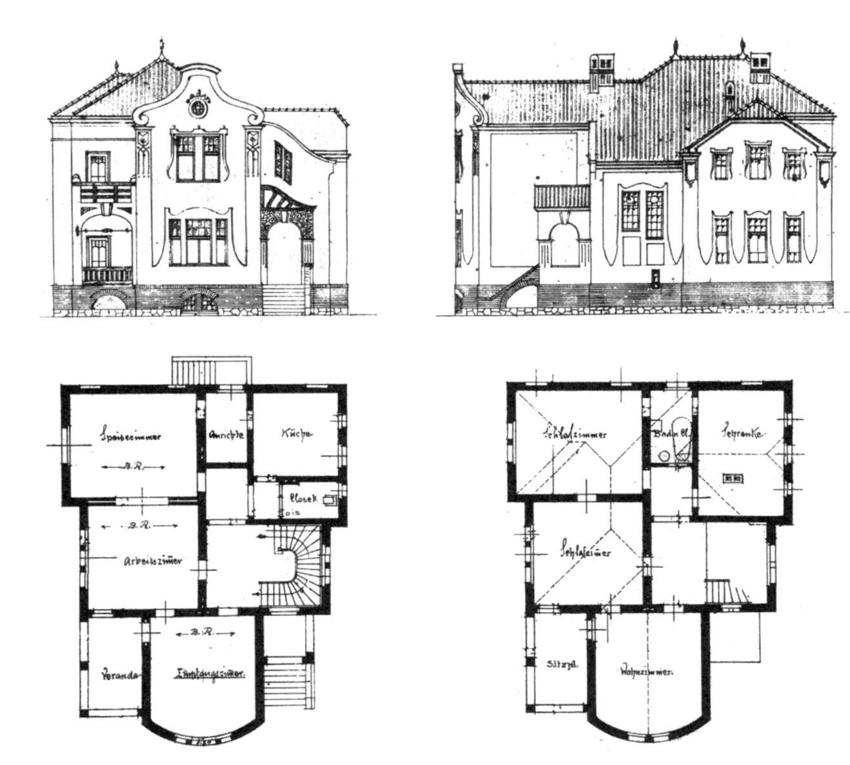

图 6–2　德县路上的贝尔曼住宅设计图

大的家庭聚会。一般情况下，住宅另设一架服务楼梯，连接主要楼层与地下室和阁楼。为适应青岛当地气候，居室大多朝南设置，附属房间则设置在北面。

德式花园住宅尺度较大，建筑面积常在 400~500 平方米，房间大小一般在 25~40 平方米，层高为 3.8 米左右（图 6–2，图 6–3）。

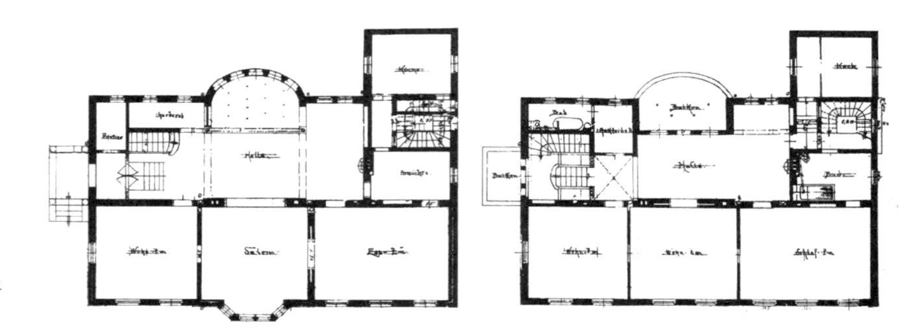

图 6–3 德县路上的艾尔提斯住宅平面图

2. 遗老的嗜好

1911 年 10 月辛亥革命爆发，次年 1 月末清帝逊位，一个绵延近三百年的帝国土崩瓦解。满清政府倒台以后，大量失去官职与地位的前清遗老携带眷属进入青岛避难，并推动了租借地时代青岛城市建设活动的又一次繁荣。这些遗老在欧洲人城区购买了大片土地建设住宅。由于建筑法规禁止这个区域建造传统的中国四合院建筑，这些富有的中国业主不得不寻求一种与欧式花园住宅更为接近的建筑样式。这些住宅大都由中国建筑师设计，中资营建，并努力接近欧式房屋。它们在外观上模仿德式建筑，但平面布局仍然体现出中国传统四合院建筑的特点，华纳将其称为“中式花园住宅”。[111]

余则达和张弢楼两位遗老的住宅，可以算作遗老住宅的典型案例。位于潍县路南端的余则达住宅建于 1912 年，业主曾任胶州知州（图 6–4）。张弢楼曾任江南机器制造局总办，他在曲阜路的住宅建造于 1913 年（图 6–5，图 6–6）。

在布局上，这些住宅一般坐北朝南，在屋前留出较大的花园，建筑与街道的空间关系则并不被看重。[112] 遗老住宅的房间众多，余则达住宅共有主要房间 14 间，张弢楼住宅也有 12 间之多。在平面中，这些房间整齐地排列在一条中央走廊的南北两侧。按照华纳的观点，这种走廊是对传统四合院建筑屋前的敞廊的延续。[113]

在中国北方，上层社会的住宅一般为单层，因此如何设置楼梯，是设计师和业主面临的一大难题。余则达的住宅中，楼梯被安置在房屋北侧的正中央，这种处理方式连同走廊的使用，使建筑看起来更像一座饭店。张弢楼住宅的楼梯布局更加欧式，在入口处设置了气派的主楼梯，又在东北角设有一架服务楼梯。然而，将楼梯安放到如此显著的地方，令人费解。

111 对遗老住宅的描述详见华纳，1996：247–260。

112 参阅华纳，1996：254。

113 参阅华纳，1996：255。

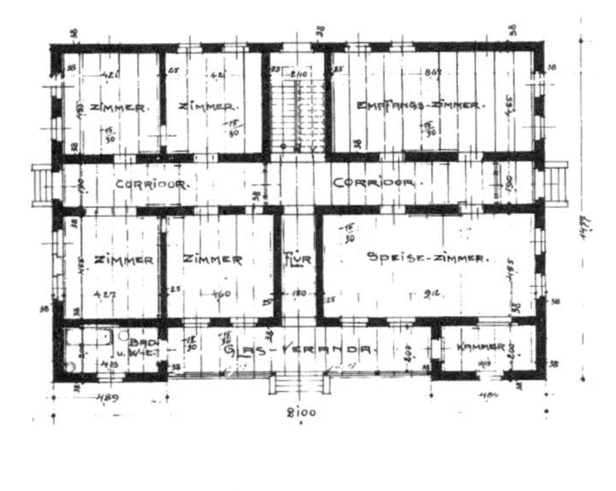

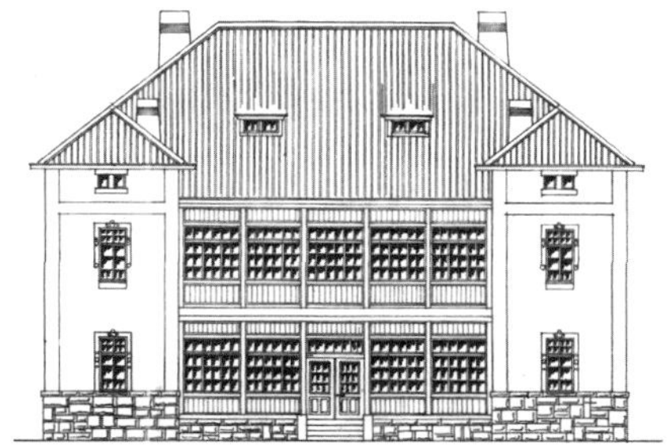

图 6–4　余则达住宅设计图

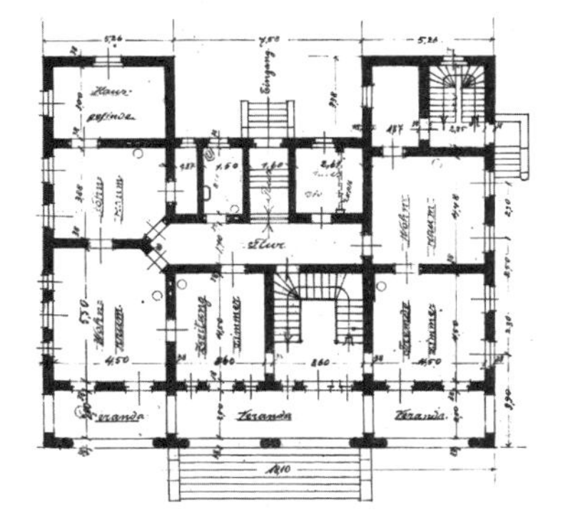

图 6–5　张彂楼住宅设计图

图 6–6　张彂楼住宅

作为一项与德式花园住宅明显不同的处理，遗老住宅的厨房一般在院子中独立设置。这种布局方式，显然来源于传统中式住宅，毕竟中餐烹饪对居住空间的影响，要比西式烹饪大得多。从平面看来，现代意义的浴室在当时已经引入这些遗老住宅，只是在余则达住宅中，浴室被不寻常地安排在一间居室的南侧。

二、中式花园住宅

伴随着城市化规模的不断扩大，大批来自周边地区的地主和商人持续移居青岛，成为推动这座城市民国时期快速发展的重要动力之一。这些移民代表了一种相对传统与保守的文化倾向，他们的住宅也在不同程度上延续了德租时期遗老住宅的特征，这使得中式花园住宅这种建筑形式一时间大行其道。

1. 似曾相识的布局

民国时期，中小地主、商人以及上层知识精英建造的花园住宅，构成中式花园住宅的主体。他们财力有限，对使用面积的需求也不高，因此房屋一般体量较小，而平面布局高度雷同，可以看作是遗老住宅平面格局的简化。德租时代由德国侨民在青岛建设的具有强烈风格特征的住宅样式，对于民国时期的华人普通花园住宅，并没有产生明显的影响。

普通的中式花园住宅大多拥有 6~8 个主要房间，两层平面基本相同，通过笔直的中走廊进行组织。与德式花园住宅相比，中式花园住宅舍弃了宽敞的楼梯间、中厅以及配菜间之类设施，使得平面布局简单紧凑许多。此外，这类住宅的房间尺度也比德式花园住宅略小，一般房间面积为 16 平方米，较大的起居室可以达到 20 平方米左右。楼层净高约为 3.3 米，也小于德式花园住宅（图 6–7，图 6–8）。

许多华人花园住宅将楼梯从北侧的中部移至一侧，与建筑入口结合。采用这种平面的住宅，一般上下两层平面完全相同，并且分别配备厨房和卫生间，使上下两层可以作为两套互不影响的公寓单独使用。根据建筑请照图纸上标注的功能，部分类似平面的住宅将下层作为客厅和餐厅，上层作为居室；但也有案例将上下两层作为两套独立的公寓。这种平面布局保证了使用的灵活性：房屋既可以作为一套住宅居住，也可以作为多套独立的公寓使用[114]。20 世纪 20 年代与 30 年代，集合住宅还没有成为青岛的主导住宅类型。对于那些不堪忍受里院恶劣居住条件的中产阶层，他们凭多年积蓄或可建筑一栋简单的花园住宅。许多业主只居住其中一层，另一层则用以出租，以减轻经济负担（图 6–9，图 6–10）。[115]

114 这种平面格局在一定程度上延续了中国传统院落式住宅的特点：每个院落都可以构成一个完整的功能单元，甚至拥有独立的出入口。通过对院落的组合，可以满足不同规模的空间需求。在富裕的中国大家庭中，各个家庭单元的就餐、起居是各自进行的，只是早晚须向父母请安。从这个意义上说，这种楼层式建筑类型应当被认为是中国传统建筑中院落的翻版，而其灵活的使用方式，也一同被移植到青岛的普通花园住宅中来。

115 1930 年至 1934 年，旅居青岛并在山大任教的梁实秋就曾租住在这样一栋建筑中。梁实秋曾经写到："房主王君乃铁路局职员，以其薄薪多年积蓄成此小筑"。参阅《梁实秋文集——忆青岛》。

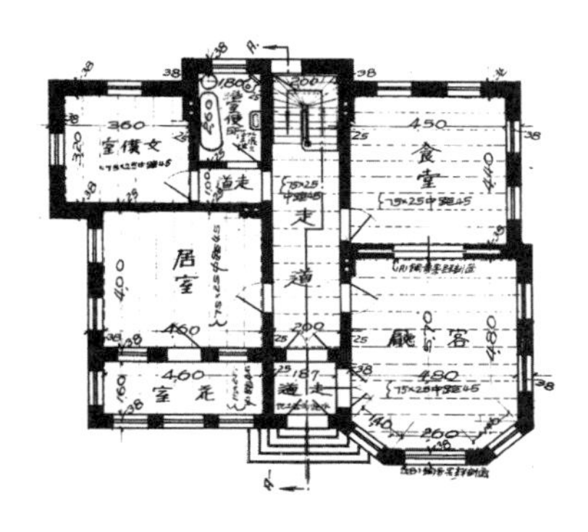

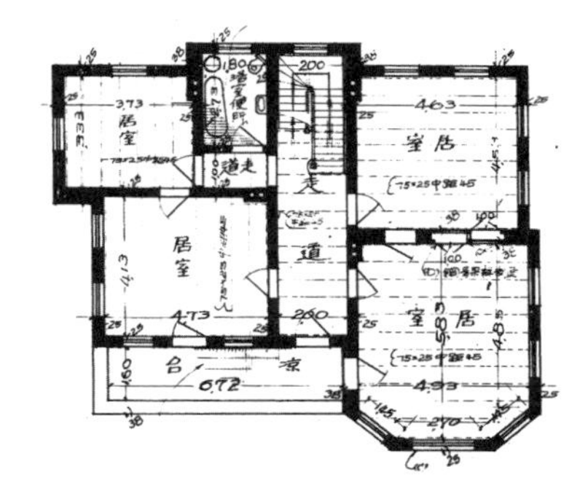

图 6–7　金口一路某花园住宅平面图
（王屏藩设计）

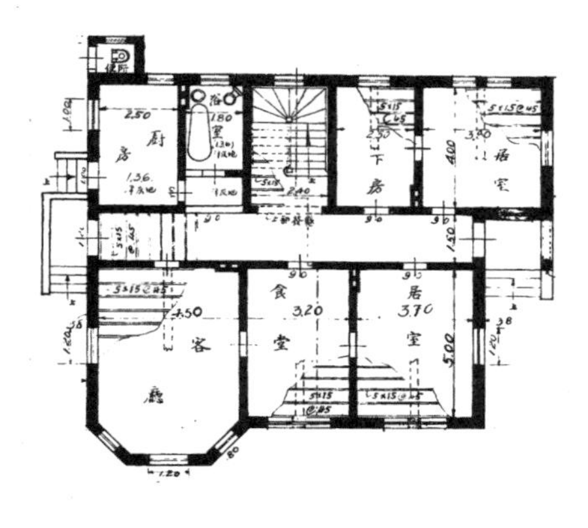

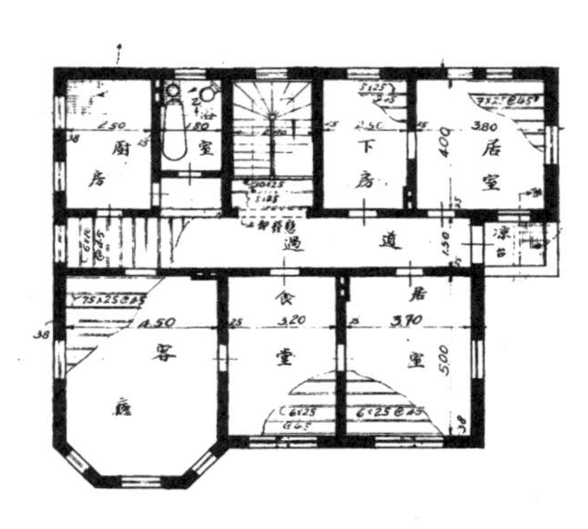

图 6–8　黄台路某花园住宅平面图
（李岐鸣设计）

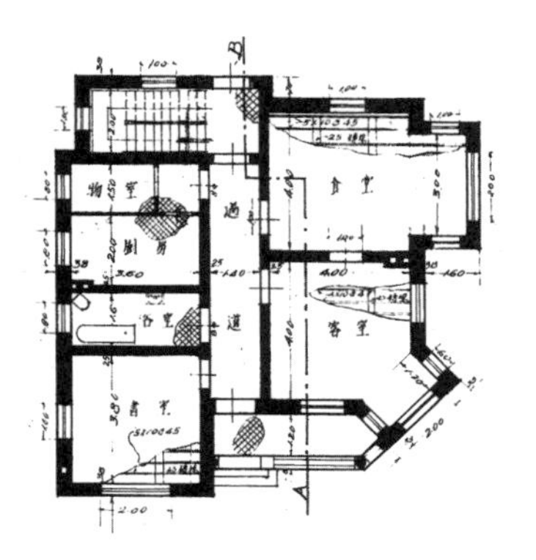

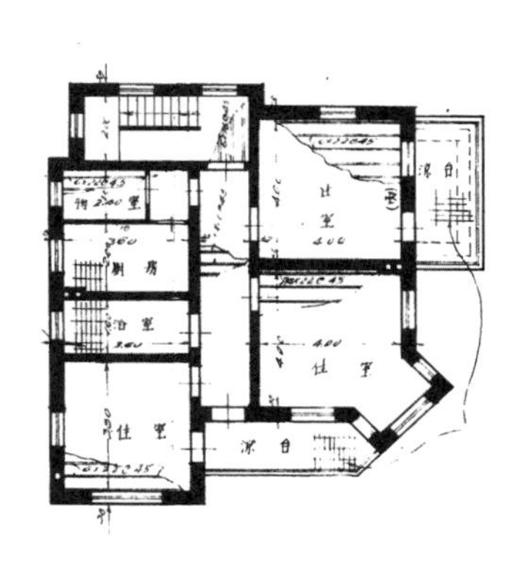

图 6–9　信号山路某花园住宅平面图
（王枚生设计）

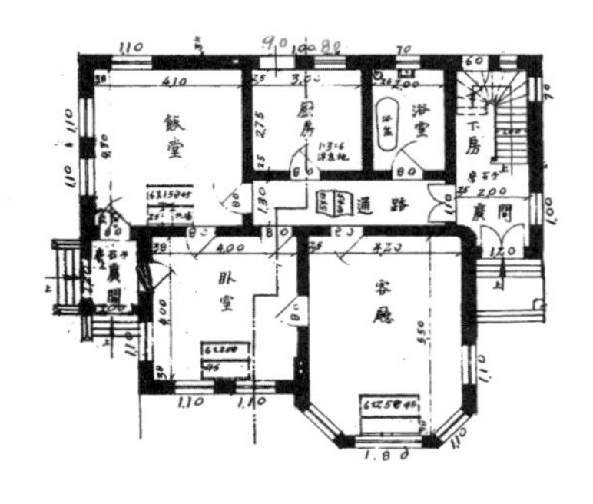

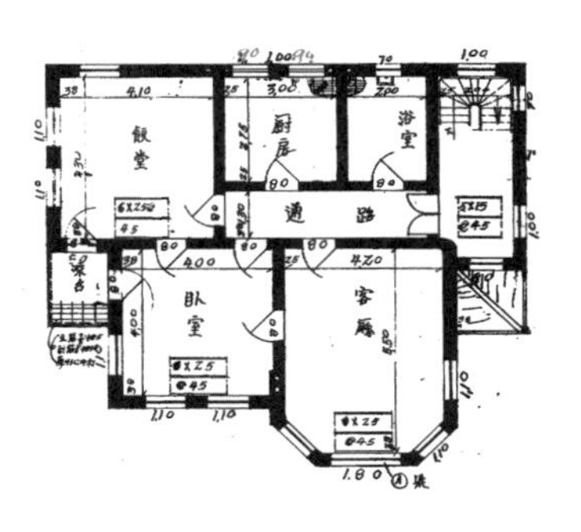

图 6–10　信号山路某花园住宅平面图
（张遇辛设计）

2. 建筑师的含糊表情

民国时期，许多青岛本地的华人建筑师参与中式花园住宅的设计工作，其中主要的设计师包括：栾子瑜、刘铨法、王海澜、王屏藩、王枚生、王云飞、邢国栋、张景文等。这些建筑师的大多数作品，可以看作是根据实际需求，对相对稳定的范式做出的某些适应性修正。在这个大规模的复制过程中，建筑师个人化的风格轨迹并不是十分明显（图6–11）。

栾子瑜是民国时期青岛本地的一位重要设计师，设计了大量的花园住宅。在设计中，他表现出对德式建筑元素的偏爱，例如孟莎屋顶、切角山墙屋顶、木桁架装饰以及角楼等，并以此建立立面构图的秩序。然而由于缺乏对建筑整体协调性的认知以及不够细腻的细节处理，这些建筑符号的应用往往流于形式，最终成为机械堆砌，使建筑形象显得呆板生硬。

与栾子瑜相比，刘铨法的作品显现出更大的灵活与变通。这位工程师出身的建筑师，并不拘泥于已存在的样式，敢于尝试新的建筑元素，

（a）刘铨法

（b）栾子瑜

（c）王海澜

（d）王枚生

（e）姚章桂

（f）刘辰耀

图 6–11 典型中式花园住宅立面设计

如墙面浮雕或更加简洁的建筑语言。刘铨法在设计花园住宅时，表现出一种对应用装饰元素的克制，这使得他的作品带有一定的现代主义色彩。

其他建筑师的作品，则呈现出一种相对简约的外观样式，与华丽的德式花园住宅形成鲜明对比。这些具有实用主义特征的建筑体量一般较为简单、方正，屋顶也没有太多变化，只是通过添加少量具有装饰性的建筑元素，改善建筑枯燥、呆板的外观。

对于华人业主与建筑师来说，精美的德式花园住宅对他们也并非全无影响，例如遗老住宅中通过模仿德式建筑形成的弧形山墙，在许多案例中继续采用。应用最为广泛的建筑元素是凸窗与立柱，[116] 然而令人费解的是，二者均不常见于以田园风格为主的德租时代德式花园住宅中（图6–12，图6–13）。

这些设计师大多是学徒出身，或者仅接受土木工程教育，在缺乏系统的美术训练的情形下，他们对建筑装饰元素的模仿，只能停留在较低层次上。通过对欧式建筑形式的断章取义，形成易于设计和施工的简单的装饰元素，并借由设计师与营造厂进行传播。这个缺乏创造性的简单

116 在之前介绍平面类型的案例中，就有两栋房屋使用凸窗。

图 6–12 一座典型华人花园住宅

图 6–13 金口一路一带花园住宅所形成的富有变化的屋顶景观

流程，对当地普通中式花园住宅产生了广泛的影响。

20 世纪 30 年代，现代主义进入中国建筑师的视野。在此冲击下，许多华人建筑师开始尝试新的设计手法。后面将对此单独叙述。

3. 望族公馆

民国时期，许多周边望族举家移居青岛，并大兴土木建设大型公馆住宅安置家眷。这些住宅的平面格局，更多地继承了德租时期遗老住宅的范式，但规模更大，内容也更丰富。20 世纪 30 年代，在莱阳路和信号山路建成的两座规模庞大的公馆，可以算作是这类住宅的代表。

莱阳路上的李公馆建于 1930 年，业主是即墨人李善堂[117]，建筑师为王屏藩。从李公馆配备的 6 间汽车房，可以看出这个家族的显赫。公馆地上两层，平面方正对称，中央为笔直的走廊，连接两侧房间。走廊南侧设 5 间房间，中央为中厅，与两侧房间前的游廊相连，再经过台阶通向院落，作为住宅的主入口。中厅北侧设有一架气派的双跑楼梯，使住宅更像是一栋公共建筑（图 6–14）。

信号山路上的张公馆建于 1936 年，建筑地上三层，地下一层，业主为祖籍高密的张绍周，设计师为刘铨法。张公馆同样采用中走廊与两侧房间的平面布局形式。尽管建筑平面格局十分保守，但建筑师成功说服业主接受简洁而富有现代感的立面样式（图 6–15）。

117 资料显示，李式家族早在 1930 年前就已经移居青岛。李家的公子李涵清，于 1928 年参与创办了青岛红十字会，并担任第一任会长。

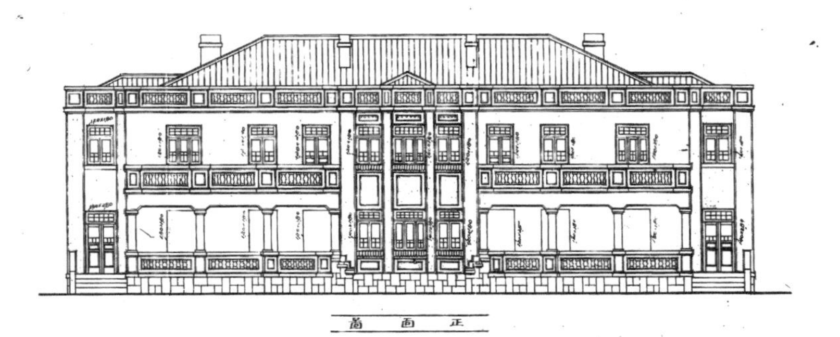

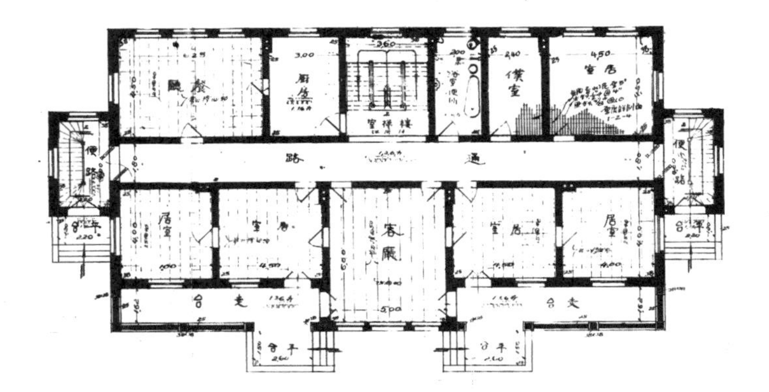

图 6-14　李善堂公馆设计图

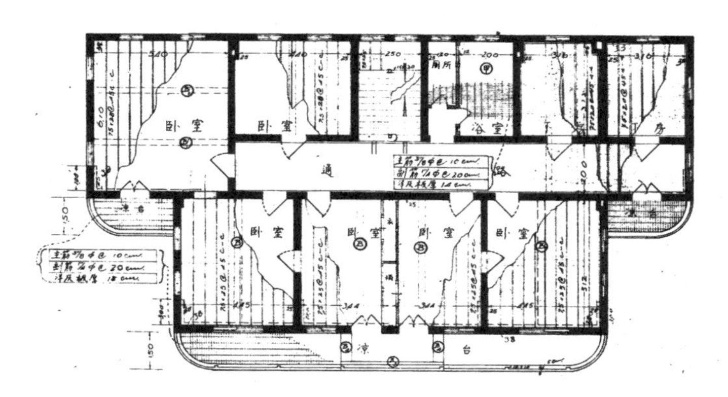

图 6-15　张绍周公馆设计图

两座公馆的房间布局方式、楼梯位置以及中间横向的长走廊，很容易让人联想起余则达的住宅。不同的是，厨房被搬进建筑内部。李公馆的厨房位于楼梯间与餐室之间，而张公馆的厨房则安置到地下室。

4. 摆脱束缚的努力

尽管低水平的复制构成民国时期青岛中式花园住宅建设活动的主体部分，但仍然有许多业主和本土设计师试图摆脱这种既有模式的束缚。然而，在这个过程中，推动者的动机和途径各不相同。

1935 年，青岛工务局局长邢契莘在信号山路为自己建造了一栋花园住宅，设计师为邢国栋。建筑地上两层，一层平面呈现出一种对中式与欧式花园住宅设计的折衷：同许多中式花园住宅一样，住宅的楼梯间置于东侧，并与主入口相结合。但常见的中走廊改为中央的小方厅，使得西侧的客厅和餐厅可以通过双扇拉门直接联通，并与阳台形成空间序列。按照图纸，客厅中还设计了一处壁炉。住宅的外观与一般中式花园住宅差别不大，唯屋顶变化较为丰富。业主邢契莘在美国留学多年，其在国外生活的经历应当是这座住宅更加接近欧式花园住宅的主要原因（图 6–16）。

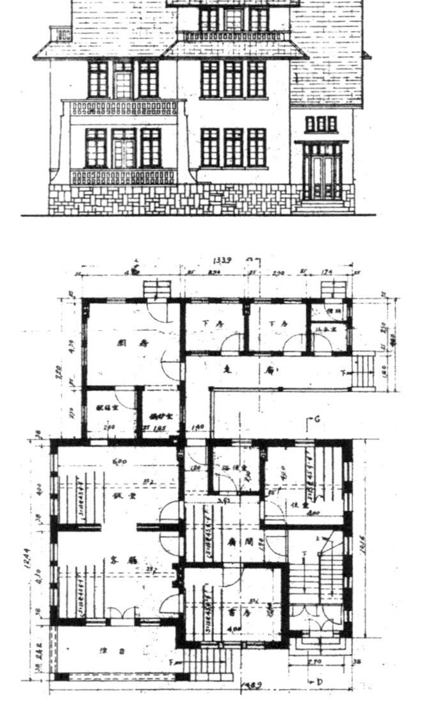

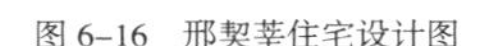

图 6–16　邢契莘住宅设计图

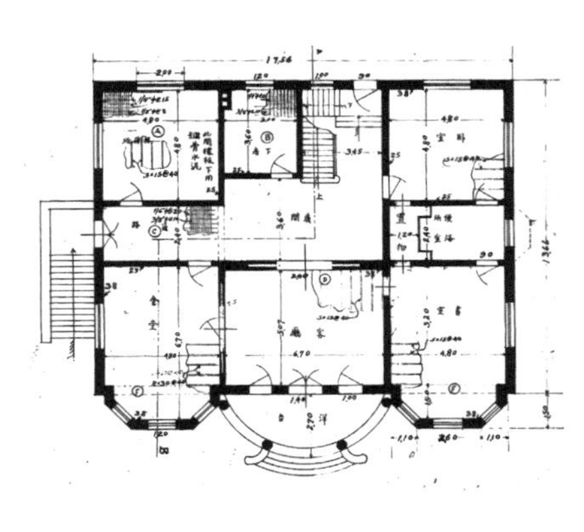

图 6–17　王荷卿住宅设计图

在王荷卿住宅的设计中，建筑师王锡波表现出一种对欧式建筑更加深刻的理解。建成于 1932 年的住宅位于金口一路，地上两层，局部设地下室。建筑师采用对称的平面与立面布局方式，其平面格局、房间大小和层高都与德租时期的德式花园住宅非常相似。设计师在正立面中央设置带有罗马式立柱的半圆形阳台，周边及侧立面对凸窗、花岗岩小方石砌成的镂空露台围栏等设计元素进行巧妙的重复，再通过一系列造型各异的阁楼窗丰富屋顶样式，在方正的体量上创造出一系列变化，使建筑显得典雅而不失亲切（图 6–17）。

三、和式花园住宅

民国时期，青岛的日侨同样建造了许多花园住宅。这些住宅与德租时代的遗老住宅和德式花园住宅较为相似，但具有自身特征。20 世纪 20 年代中期，日侨的建设活动大多集中在新町东侧的热河路和信阳路一带。1929 年起，随着黄台路沿线的土地开始放租，这条街道的两侧建成许多特色鲜明的和式花园住宅。黄台路位于日侨聚居区小鲍岛东侧、贮水山南麓，虽然远离南部海滨，但位居半山腰，向得正南，环境优美，且与小鲍岛商业区、馆陶路金融街以及大港近在咫尺，而日本神社就在街后的贮水山上，因此为许多日本中上层侨民所青睐。除了众多商界人士之外，日本留居民团与胶济铁路局的许多中层职员，以及日本建筑师筑紫庄作和小山良树也都住在这条街上。从某种角度来讲，这条街道上的建筑，可以被认为是民国时期青岛和式花园住宅发展状况与特征的高度浓缩与概括。

1. 榻榻米拼接的平面图

青岛和式花园住宅最主要的特征包括：以榻榻米为居室地面铺装和基本尺度单元，以露柱墙为空间隔断。和室的面积是用榻榻米为模数来计算，一块称为一叠。当时青岛和式花园住宅的居室面积一般为六叠（9.72 平方米）至八叠（12.96 平方米），只有少量较大的房间为十叠（16.2 平方米）。和式住宅的层高较矮，一般在 2.8 ~ 3 米之间。

旅居青岛的日侨与早期的华人移民的家庭结构有着明显的差异。一般而言，居住在青岛的日侨多为夫妻二人加上子女，很少有人将父母兄弟接来同住。这与同时期庞大的华人大家庭形成鲜明对比。

基于较少的空间数量需求与较小的空间尺度，和式花园住宅的体量一般较小，平房成为一种常见的和式花园住宅样式。一家人使用的两层住宅，也常常通过形体变化减少二层面积。为了不使建筑显得过于单薄，许多和式花园住宅采用双拼的方式，两套公寓叠加而成的花园住宅也很常见。

与中式花园住宅相比，和式花园住宅的平面格局要灵活许多。在这些花园住宅中，“中走廊式”格局占大多数。它们在房屋中间设置走廊，将主要的起居空间置于走廊南侧，而北边则主要是厨房、浴室、卫生间等辅助空间。“中走廊式”平面格局与中式住宅较为类似，但走廊宽度和方向变化较为丰富，由此显得更加亲切一些。在明治末期，也就是 20 世纪最初的几年，“中走廊式”住宅已经在日本本土广为使用。[118] 巧合的是，与之类似的“遗老式”平面布局，在青岛几乎同时出现了。

与中式花园住宅相比，和式花园住宅非常注重入口和门厅的设计。对于由两套公寓叠加而成的花园住宅，二层的公寓会在一层设置独立入口，并且入口直接朝向街道。按照日本人的习惯，进入门厅以后应当脱鞋，所以从客厅并不能直接进入房间，而作为进出途径的玄关，则成为必不可少的要素。和式住宅中的浴室和厕所往往分别设置。在设计图纸中，和式花园住宅浴室与厕所的设计标准和精细程度，都远超中式花园住宅。

与日本本土的住宅格局相同，青岛的和式住宅也体现出东、西方生活的折衷。露柱墙和推拉门是和式传统建筑的核心元素，应用于和式花园住宅的普通居间；而砌体结构的墙体则仅用作建筑外墙和辅助用房的墙体。许多住宅在入口处设置一间西式的客厅，作为接待客人和表现礼仪的房间。[119] 个别情况下，建筑师和业主在不同的楼层分别按照和式与西式空间格局进行布置，以满足不同生活方式的需求（图 6-18）。

2. 日本建筑师的个性

在外观样式上，民国时期绝大多数的和式花园住宅延续了德式建筑的田园气息。这一时期，长冈平藏、三井幸次郎、小山良树和筑紫庄作是参与花园住宅设计的几位主要日本建筑师。与中式花园住宅不同，他们的作品体现出鲜明的喜好与个性特征。

118 参阅藤森照信，2010：252。

119 这种设计方法，与当时日本本土的住宅发展特征保持了一致。参阅藤森照信，2010：252。

图 6–18　日式花园住宅设计图，（a）（b）建筑师不详，（c）建筑师为长冈平藏

日本建筑师三井幸次郎设计的和式花园住宅，乐于反复应用同一母题，在建筑造型中既可以看到赖特草原风格的特征，也可以看到现代主义的影响。坡度较低的屋顶和在地面伸展的建筑体量强调水平线条，朴素的立面放弃传统的装饰手法，通过窗户尺寸、比例和形状的变换，以及引入凸出建筑体量的砖砌烟囱作为纵向构图元素，使立面变得生动（图 6–19）。

小山良树出生于 1896 年，1916 年参与武定路日本第一寻常小学校

图 6–19　日式花园住宅，建筑师：三井幸次郎

图 6–20　日式花园住宅，建筑师：小山良树

的设计。根据推测，小山可能在完成建筑教育之后便来到青岛。小山良树设计的和式住宅立面比较自由，并在一定程度上延续了德式花园住宅的风格。高耸的屋顶经常被设计成非对称样式，单侧形成大面积的屋顶坡面。在许多实践中，小山通过在一层添加小屋顶，与主屋顶形成生动的呼应。在立面设计上，建筑师乐于采用田园风格的装饰元素，如半仿木结构、入口和檐口等位置细腻的装饰纹样，形成良好的美术效果，使建筑富有雕塑感并亲切怡人（图 6–20）。

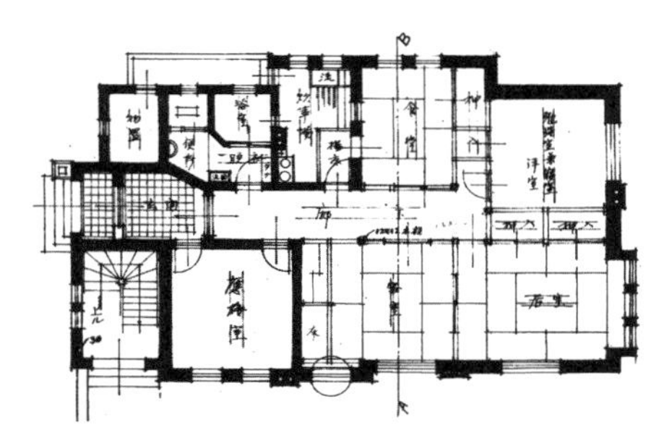

图 6–21 日式花园住宅，建筑师：筑紫庄作

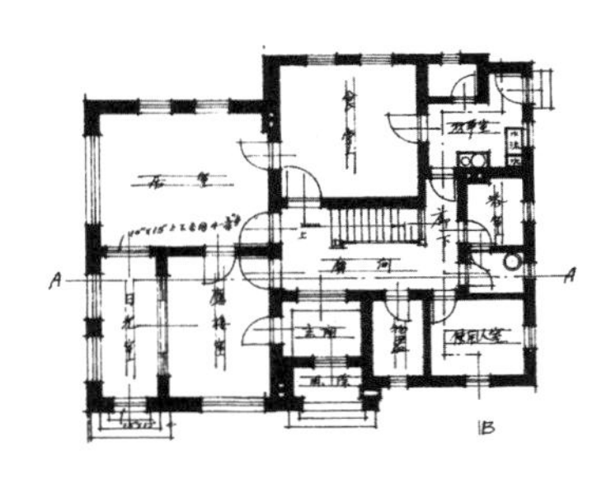
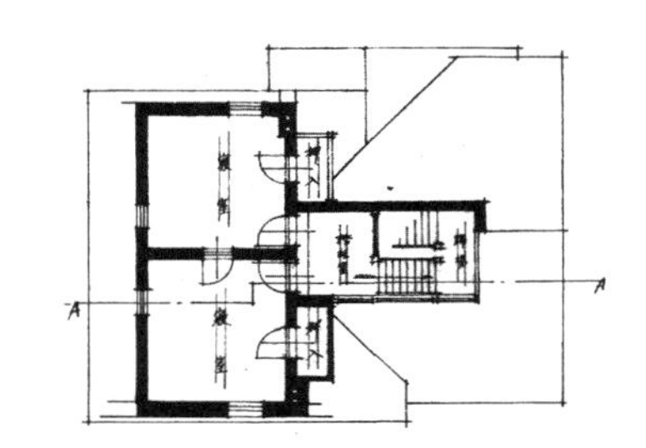

图 6–22 日式花园住宅，建筑师：筑紫庄作

出生于 1895 年的筑紫庄作与小山良树同属一代建筑师。筑紫庄作大约在 1932 年来到青岛，在此地完成的作品大多采用经典和式花园住宅平面，立面以简约的传统样式和现代主义样式为主。在许多设计中，建筑师采用平缓的单坡屋顶样式，并用女儿墙加以遮挡，做成假平顶，使建筑具有一种现代色彩。筑紫庄作设计的其他住宅，则采用当时普遍的坡屋顶。这些住宅的立面大都非常朴素，几乎不进行装饰（图 6–21）。筑紫庄作于 1933 年设计的位于韶关路的住宅，采用较为纯正的英国田园式乡村别墅风格，与其他设计作品形成较大反差（图 6–22）。

3. 一种非典型的文化回应

虽然选择范围非常有限，但日本或中国的业主很少会委托另外一国的建筑师为自己设计花园住宅。尽管其数量不多，但这类案例在过程中形成的文化特征非常值得关注。

1930 年，山东商人陈湘南在金口一路建设一栋二层公寓式花园住宅，设计者为日籍设计师小山良树。在这个为华人业主所做的方案中，小山采用较为普通的日式平面布局，但根据中国人的生活习惯，房间铺

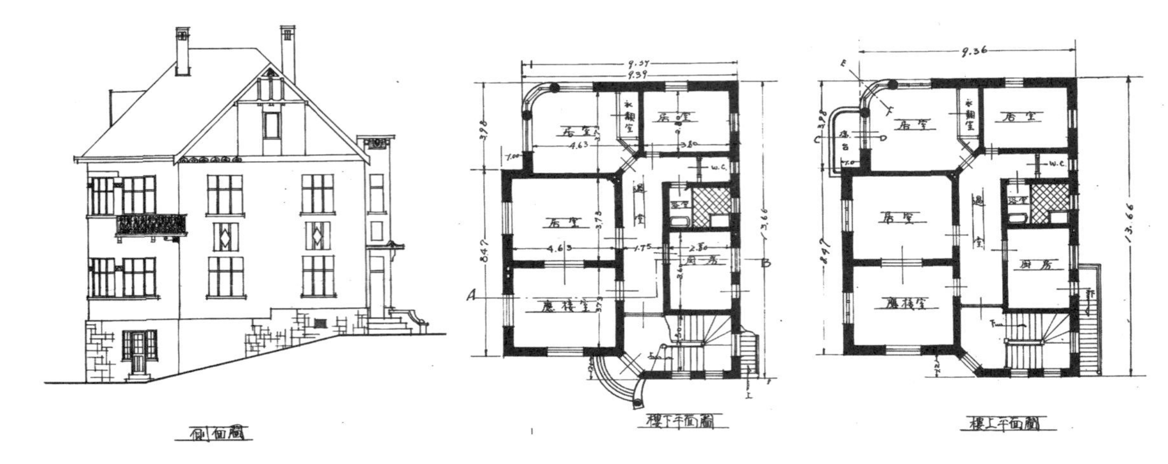

图 6-23　陈湘南住宅设计图

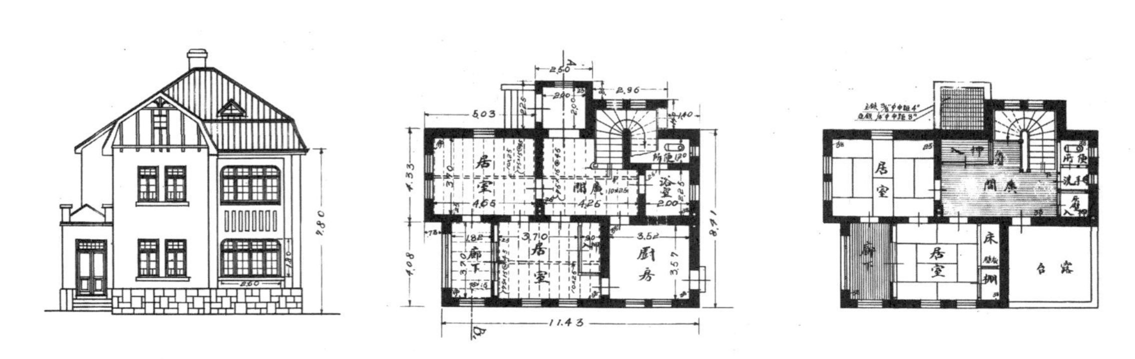

图 6-24　中国建筑师为日本业主设计的某花园住宅

地并未采用叠席，居住空间之间也未采用露柱墙与拉门，而是采用普通的砌体墙壁。一如小山其他的作品，建筑的立面处理得细腻而富有美感。然而能够清楚感觉到，他在立面设计时尽量避免使用当时在青岛已经形成某种范式的日式建筑语汇，尽管业主应当与青岛的日本社会有着密切的联系。这栋建筑的施工方是三浦商会，而请照人为日本人三河一二，由此判断陈湘南很可能是在日本公司任职的华人。陈湘南住宅立面装饰元素的选择一定程度上反映了业主通过建筑外观建立文化与身份认同的意愿（图 6-23）。

也有日本业主委托中国建筑师进行设计的案例，黄台路上就有华人建筑师栾子瑜为日本业主设计的一些住宅。从外观和平面布局而言，这些住宅可以被认为是中式花园住宅的翻版，只有用叠席数量决定房间大小以及壁橱，体现出和式住宅的特征（图 6-24）。

四、欧式花园

随着民国时期青岛经济的发展以及国际化水平的提高，许多富裕的外国侨民，以及具有西方背景的上层华人移居青岛。他们大多聘请青岛本地的欧洲建筑师以及来自上海和天津的、具有西方教育背景的华人建筑师，为自己设计相对纯正的欧洲风格住宅。由于业主和设计师的文化背景各异，这些欧式花园住宅的平面格局没有一定形制，立面创作也非常自由和多样，与中式、和式花园住宅形成鲜明的对比。从某种程度上说，这一时期欧式花园住宅的建设活动，再现了德租时代花园住宅建设的繁荣景象。除了采用历史风格的欧式花园住宅之外，还出现许多受到现代主义影响的作品，这部分建筑将在后文中单独讨论。

1. 欧洲建筑师的设计

民国时期，旅居青岛、来自欧洲与美国的业主大多将自己的住宅委托给欧洲建筑师设计。这些住宅不但具有丰富多彩的面貌和较高的艺术价值，同时也体现出业主和设计师多样的文化背景、生活需求和个人喜好。

通过 1928 年落成的金口一路住宅，德国业主贝尔茨（Pälz）展现出对德国传统乡村住宅的坚持（图 6–25）。贝尔茨住宅主体两层，设有地下室，上覆四坡屋顶。建筑立面中轴对称，一层正前方凸出一处半圆形露台，由 6 根古典柱式支撑，使方正、简约的建筑不失典雅。在平

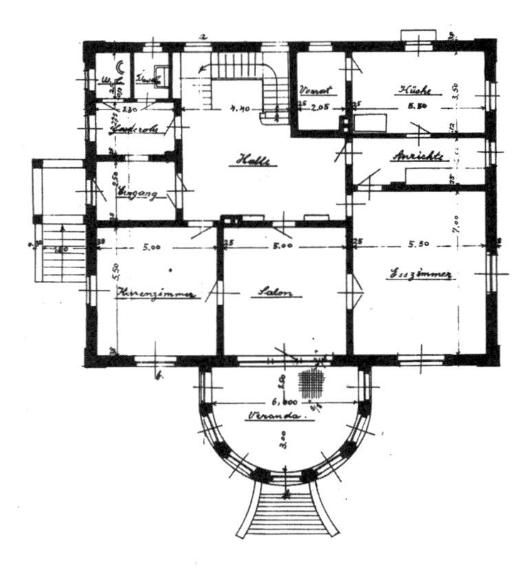

图 6–25　贝尔茨住宅设计图

面格局和空间尺度上，该建筑与德租时期的德式花园住宅并没有显著区别。宽敞的中厅与餐厅、备餐间和衣帽间的设置，符合上层德国人的生活与社交需求。

1935 年，在上海开设事务所的丹麦建筑师科瑞特（A. Corrit），将西班牙风格应用到正阳关路的波普住宅上（图 6-26）。住宅主体一层，设有半地下室，上覆缓坡屋顶。建筑的平面布局中，各种尺度和功能的房间相互镶嵌，空间自由流畅，建筑形体沿水平方向伸展，变化丰富。建筑立面基座采用花岗岩，主体部分为粉刷墙面，局部采用西班牙风格的装饰元素。在当时的上海，这种风格非常流行。

在参与民国时期青岛花园住宅设计的欧洲建筑师中，最值得一提的是两名俄国设计师：拉夫林且夫（Lawieuff）和尤力甫。关于拉夫林且夫的生卒年、教育背景和到达青岛的时间等信息，目前缺乏完整资料。从其作品较高的艺术品质推断，拉夫林且夫应当接受过系统的建筑教育。

拉夫林且夫对于优雅的古典样式有着极好的把握与控制力，他在 1933 年为俄侨约翰·高尔斯登（John Goldstein）设计的位于山海关路的

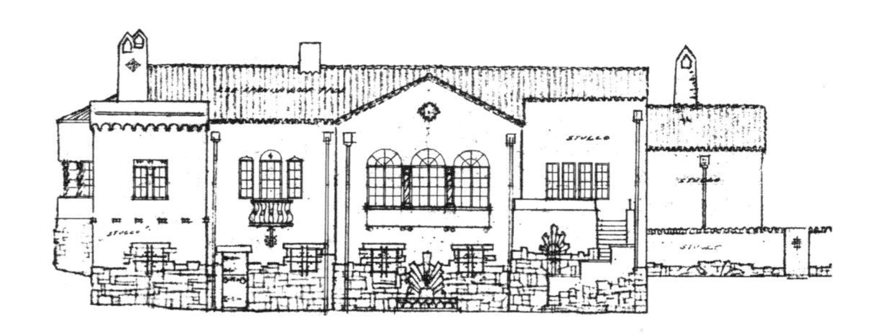

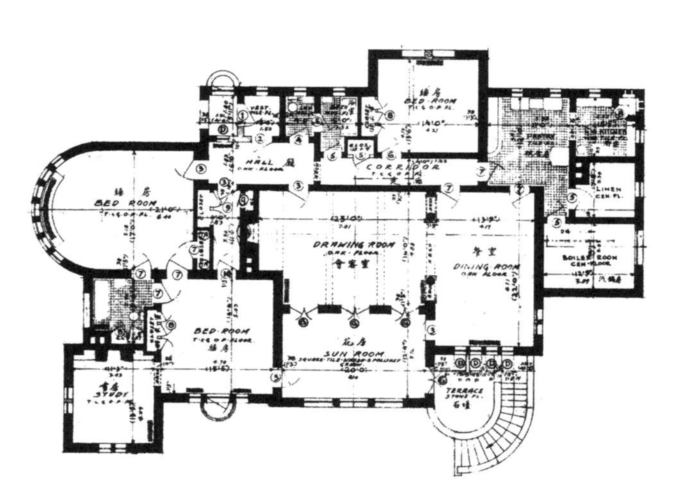

图 6-26　波普住宅设计图

花园住宅便是例证（图 6–27）。建筑主立面采用古典主义风格，两侧贯穿两层的爱奥尼壁柱撑起宽大的檐部，为立面提供了清晰的构图框架。作为立面基本元素，壁柱与檐部以减半的尺度，在建筑入口上方和侧面得到重现，形成高低变化的构图。入口处、二层阳台和屋顶露台采用相同样式的栏杆，强化重现效果。建筑中高大宽敞的房间与精美的壁炉等设施，可以与青岛的德式花园住宅相媲美。但在平面格局和流线组织上，二者却又存在着明显的差异。

拉夫林且夫的设计手法与风格并不限于古典主义。1932 年他为俄侨艾仁伯设计的荣城路住宅，明显受到新艺术运动的影响（图 6–28）。艾仁伯住宅主体一层，高耸的孟莎屋顶提供了可以高效利用的阁楼空间。建筑师在立面开窗、窗棂以及檐口木饰采用斜交线条作为装饰母题，赋予立面动感和张力，并将这一设计母题扩展到建筑的围墙、车库等外部环境设施以及内部装潢，使其与住宅本身成为统一的整体。

与拉夫林且夫相比，俄国建筑师尤力甫更加倾向于一种带有田园气息的乡村别墅风格。1934 年，尤力甫为俄国教师伊瓦洛瓦夫妇在嘉峪关路设计了一座英国乡村风格的住宅（图 6–29）。该住宅体量较小，

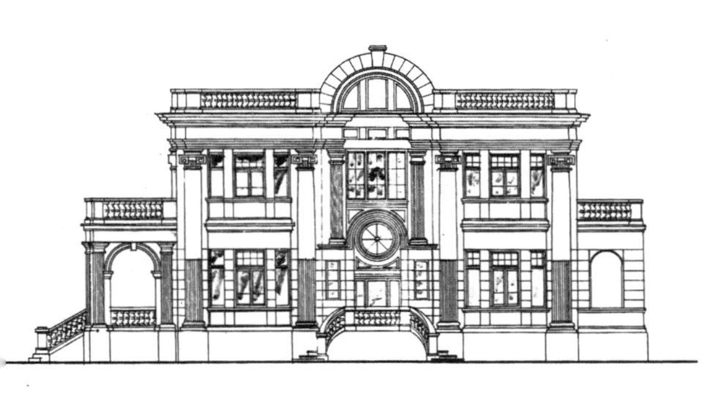

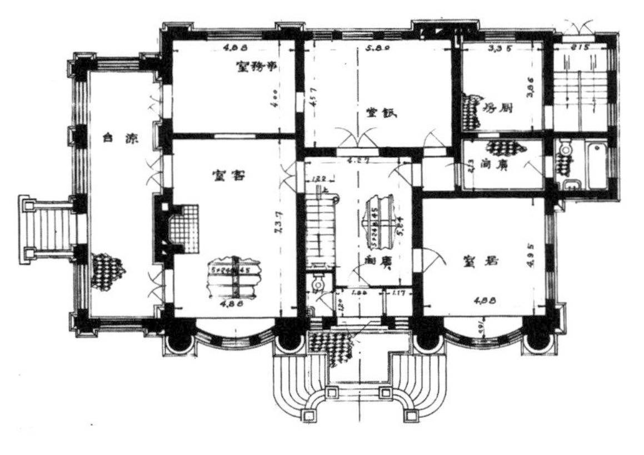

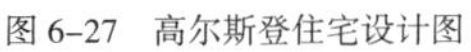
图 6–27　高尔斯登住宅设计图

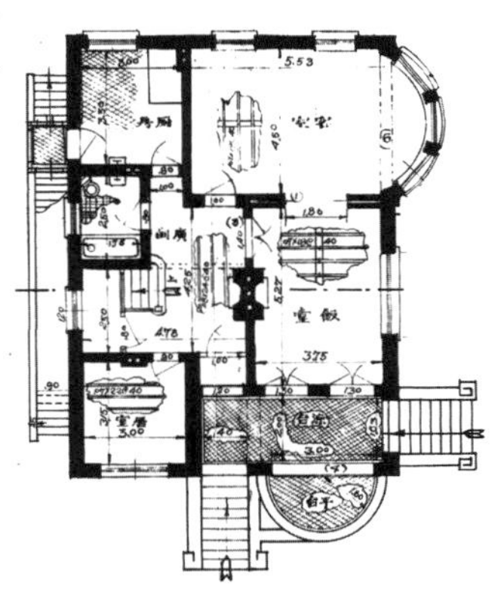

图 6–28　艾仁伯住宅设计图

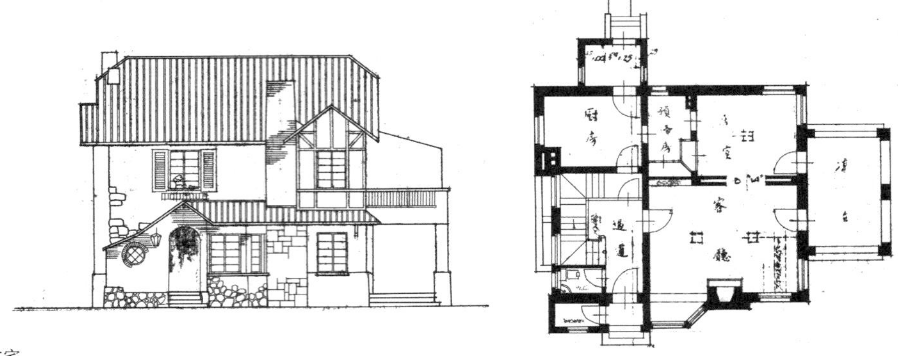

图 6–29　伊瓦洛瓦住宅

平面布局紧凑，立面构图综合利用屋顶造型的变化、半仿木结构、粉刷与清水砖檣的对比，以及天然石材的点缀，尤其是主立面左下角砖制入口与右上角半仿木山墙以及二者屋顶折线的呼应，形成生动的艺术效果。

民国时期，还有许多其他欧洲建筑师在青岛执业，其中包括德国建筑师毕娄哈，以及法国建筑师白纳德。毕娄哈的花园住宅设计作品，大多表现出现代建筑的简约倾向，而白纳德的设计作品则具有欧式乡村住宅的特征。后者主要体现在对欧式住宅平面与孟莎屋顶、切角屋顶和凸窗等青岛本地德式建筑外观特征的组合上。就艺术品质而言，毕娄哈和白纳德的住宅设计作品，与前面讨论的两位俄国建筑师存在着较大差距。

2. 中国建筑师的设计

民国时期，青岛出现许多华人业主委托华人建筑师设计的欧式花园住宅。这些具有较高设计品质的作品说明，业主的经济状况和文化认知，以及建筑师的设计能力，都达到了相当高的水平。

1935 年，金城银行在韶关路建成一栋英国乡村别墅风格的双拼花园住宅，作为银行经理住宅（图 6–30）。建筑的后侧紧贴用地边界，在屋前留出较大的花园。平行于街道的主立面采用对称样式，大面积陡峭的屋顶和鲜艳的红色半仿木结构在花岗岩点缀的拉毛粉刷墙面映衬下，给人留下深刻印象。从平面格局来看，住宅采用纵向走廊布局，与同时代英国典型的独立住宅十分相似。尽管住宅设计图纸和请照单上的工程师署名为徐垚，但有理由相信，这座建筑真正的设计师应当是中国银行建筑课课长陆谦受。[120]

120 这种判断主要基于以下四方面考虑：一是陆谦受早年留学英国，因此非常熟悉英国乡村别墅风格；二是陆谦受与金城银行关系密切，1935 年建设完成的青岛金城银行大楼的设计方案便出自陆谦受之手；三是陆谦受与徐垚因项目合作而熟识，陆谦受设计的金城银行及大学路上的广厦堂青岛中国银行行员宿舍，均由徐垚担任监工技师；四是从徐垚设计的河南路银行工会大楼及齐东路上两栋独立住宅的设计特点判断，他并没有接受过系统的建筑学教育，金城银行经理住宅设计方案明显超出其设计能力。

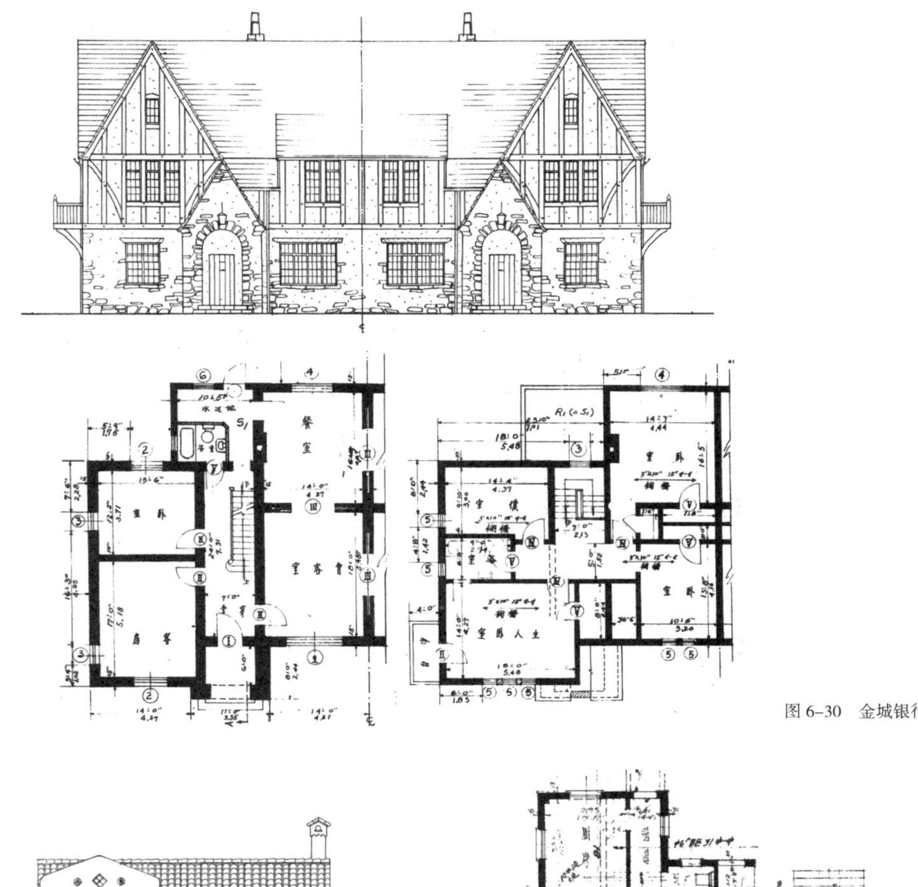

图 6–30　金城银行经理住宅设计图

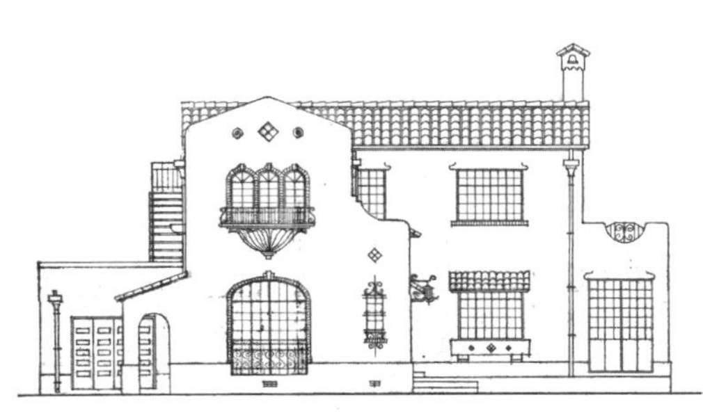

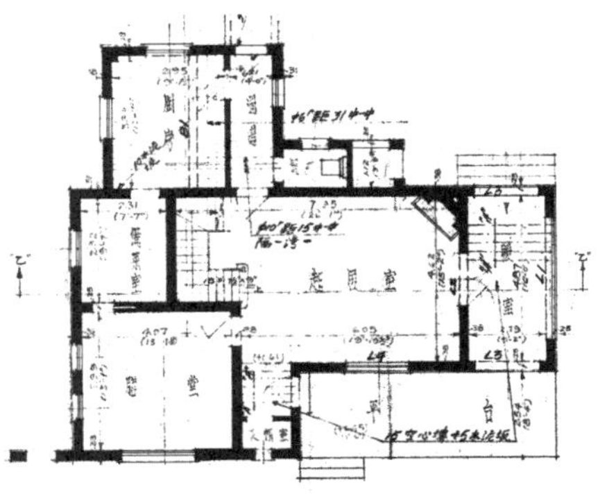

图 6–31　陆延撰住宅设计图

1936 年在函谷关路落成的陆延撰住宅，显示出时任交通银行济南分行经理的业主良好的品位，以及马腾事务所建筑师苏夏轩的高超设计水平（图 6–31）。这栋西班牙乡村别墅风格的住宅，完全摆脱了当时青岛一般中式花园洋房的形制。住宅的楼梯间与宽大的起居室合并设置，并配置壁炉和配餐间，突显建筑的气派。平缓的屋顶和柔和动人的曲线，赋予建筑一种别样的南欧风情。主入口处轮廓优美的山墙、大面积的石墙与细致的窗楣面砖、铁艺阳台栏杆以及阳台基座精美的雕花，通过强烈的对比形成良好的艺术感，成为整栋建筑的视觉重点。

3. 大门与围墙

花园住宅与道路之间，往往留有较大空间。这样，限定私人区域边界的围墙和大门，就成为面向公共空间的界面。自德租时代开始，青岛的建设管理部门便对围墙和大门的设计有着严格要求。无论是德式花园住宅还是遗老别墅，均须在图纸中对围墙的立面样式做出说明。民国时期，这种传统得到继承。

最为简约的花园住宅围墙，一般采用石材基座，在墙垛之间填充带有简单装饰纹样的墙壁，墙跺和墙壁皆有纵向收尾，形成基本的三段式划分。与这种围墙相对应的大门一般由方石砌成门垛，中间配以铁艺或木质大门，有时还在门垛之间设置半圆形铁艺装饰。

在此基础上，许多围墙将铁艺、木栏杆、砖、石、粉刷、预制件等多种材料与元素，综合应用到大门、门垛、围墙基座、墙垛、栅栏等部位，形成古典式、田园式等种类繁多的围墙样式。这些围墙一般采用多种多样的铁艺、木制栅栏造型，或采用富有变化的砖石砌法，保持围墙通透，塑造友好的街道空间氛围。特别建筑地八大关地区的花园住宅的围墙和大门格外精美。许多住宅的围墙和大门的设计延续主体建筑的设计母题，使二者相映成趣（图 6-32）。

与青岛的丘陵地形特征相对应，在花园住宅社区经常可以见到面积较大的花岗岩砌成的挡土墙。叠砌法与乱石砌法是挡土墙最常使用的两种砌法。前者以长方形石块叠砌而成，后者则以大小相似、形状各异的石块砌成。部分采用乱石砌法的挡土墙通过添加灰色、棕色和灰绿等彩色石块，形成良好的艺术装饰效果。

许多规模较大的住宅，常常借助地势，将入口处理成气派的影壁与楼梯的结合体。这种并未见于德租时代与南方口岸城市的做法，形成一种地域化的建筑形式。影壁设于精美的铁艺大门之后，前方一般配以花坛，两侧为中轴对称的楼梯，将访客引导到较高的庭院中，再结合住宅的建筑布局与立面样式，烘托出威严庄重的气氛。

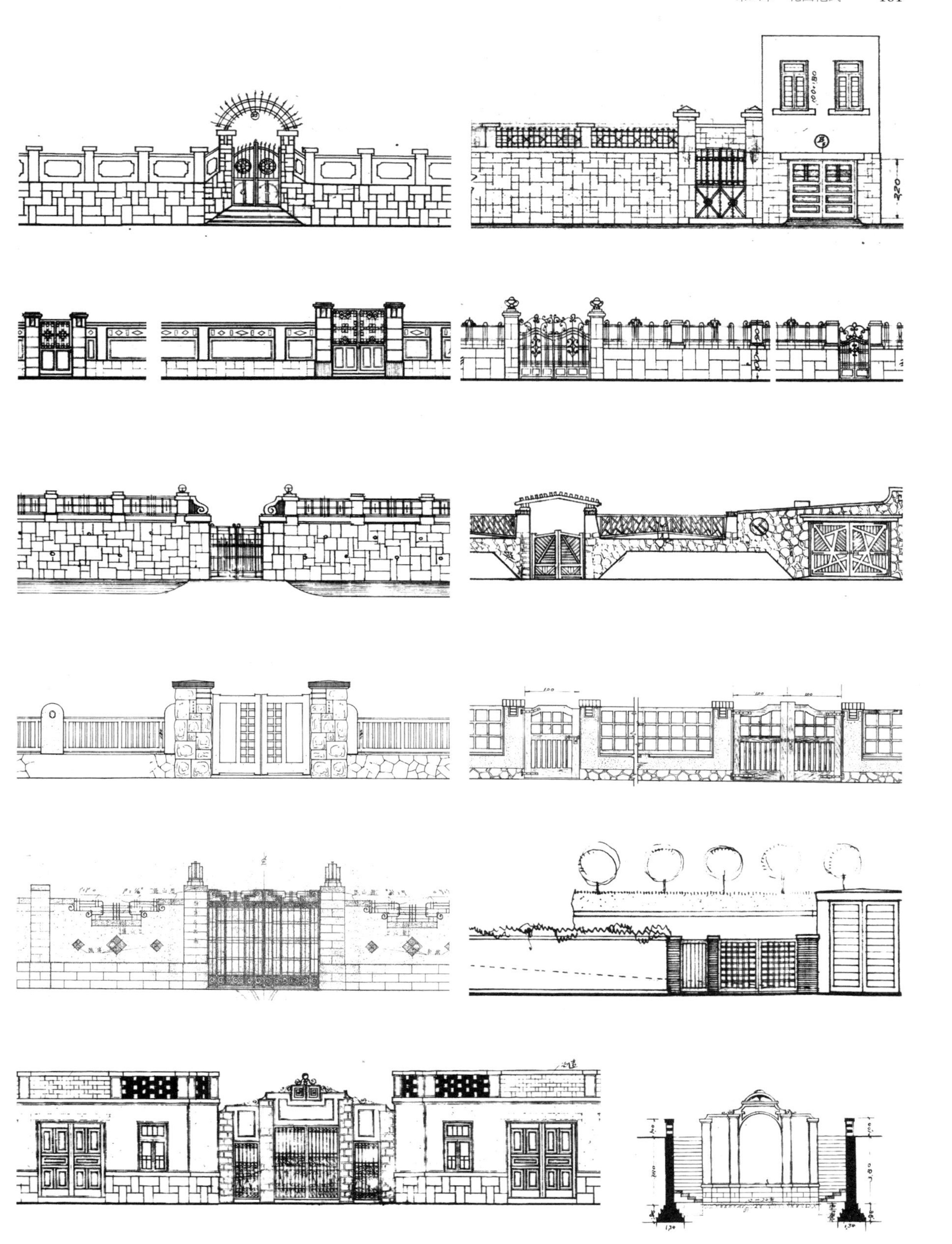

图 6-32　各式围墙设计

五、现代主义思潮

20 世纪 30 年代，现代主义建筑风格对青岛的花园住宅产生了明显影响，在多文化互动背景下，形成一系列具有鲜明特征的设计作品，但风格的影响大多被局限在建筑的外观样式，对于室内空间鲜有涉及。

1. 中式花园的样式嬗变

对于沿着中式花园住宅脉络发展的设计作品，新的建筑技术和现代主义建筑样式的冲击，在 20 世纪 30 年代中期造成建筑审美与设计手法上的转变。但这种转变在实际的样式中，与现代主义的关联却并不十分明显。对平屋顶的采用和建筑立面装饰元素的变化，是中式花园住宅风格演变最为显著的两个特点，而建筑平面格局在这个发展过程几乎没有发生变化。

平屋顶的样式借由两种结构形式得以实现：钢筋混凝土结构和缓坡木结构。后者需要较高的女儿墙加以遮挡。随着屋顶样式的改变，原先通过屋顶样式的变化以及半仿木结构等手法取得的装饰效果已经无法实现，因此建筑师不得不转向其他的装饰手法，或者干脆放弃装饰。这些新产生的立面，很大程度上延续了中式花园住宅明显的实用建筑特征，整体上更加倾向于简洁的现代主义（图 6-33）。

2. 那些“白色的盒子”

日本建筑师筑紫庄作设计的许多花园住宅，很明显受到国际式风格的影响。然而从其几处位于黄台路的设计案例中可以看出，这种影响始终被限制在建筑的外观层面上，内部格局则与传统的和式花园住宅没有任何区别。建筑师彻底舍弃了立面装饰，运用建筑体量变化、对屋檐线脚和窗框线脚进行重复、对方形和圆形窗户的尺度变换构图组合、添加纤细的铁质窗台栏杆等一系列手法，减弱立面平淡、枯燥和僵硬的感觉（图 6-34）。

相对于青岛本地的华人建筑师和日籍建筑师，现代主义对青岛欧洲建筑师的影响要广泛许多，只是这种影响在很大程度上同样被局限在外立面的样式上。尽管这些欧洲建筑师缺乏对现代主义系统的理解，但仍然出现一些有意义的尝试。

俄籍建筑师尤霍茨基（M. J. Youhotsky）在 1935 年设计的由和次吉依万住宅中，完全放弃了装饰元素，将三层建筑塑造成为“白色的盒

（a）齐东路某住宅，1935 年宋立生设计

（b）荣成路某住宅，1936 年郭鸿文设计

图 6-33　受到现代主义风格影响的中式花园住宅

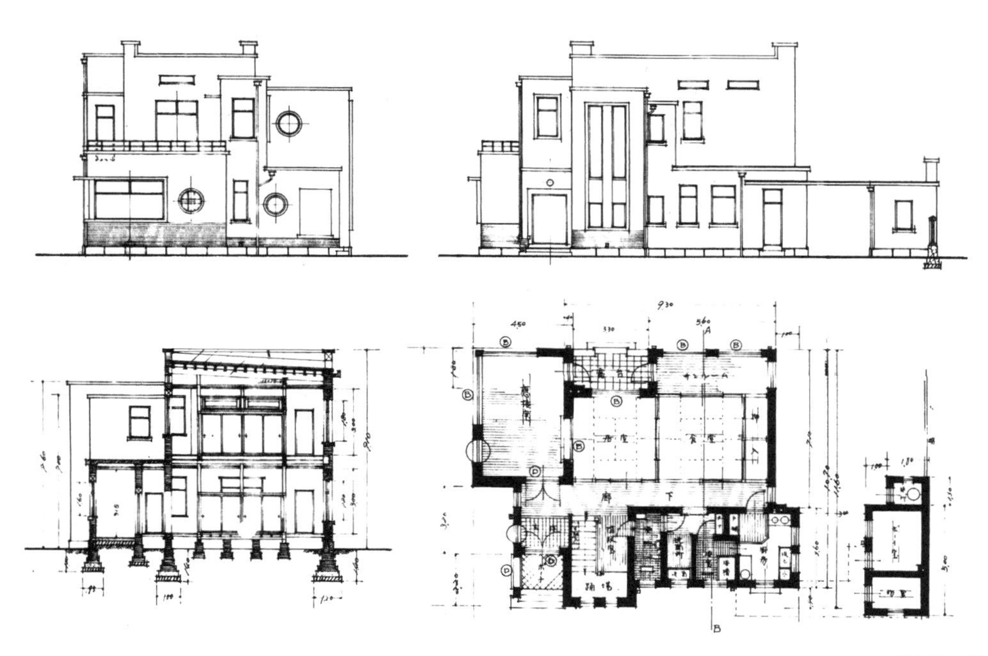

图 6-34　黄台路某花园住宅设计图，1936 年筑紫庄作设计

子”，并运用角窗、圆窗等国际式风格的立面语汇和立面处理手法（图 6–35）。白纳德于 1931 年为周四余设计的荣城路住宅，可以看作是一次相似的尝试。通过对窗户形状的变换和局部建筑体量的凸凹处理，使住宅显得十分生动亲切（图 6–36）。

富有天分的俄国建筑师尤力甫，同样受到这种建筑潮流的影响。1937 年，他设计了正阳关路上的吴云巢住宅（图 6–37）。在设计中，尤力甫将立面基本元素富有变化地组织到一起。三层的主体建筑，在二层和三层有局部收进，形成多处宽敞的露台。这些露台的实墙围栏被局部降低，代以纤细的钢管扶手，以一种生动的方式对立面进行纵向分段。吴云巢住宅体量较小，上覆四坡屋顶，立面窗户的尺度和比例变化丰富。钢窗的窗棂和露台栏杆，与厚重的建筑体量形成鲜明对比。

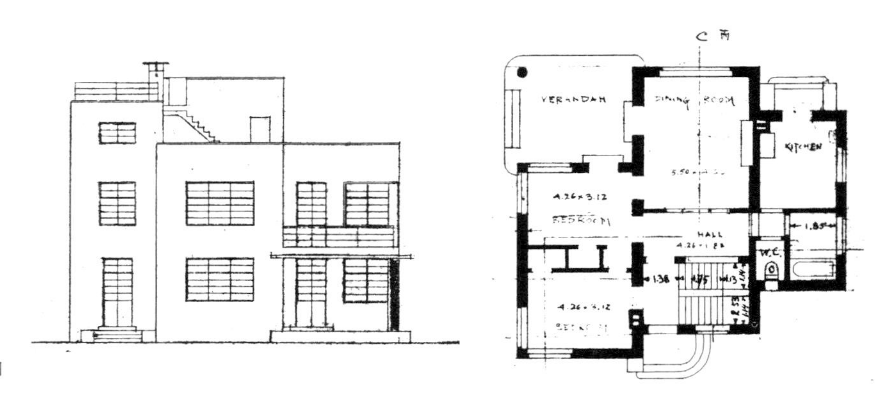

图 6–35　由和次吉依万住宅设计图

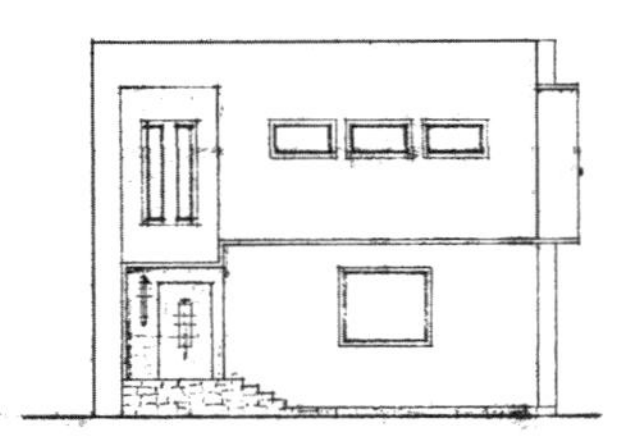

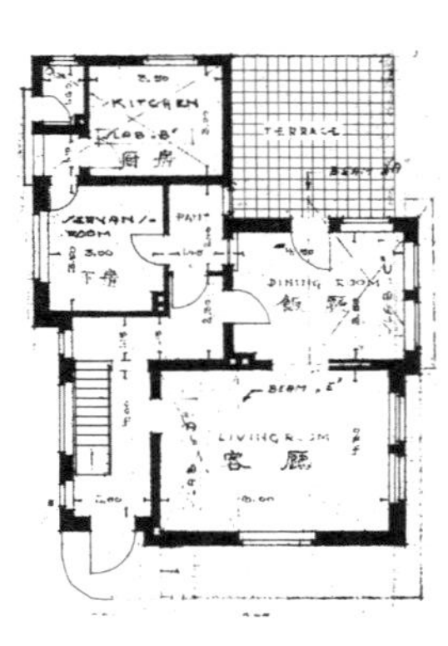

图 6–36　周四余住宅设计图

相比之下，叶金书 1936 年完成的山海关路丁慰农住宅设计方案，展现出较为生硬的面孔。建筑主体三层，采用平屋顶。建筑立面简洁，门窗排列规整。设计师仅对建筑立面进行了简化，没有触动平面布局（图 6–38）。

3. 三井幸次郎的敬礼

尽管大多数现代主义花园住宅对这种建筑风格的理解局限在简化的建筑外观样式，但仍然有极少数的作品，表现出对现代主义较为完整的理解。突出的例证，是日本建筑师三井幸次郎向柯布西耶的一次“致敬”。

在三井幸次郎 1931 年完成的莱阳路横濑守雄住宅的设计中，这位建筑师表现出对勒·柯布西耶建筑理念的遵从。柯布西耶推崇的建筑五要素——自由平面、自由立面、水平长窗、底层架空柱、屋顶花园——在这栋建筑中均得到很好的贯彻，楼梯中间平台和立面造型等部位，也采用柯布西耶特有的建筑语言。同时，建筑平面也保留了几间铺设叠席

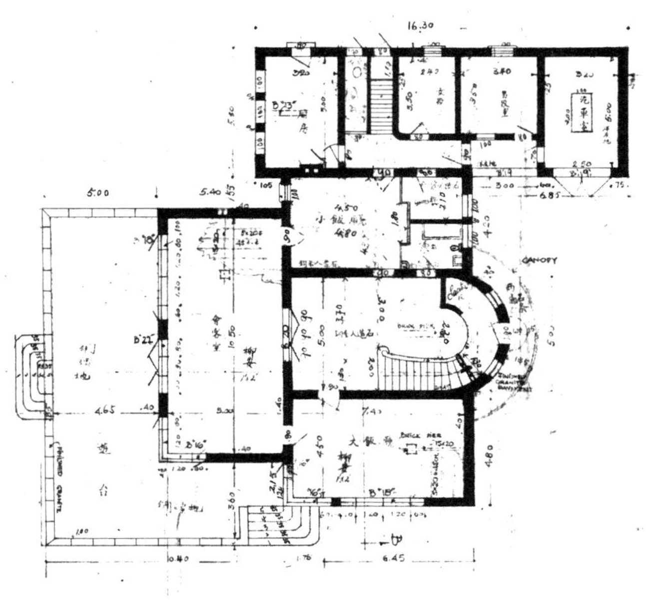

图 6–37　吴云巢住宅设计图

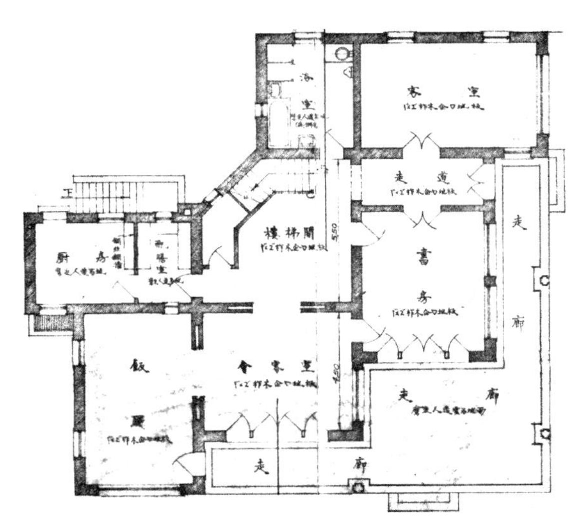

图 6–38　丁慰农住宅设计图

的房间，作为对日本传统生活方式的尊重（图 6–39）。

除了国际式之外，在青岛民国时期的花园住宅中也可以寻得其他建筑流派的案例。1936 年，拉夫林且夫为浙江慈溪的业主姚普在正阳关路设计的一栋住宅，糅合了表现主义与未来主义的建筑特征。建筑的形体经过设计师戏剧化的处理，让人联想起德国波茨坦的爱因斯坦塔或者是一座火箭发射基地。可惜的是，这个设计方案并没有实施（图 6–40）。

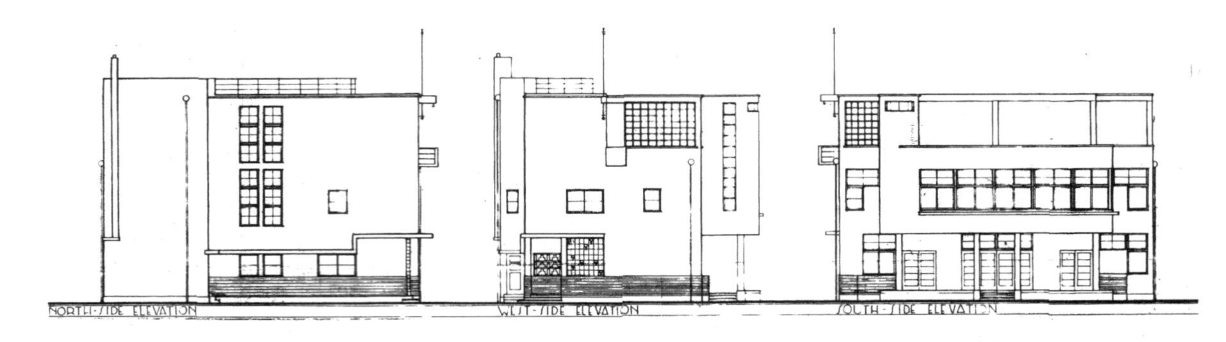

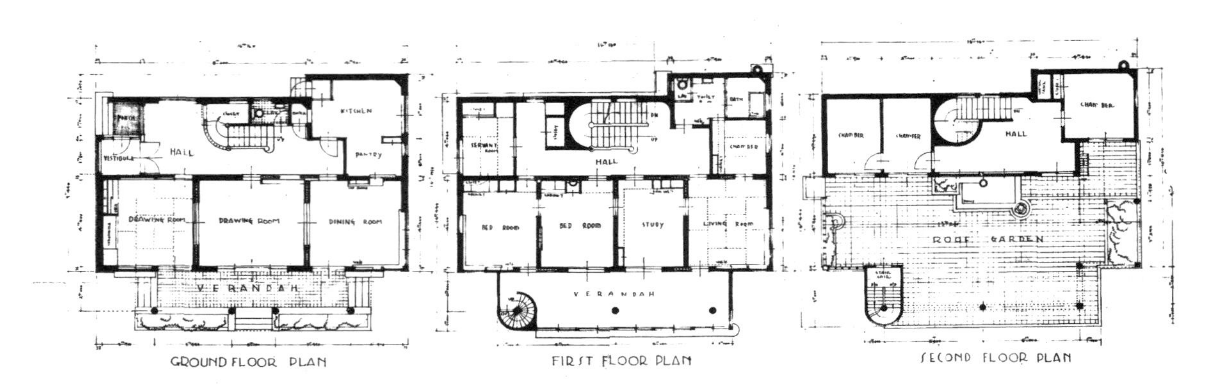

图 6-39　横濑守雄住宅设计图

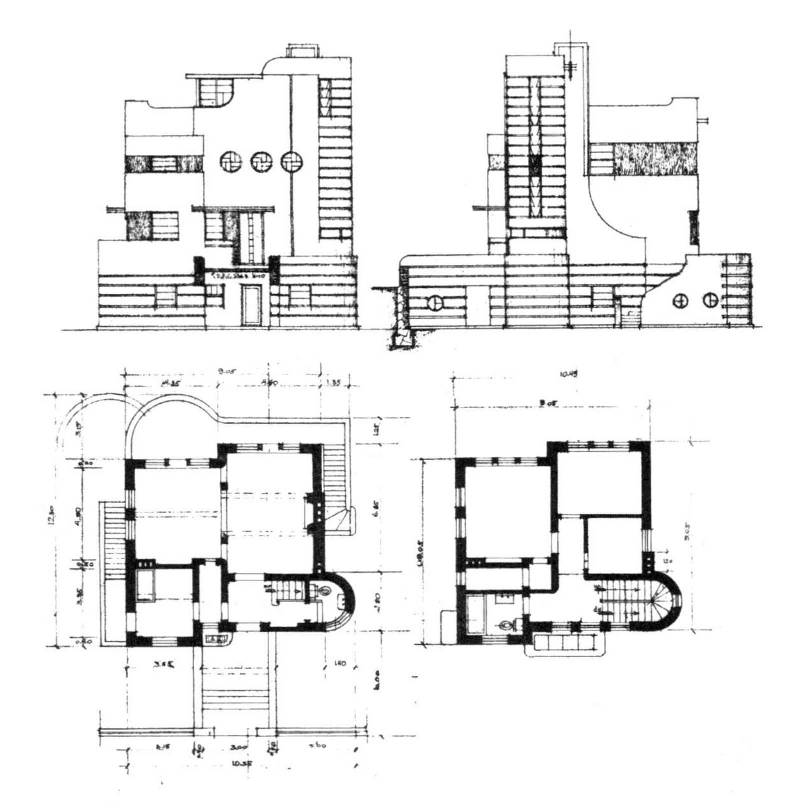

图 6-40　姚普住宅设计图

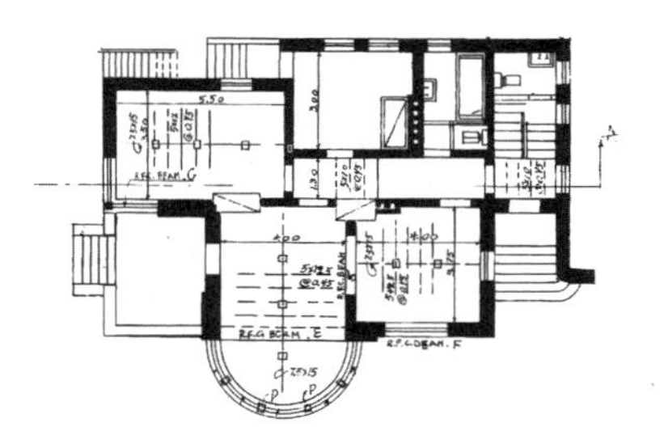

图 6–41　克立此克依住宅设计图

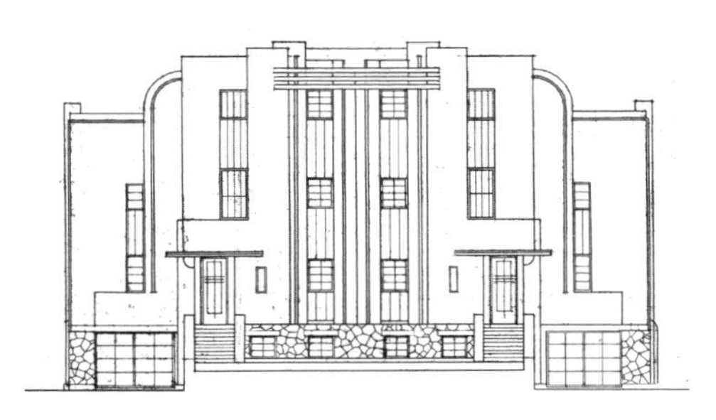
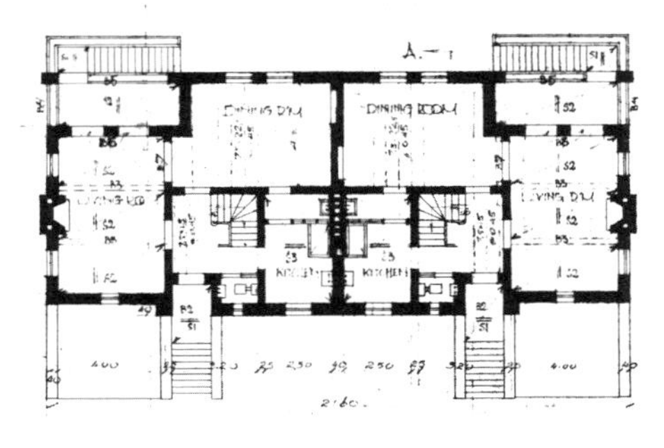

图 6–42　唐庚记住宅设计图

除了之前介绍的案例之外，还有一种简化的装饰艺术建筑风格。从唐靄如 1937 年为俄侨克立此克依（K. Kreuy）设计的武胜关路住宅中，可以看到一种混合的影响。建筑的平面格局基于传统的中式花园住宅，并覆以平屋顶。建筑体量层层收进，可以被视为基于现代主义影响的体量变化，但立面却采用以凹影线和凸体块叠加为母题的装饰，并形成良好的艺术效果（图 6–41）。

同年，由司美乐设计的位于嘉峪关路上的唐庚记住宅，也采用相似的立面装饰。这栋带有地下室的三层双拼花园住宅，立面严谨对称、体量变化丰富，细长的体块镶嵌，形成建筑横向分段；许多体块的边缘以细腻的凹影线进行勾勒，使立面化整为零、尺度宜人（图 6–42）。

八大关另外两栋建筑也体现出相似的特点。在王屏藩 1937 年设计完成的俄侨格拉德耶夫住宅中，建筑立面对称构图、入口上方的纵向长窗以及女儿墙装饰都借鉴了同时期的华人商业建筑立面（图 6–43）。在同年设计完成的天津商人王玉春住宅中，建筑师唐靄如采用类似的立面构图与装饰手法，但更加强调形体的进退变化。充满折衷的建筑语汇说明，尽管建筑师想要摆脱古典主义立面风格的束缚，却并没有对真正的现代主义产生兴趣（图 6–44）。

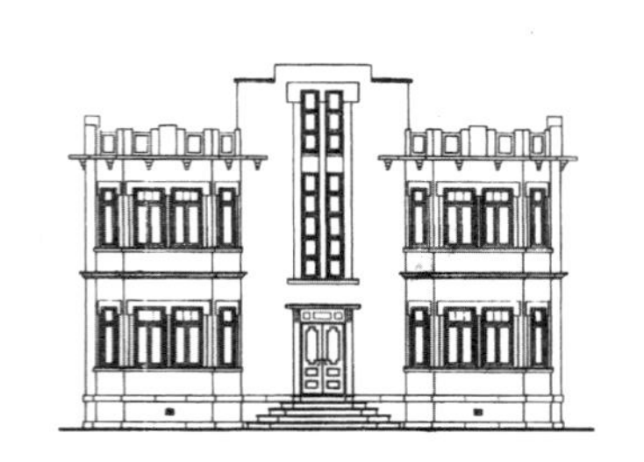

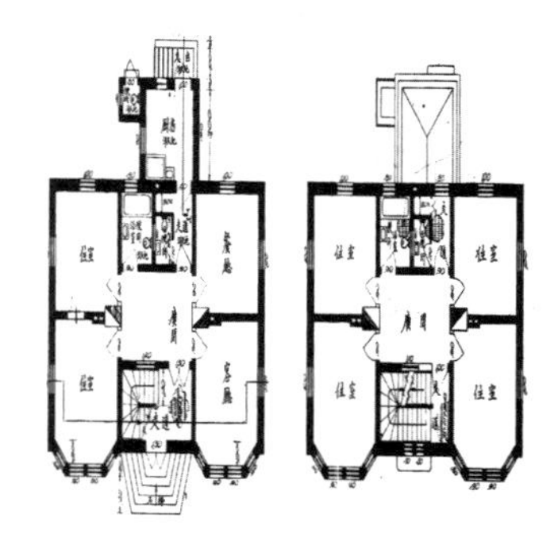

图 6–43 格拉德耶夫住宅设计图

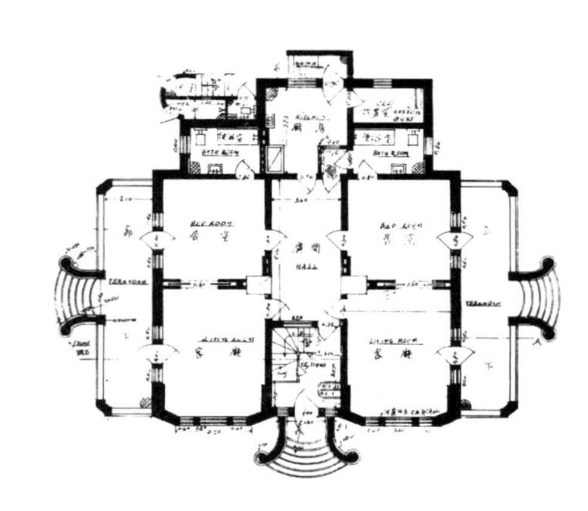

图 6–44 王玉春住宅设计图

六、收获与困惑

民国时期，花园住宅成为受到上层城市居民广泛认可的主要住宅形式。这种舶来的建筑类型以德租时期法律的强制性规定与示范性实践开始，经过中国和日本居民对建筑样式的模仿，以及市政当局对相关法律法规的继承，最终得到广泛接受并稳定下来。

在花园住宅的建设实践中，业主和建筑师不同的文化背景以不同方式表现出来，并赋予其泛文化、多线索、历时态的特征。这些住宅不仅在外观上显示出一定差别，在空间和功能组织上亦因生活方式和习惯的差异而呈现出不同。一方面，源于遗老住宅的中式花园住宅继续发展，逐渐形成一些稳定的范式；另一方面，日本侨民与其他外国侨民在青岛建设的花园住宅，体现出其自身的居住传统与文化倾向。

德式花园住宅对民国时期建设的绝大多数中式住宅产生的影响不甚明显，和式花园住宅反而在很大程度上继承了德租时代花园住宅的外观，尽管在平面组织上仍保留了较多反映本民族生活习惯的特征。德国居民此时在青岛兴建的德式花园住宅，表现出对德租时代花园住宅特征的自然延续，实际上是自身文化与生活需求的产物。而以俄国人为代表的外侨和较为西化的华人在青岛兴建的欧洲式样的花园住宅，与德租时代的花园住宅相关性不明显。

花园住宅的平面格局与外观样式，是文化与生活方式较为直接的反映。生活习惯的差异，是造成中、日、欧三条路径中的花园住宅特征差异的主要原因。

在西方人看来，住宅是对外在社会空间的延续，无论是德租时代的德式花园住宅，还是民国时期大多数的欧式花园住宅，都被赋予社交功能。这就要求建筑具有尺度较大的大厅、餐厅、沙龙等房间。而对于与中国家庭具有类似结构的日本家庭，住宅则是一个极度私人化的空间。[121] 一般性的会客活动被限制在入口处未设叠席的房间，进入住宅内部的客人则会受到与家庭成员一般的待遇。中国人对内外的界限并非如日本文化那么清晰，其住宅所承载的社交功能也介于日欧之间。

121 参阅藤森照信，2010。

江苏路一代的花园住宅社区。图片来源：巴伐利亚国立图书馆，Ana 517

第七章　公寓形态

青岛20世纪30年代的一些住宅建设个案中，出现了集合式公寓住宅以及与之相似的形式。这种住宅类型尽管与德租时代的公寓建筑类似，却并不存在传承关系。内在社会结构变化与外在时代进步，共同催生新的住宅类型的产生，具体表现为对既有建筑类型的改造，以及对欧洲新建筑样式的引入。

整体而言，青岛20世纪30年代的住宅仍然延续着之前的发展脉络，上层华人和外国侨民居住在城市东部的独栋住宅社区中，中下层华人市民主要居住在里院建筑的单个房间中，普通日侨多居住在商住街区中，虽然住宅成套，但空间比较局促。德租时期，欧人区和港埠区曾经产生过一些采用围合式建造方式、带有4~6套公寓的住宅建筑。1914年以后，这种住宅类型迅速销声匿迹。

随着时代进步和城市发展，受过良好教育训练的中产阶层逐渐在青岛崛起，他们对住宅的需求趋向逐渐清晰化，最终演变成一种集合式公寓住宅以及与之相似的建筑形式。30年代初期已有一些华人尝试通过调整里院建筑的平面格局，提供成套住宅，或在独栋住宅的基础上提供面积更小、平面更为紧凑的公寓住宅。与此同时，日本侨民的住宅中也可以找到一些相似的案例。同一时期，部分开发商引入西方现代集合住宅，甚至还出现以集合住宅为主的小型居住社区。

值得注意的是，德租时代的集合住宅采用围合式建造方式，而20世纪30年代的集合住宅案例，则更加倾向于独立式建造方式，融入花园住宅区。这种变化既反映了不同文化族群对居住环境的不同需求，也是相应居住者所处社会阶层地位的体现。

一、被遗忘的赫尔曼·斯蒂芬

青岛德国租借地时代，欧人区和港埠区曾建成许多集合住宅建筑。这些建筑高二至三层，采用周边围合式临街建造，提供4~6套公寓住宅。多数公寓在底层设置商业用房，例如广西路的医药商店，也有少量建筑维持纯居住功能，例如赫尔曼·斯蒂芬建筑公司在河南路与曲阜路口建造的公寓建筑（图7–1）。

赫尔曼·斯蒂芬公司的公寓建于1905年，建筑共两层，每层两套公寓，左侧公寓有4个房间，右侧公寓有3个，地下室中还为每套公寓各配备了1间储藏室。建筑立面采用清水砖墙和局部石材装饰，展现出德国19世纪中后期经济繁荣期的建筑特色。1912年，建筑商爱尔里希在馆陶路北端建起两栋相似的公寓建筑。与前者相比，馆陶路上集合住宅采用类似的平面布局，但立面装饰则大大简化（图7–2）。这两栋建筑是德国同时期集合住宅的翻版，没有受到上海其他口岸城市建筑风格的影响。

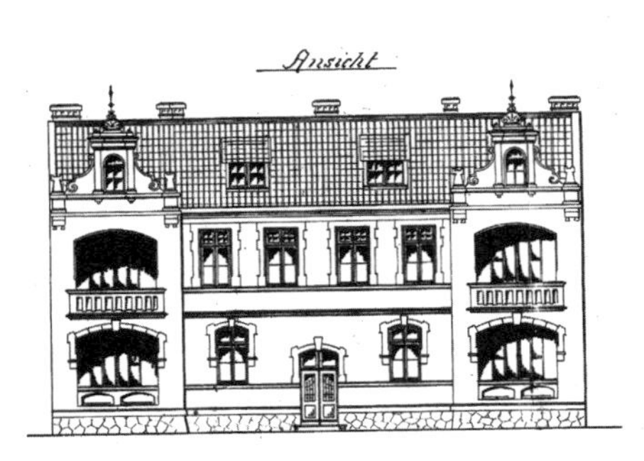

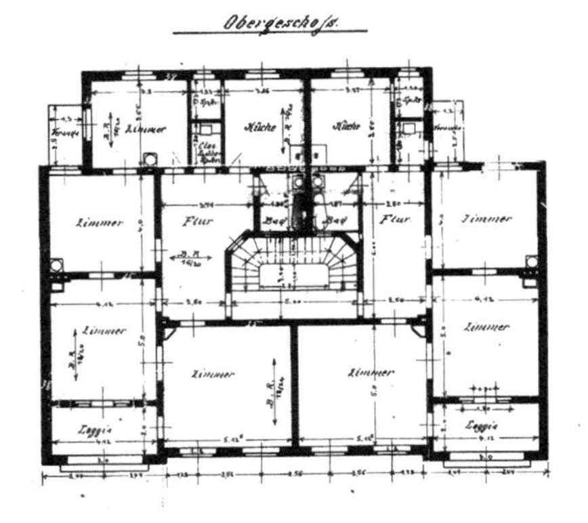

图 7-1　河南路上的赫尔曼・斯蒂芬公寓

图 7-2　馆陶路北端的爱尔里希公寓

二、三个建筑师的集合住宅探索

当我们将目光聚焦于 20 世纪 30 年代青岛公寓或类公寓建筑的个案探索时，意外地发现王枚生、苏夏轩和筑紫庄作三位建筑师的身影，以及他们在这个过程中所体现的强烈个人印记。作为本地成长的建筑师，王枚生的作品延续了青岛本土的建筑传统；从比利时留学归来的苏夏轩，带来的是新派的建筑样式；来自日本的建筑师筑紫庄作，则表达了对本地建筑文脉和时代需求的理解。

1. 王枚生的黄台路设计地图

1933 年，王牧生为业主张纯三在黄台路设计了一栋带有 4 套公寓的房屋。住宅尽管脱胎自里院，却已经有许多与众不同的特征：建筑采

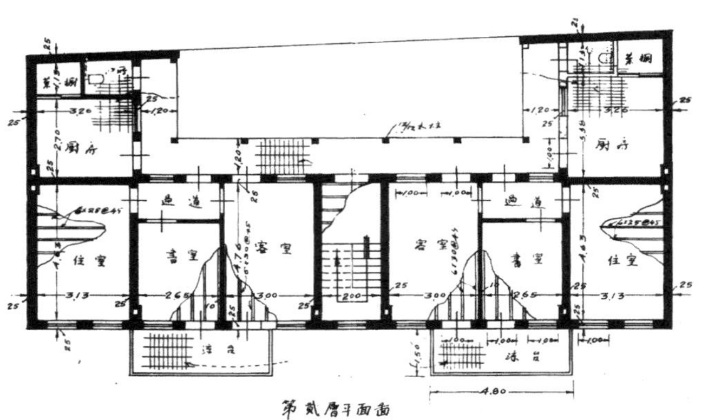

图 7–3 黄台路上的张纯三住宅设计图

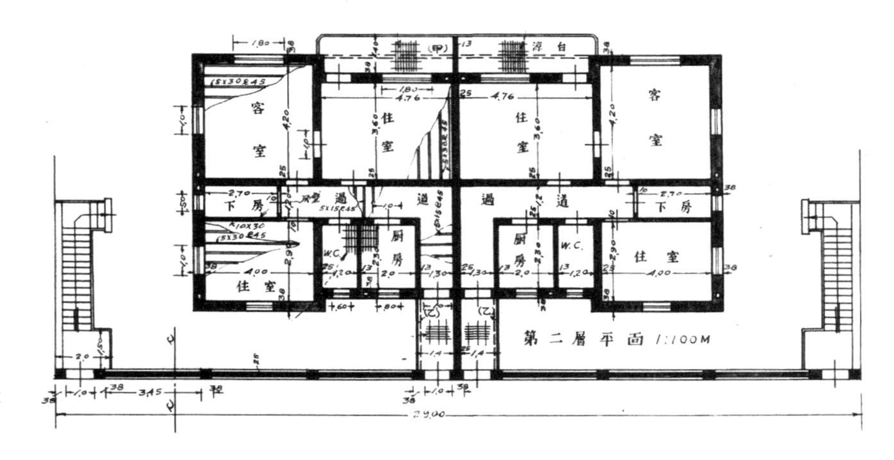

图 7–4 黄台路上另一栋由王枚生设计的住宅

用“凹”字形平面，内侧设置外走廊，却在建筑与街道之间设置前院，并在外立面设置阳台。建筑师设计了一条平行于外走廊的内走廊，以联通三个房间，而为每套公寓配套的厨房和厕所，则仍用开放的外走廊连接（图 7–3）。

1935 年，王枚生为另一位业主在黄台路设计了一栋同样带有四套公寓的房屋。尽管两栋建筑每套住宅的面积相当，但这一次建筑师选择了四拼独栋住宅作为基本建筑类型。

在 1935 年设计完成的黄台路上的另一栋住宅中，王枚生选用了双拼双叠的独栋住宅样式：两层建筑左右对称，上下平面相同，形成四套公寓，每套公寓的面积与先前的案例相当，连接各房间的走廊则完全置于内部。建筑位于黄台路南侧，基地平面远低于街道平面，因此建筑师没有在建筑内设计楼梯，而是利用地势，使二层住宅通过连桥直接与街道相连，一层的住宅则需通过街道与庭院间的两架外楼梯抵达。这样一来，每套住宅均有直接的街道入口（图 7–4）。

2. 苏夏轩的现代集合住宅设计

1936 年，业主奚振久在位于八大关特别建筑地的韶关路购买了三块相邻土地，起造一栋新式公寓大楼。由苏夏轩设计的大楼平行于韶关路，单元入口也朝向街道，但楼房尽量后退，与街道之间留出宽敞花园。三层高的大楼由三个相同单元组成，每单元每层分为左右两户，均为三居室公寓。除了厨房与浴室外，每套公寓还配备了仆役室，并在主楼梯后侧设计了一架服务楼梯。公寓大楼采用钢筋混凝土楼板与屋顶，并设计有屋顶花园。大楼外观样式采用简洁的现代主义风格，通过楼梯间与阳台形成纵向构图的核心元素。除此以外，建筑师使用凹影线，对窗框和阳台进行了简单装饰（图 7–5）。

就在同一年的早些时候，苏夏轩为业主姚普设计了一栋相似的公寓大楼。位于掖县路的公寓大楼几乎紧贴街道建造，在另一侧留出宽大的花园。大楼同样提供了 18 套完全相同的三居室公寓，但房间的尺度小于韶关路公寓，也没有配备仆役间和服务楼梯。建筑临街立面通过开窗和墙面的轻度起伏，形成丰富的构图，其中楼梯间通过长窗和两侧的线条强化纵向构图，与居室窗户和窗台线条的水平构图形成对比，再通过厨房部位的开窗和体量凸凹变化进行交织，顶部设置高低起伏的女儿墙进一步强化立面的韵律感，形成优美的街道空间界面（图 7–6）。

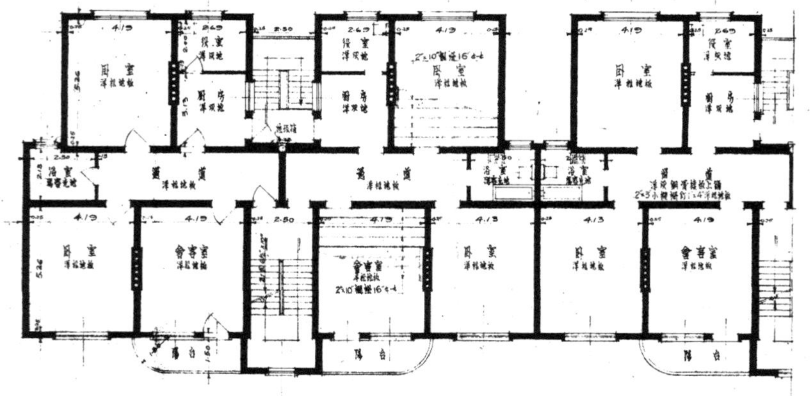

图 7-5 韶关路公寓楼设计图

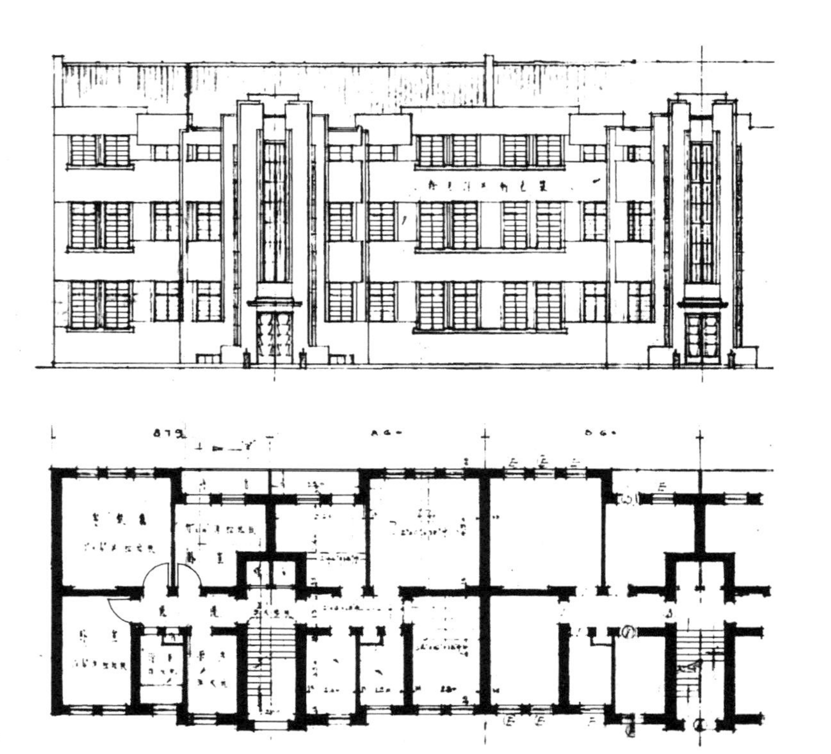

图 7-6 掖县路公寓楼设计图

3. 筑紫庄作的和式集合住宅实践

1933 年，筑紫庄作为日本业主岛村明房在黄台路设计了一栋二层住宅，住宅同样采用双拼双叠形式，但与王枚生的作品又略有不同，例如采用了非对称的平面格局和立面样式。建筑师非常强调公寓与街道空间的直接联系，一层的两套公寓分别设置出口，二层的两套公寓也通过各自的楼梯通往地面，这与欧式集合住宅集中设置的楼梯间和住宅入口形成明显的反差。在立面上，筑紫使用了一种接近于实用主义的简约风格，仅通过体量的变化和出挑的露台来丰富立面，并通过相对自由的构图，融入周边以独栋住宅为主的街区环境（图 7–7）。

1936 年，筑紫庄作在位于聊城路与市场二路口的一栋四层公寓建筑的设计中，尝试了外走廊交通式平面格局。建筑平面呈规整的长方形，沿市场二路展开的建筑长 20 米，进深 10 米。基地地势自聊城路向西迅速跌落，一层面积很小，二层和三层则均直接与地面相连。大楼提供九套三居室公寓，靠近聊城路一侧还有一处小型事务所。公寓使用外走廊和公共楼梯组织交通，并将其作为立面主要构图元素向街道空间进行展示，与周边的商住建筑形成对比（图 7–8）。

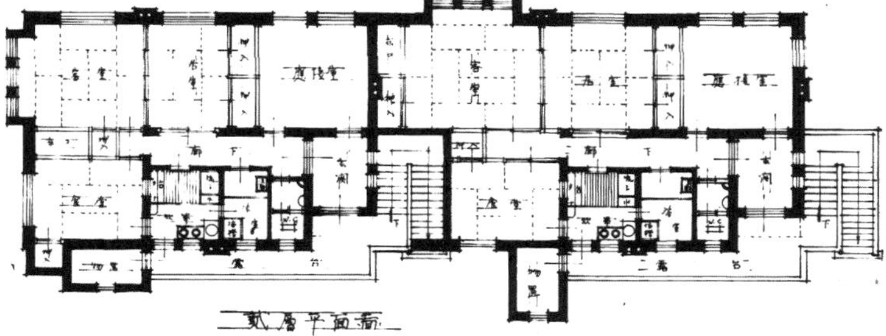

图 7–7　岛村明房住宅设计图

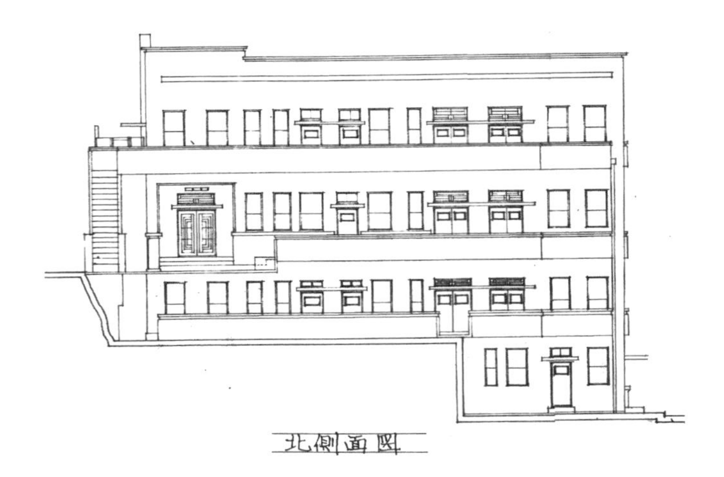

图 7-8 市场二路公寓楼设计图

三、广厦堂社区的温情

广厦堂的出现，是青岛居住社区发展历史上一个充满温情的篇章。

位于大学路的广厦堂，全称“广厦堂青岛中国银行宿舍”，由中国银行青岛分行建设，于 1933 年完工。[122] 宿舍建筑群由三栋独立住宅、42 套公寓住宅，以及若干附属建筑和设施组成，形成一个小型居住社区。社区空间安排巧妙，建筑设计精美，功能配套完善，并显示出超越时代的意义。

1. 由来

中国银行有着为员工建设宿舍的传统。1923 年，中国银行上海总行在上海西郊越界筑路区极司非尔路[123] 一带购买土地，建设新弄堂式

122 在面向社会中层的集合式住宅普遍缺位的情况下，为中层职员提供宿舍，成为解决此问题的一种有效途径。这种做法，可以追溯到德租时代。1912 年，胶海关就曾在包头路购置多处房产作为关员宿舍。胶济铁路局、日本留居民团等机构也在青岛拥有许多房屋作为职员住宅。但这些中层职员宿舍往往规模较小，没有形成配套较为完整的社区。参阅张守富，1997：664。

123 今万航渡路。

行员宿舍，以解决员工居住困难。居住区被命名为“中行别业”，并成为中国银行所建设的一系列行员宿舍的肇始。[124]20世纪二三十年代，中国银行在上海以外的其他城市陆续兴建和购买了一系列产业，为行员提供住宅。

20世纪30年代初期，青岛政局稳定，经济突飞猛进，人口迅速增加，住宅供不应求。面向社会下层的里院式住宅往往工、商、住混杂，居住密度很高，卫生条件较差；而面向上层社会的独栋住宅租金昂贵，令中产阶级难以负担。中国银行青岛分行负责人在1930年5月的一封给上海总管理处的信[125]中描述了当时员工的生活状况：行员携眷属大都只有一间住房，“妻儿老小，寝馈便溺，均在其中”，而仅是这样的居住条件，就已经要消耗掉其月收入的三分之一。加之青岛当时已是著名的避暑胜地，物价不断上涨，生活成本甚至超过上海，以致行员“志气消磨，精神颓丧”。行员的这种精神面貌难免会影响到工作，“为人才计尤不经济”。于是中国银行青岛分行提出参考上海和天津的经验，建设行员宿舍。[126]

1931年7月，中国银行青岛分行在颇费了一番周折后，最终取得编号为大学路7、8号以及黄县路13、14号四块官地的所有权。四块土地位于大学路西侧，面积共计三千两百五十方步（约8 324平方米）。1932年4月，中国银行青岛分行函请上海总管理处建筑课课长陆谦受来青，着手行员宿舍的设计工作。[127]

行员宿舍的设计方案大约在1932年的上半年完成。方案由陆谦受与吴景奇共同完成，徐垚担任驻青项目负责人。1932年6月，宿舍建设工程开始招标，7家上海公司以及3家青岛本地的营造厂参加投标，最终由出价最低的青岛新慎记营造厂得标。住宅工程于1933年8月完工，而稍后开工的俱乐部等工程也于同年年底完成，成为继天津之后第三处中国银行行员宿舍。[128]

建筑群定名为“广厦堂青岛中国银行宿舍”，俱乐部亦命名为广厦堂，取意于杜甫名句“安得广厦千万间，大庇天下寒士俱欢颜，风雨不动安如山”，以表达当时人们渴望安居乐业的美好愿望。宿舍共11栋住宅建筑，名称亦取十一个字，每楼分得一字作为楼名，刻在嵌于大楼入口右侧的瓷砖上。1933年底，中国银行行员迁入新舍。按照当时的规定，宿舍连同家具免费提供给行员使用，行员仅需缴纳低廉的保养费用，作为活期储蓄存在中国银行，以备宿舍修缮之用。[129]

124 参阅程乃珊，2005：25–29。

125 参阅青岛档案馆馆藏中国银行青岛分行档案，全宗号临字40（1目录）。

126 参阅青岛档案馆馆藏中国银行青岛分行档案，全宗号临字40（1目录）。

127 参阅青岛档案馆馆藏中国银行青岛分行档案，全宗号临字40（1目录）。

128 参阅青岛档案馆馆藏中国银行青岛分行档案，全宗号临字40（1目录）。

129 参阅青岛档案馆馆藏中国银行青岛分行档案，全宗号临字40（1目录）。

2. 广厦堂行员宿舍

银行宿舍位于当时市区的东部，居住环境极佳，所处的大学路西侧，几乎全部是独栋住宅，东侧是红万字会、日本中学与利用俾斯麦兵营旧址开办的山东大学。建筑群位于一块长约 154 米，宽约 49 米的狭长基地上。基地由东南向西北展开，地势由南向北缓慢抬升。整个建筑群主要由一座俱乐部、一座经理住宅、两座副理住宅和 7 栋行员公寓楼组成。另外，院内还有仆役宿舍以及其他附属设施，诸如花房、儿童乐园等。建筑群以石砌围墙与街道相隔，主入口和东侧的经理住宅大门均设在大学路上，北侧的行役宿舍在黄县路上另设一处独立入口（图 7–9）。

建筑师通过巧妙的建筑排列，充分利用地势，在不规则的基地上将建筑群沿两条轴线布置成内、外两进院落，再加上侧面的经理院，形成三个空间组团，又在周边形成一系列辅助空间。建筑群大量使用青岛当时并不常见的清水砖作为外立面，并搭配以黄色拉毛粉刷与天然石材，形成一种热情而亲切的氛围。

宿舍靠近大学路一侧为俱乐部、副理和襄理住宅，为第一组团。俱

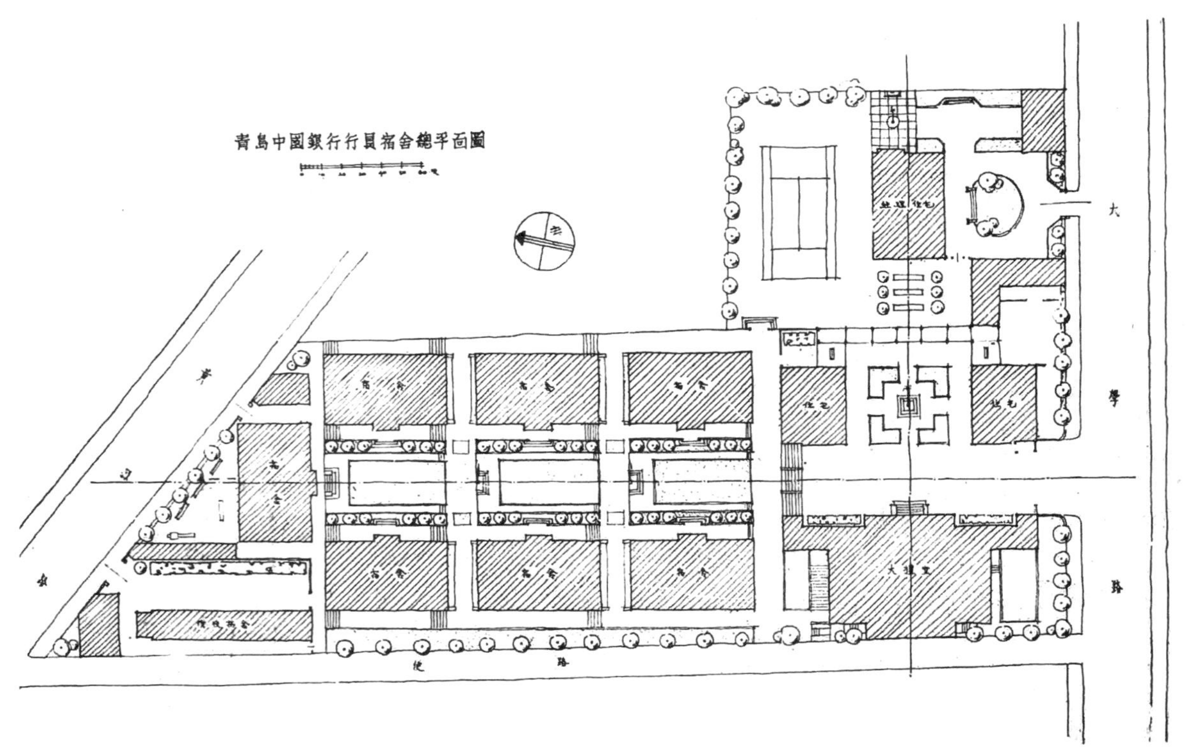

图 7–9　广厦堂行员宿舍总平面图

乐部位于主轴线西侧，二层的建筑体量方正，较宽的中段向前凸出，檐口的女儿墙部分遮盖了并不高的坡屋顶，两侧伸出单层的两翼。副理与襄理住宅位于主轴线东侧，两座住宅对面而立，通过连廊连接俱乐部的两翼，构成两座三联大门，强化了街道、外院及内院的空间边界。副理与襄理的住宅之间设有由 8 座拱门构成的连廊，成为外院与经理院的边界（图 7–10）。三座连廊和三座建筑将外院围合成一个“T”字形的围合空间，面积约为 1000 平方米，地面采用硬质铺地，塑造出公共广场的氛围。两座独立住宅之间设有一处喷水池，水池四周设有花坛，拱门连廊与住宅相接之处还设有长椅供人休憩（图 7–11）。

俱乐部入口位于中央，入口门厅后方为大厅和两个侧厅。大厅净高 4.9 米，面积约 130 平方米，后方设有舞台。大厅两侧与侧厅以活动木隔墙分隔。必要时，可将木隔墙移除，以取得较大的空间。俱乐部的主楼梯设在入口门厅的两侧，通往二层的图书室、阅览室、台球室、理发室，以及北翼的 3 间客房（图 7–12）。

入口处的俱乐部立面采用对称构图。整个立面为红色清水砖墙，门

图 7–10　外院和经理院之间的拱门连廊

图 7–11　两座副理住宅之间的喷水池

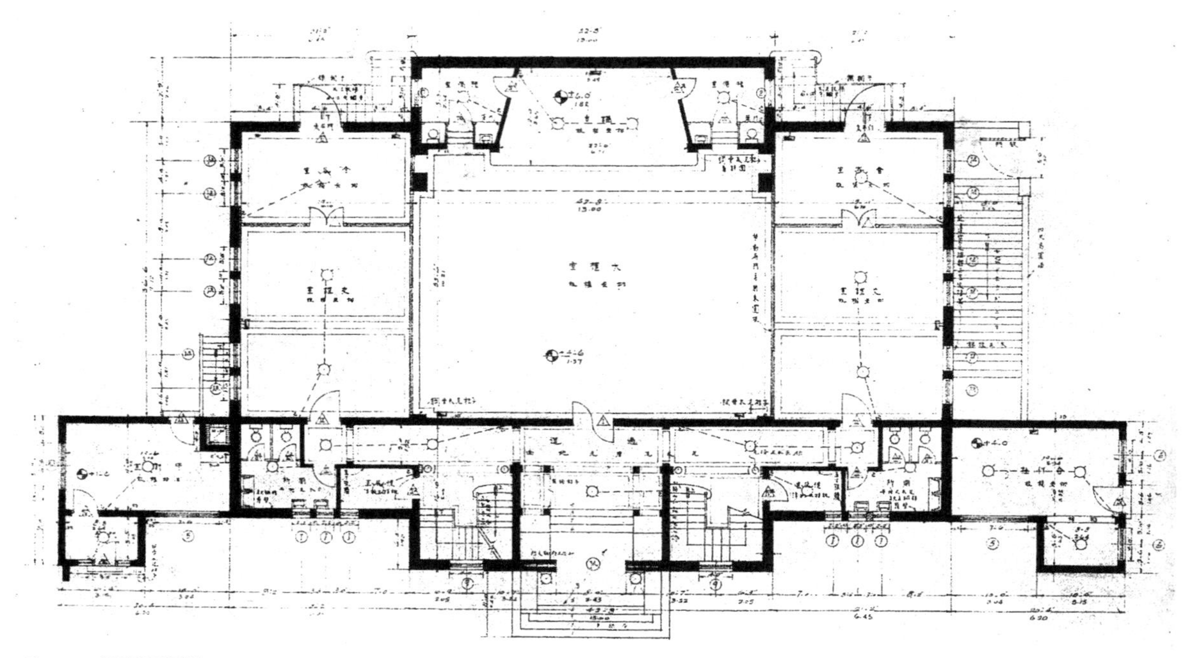

图 7–12 俱乐部平面图

窗用花岗岩镶框，局部使用水泥抹面。入口前设壁灯、平台和五级踏步，气派又不失亲和力。正立面竖向划分为三段，中间部分突出，以宽石门框强调主入口。入口上方为三联细长窗，长窗上方的砖墙内嵌入三块石板，镌刻“广厦堂”三字（图 7–13）。

副、襄理住宅体量方正，四坡屋顶上设有阁楼。入口位于立面中央，平面通过垂直于入口的走廊进行划分。住宅一层设有餐厅和会客厅，二层为浴室和卧室，楼梯设在中央的走廊中。考虑到中国人的生活习惯，建筑后侧为佣人专门设计通往厨房的次入口，还在入口与厨房之间设置了工作院落，作为佣人在室外做家务之所。

副、襄理住宅正立面处理比较工整，背向院子的立面则比较轻松和随意。建筑采用红色清水砖墙与黄色粉刷水泥抹面交错的立面语汇。在清水砖部分，建筑师通过砖位错动来加强立面的层次感和光影效果，这种做法在当时的青岛并不常见（图 7–14）。

拱门连廊另一侧是独立的经理院，经理住宅坐落在院落中央，面朝街道；住宅平面结构和立面样式与副理住宅相似，只是体量稍大。院落沿街设有车库和花房，后侧的空地作为网球场，西侧的围墙上还设有另一处喷水池。

宿舍的内院呈长方形，周边环绕着 7 栋样式完全相同的集合住宅，

图 7-13　俱乐部

图 7-14　副理住宅

图 7-15　内院与行员住宅

公寓大楼入口均朝向庭院。建筑师顺应地势，将坡地处理成逐渐上升的四个台地。前三级台阶上，6 栋行员宿舍两两相对，最高一级台阶上的主任住宅面向大学路大门，成为这一序列的终点。内院的步道沿建筑布置，中央布置有青草绿树、旗杆路灯、石阶矮墙，成为美丽的花园。站在内院里向东望去，小鱼山正好位于俱乐部和副理住宅之间，成为大院景观的一部分（图 7-15）。

三层的公寓大楼上覆四面坡顶，每栋大楼有 6 套公寓，每套公寓有一间会客厅和一大一小两间卧室，厨房、浴室和储藏室一应俱全。二层和三层公寓的厨房设计有独立入口，供佣人出入，阳台也与厨房直接相连，主要作为室外工作场所。阳台下方是一层的小院，佣人入口亦设于此。公寓主要的居住空间朝向内院，厨房、卫生间和工作阳台则朝向外侧布置。阁楼原设计有 6 间房间作为佣人卧室，这种设计源自欧洲近代中产阶级公寓居住的习惯：佣人卧室并不在主人住宅中，而是统一安排在建筑的顶楼。然而阁楼设置佣人卧室显然脱离了当时的实际，以中国银行职员的薪金水平尚无法负担佣人。宿舍刚刚入住时还有很多空置住宅，甚至有一栋公寓大楼被指定为单身宿舍。随着银行业务的扩张，员工人数也不断增加，1936 年时，宿舍业已住满，银行随即将顶层的 6 间房间改造成两套住宅（图 7–16）。

行员住宅的立面也通过贯穿整个建筑的红色清水砖与黄色水泥抹面色带交错进行水平划分，仅最上一层的砖面进行凸凹变化，构成墙面与屋顶的过渡。朝向庭院的立面开窗较为宽大，一层中央的主入口通过凸起形成构图重点；朝向外侧的立面开窗较小，向两侧伸展的阳台成为重要的构图元素，阳台的尽端处理成半圆形，使得相对方正的体量略显轻松（图 7–17）。

院落北侧的尖角处建有一栋两层行役宿舍，共 12 间房间，以外走廊连接；主任住宅北侧的空地辟为儿童乐园，设有秋千、滑梯等游戏设施。儿童乐园与侧面的行役宿舍亦以一条长廊分隔。

新建成的社区以优美的建筑和实用的住宅平面，为职员提供了高质量的居住条件；花园、喷泉、儿童乐园等设施的设置，则保证了优美的生活环境；通过网球场以及俱乐部里各项设施的设置，更是为银行职员提供了一种西化的生活方式。

住宅社区内的建筑全部为独立式，自然和谐地融入周围城市肌理。建筑师将样式单一的集合住宅隐藏到庭院内侧，临街布置形体变化较为丰富的独立住宅和俱乐部，形成富有变化的街道界面景观。

庭院的空间布局，乃是广厦堂行员宿舍最为精彩的部分。建筑师将设计的重点放在院落空间，将建筑正立面、主要房间以及入口朝向院落，并通过长廊强化空间围合。传统欧洲街区中的集合住宅注重与街道空间的关系，建筑入口和主要立面一般沿街布置，而建筑围合出的庭院往往仅作为“后院”进行处理。陆谦受显然深知庭院对于国人居住生活的重要意义。通过建筑的组团式布局，他成功地组织了一系列大小各异、形象鲜明的院落和花园。这些空间功能清晰，关系明确，比例适当，节奏和谐，显示出建筑师深厚的园林修养。通过将建筑的入口朝向庭院，交通和休闲活动得到叠加，使院落成为集体生活的中心。然而这种空间排列方式在一定程度上牺牲了房屋的朝向，建筑师也对此表示遗憾。除了主要的内、外院和经理院，建筑周围的一些小空间也得到充分的利用，如儿童乐园与仆役庭院等，附属建筑小巧的体量也衬托出主要建筑的重要性。广厦堂宿舍的建筑和庭院和谐地融为一体，成为彼此不可分割的一部分。

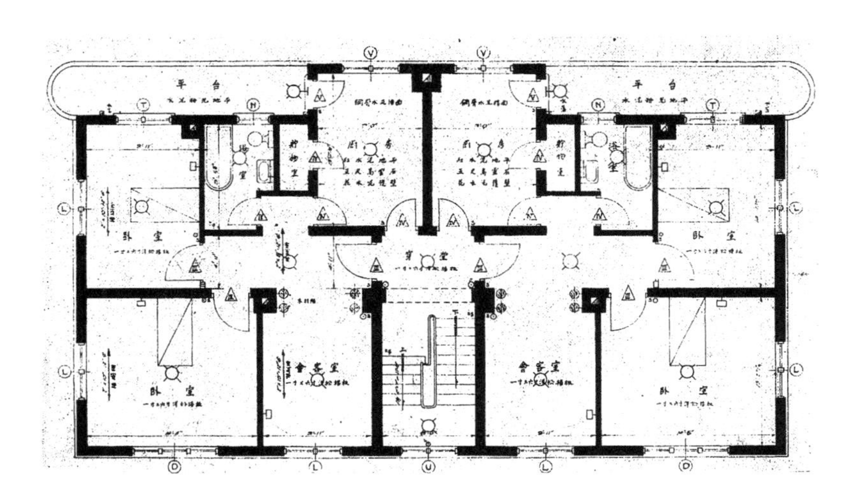

图 7–16　行员住宅平面图

图 7–17　行员住宅立面图

3. 上海中行别业的姊妹社区

就在大学路上的广厦堂宿舍完工几个月之后，上海中行别业的第二次扩建工程也告完成。本期工程包括有 6 栋四层集合住宅、8 栋三层里弄洋房、单身宿舍和医院等附属设施。中行别业与广厦堂的公寓式住宅平面格局极为相似，但外观结构和院落布置上却大不相同。在上海，建筑师选择了欧洲刚刚出现不久的现代主义立面样式。在英国接受了古典主义建筑训练的陆谦受，显示出娴熟运用现代主义建筑语汇的能力，而这种样式的选择，也展现了当时作为国际大都会的上海对新生事物的接受与吸收。与之形成鲜明对比的是，建筑师在青岛选择了一种相对保守的建筑形式。陆谦受显然为青岛红瓦绿树的田园气息深深吸引，建筑语汇的选择清楚地表明了设计师对建筑在地化的认知以及对城市文脉的把握。另外，上海的行员宿舍选用了框架结构，使用混凝土楼板和平屋顶，而青岛宿舍则仍然采用传统的木栅楼板承重墙结构与木架坡屋顶，至于造成这种差异的原因是建筑造价还是营造厂的技术差距，则不得而知了（图 7-18，图 7-19）。

两处几乎同时完成的住宅建筑群最显著的区别，是社区的空间布局。从总平面图可以看出，上海中行别业 1934 年的扩建工程，仅仅在单身宿舍楼前安排了一处中心广场，而无论公寓建筑还是里弄洋房，采用的都是行列式布局方式，之间并无高质量的庭院空间。当然，这与上海土

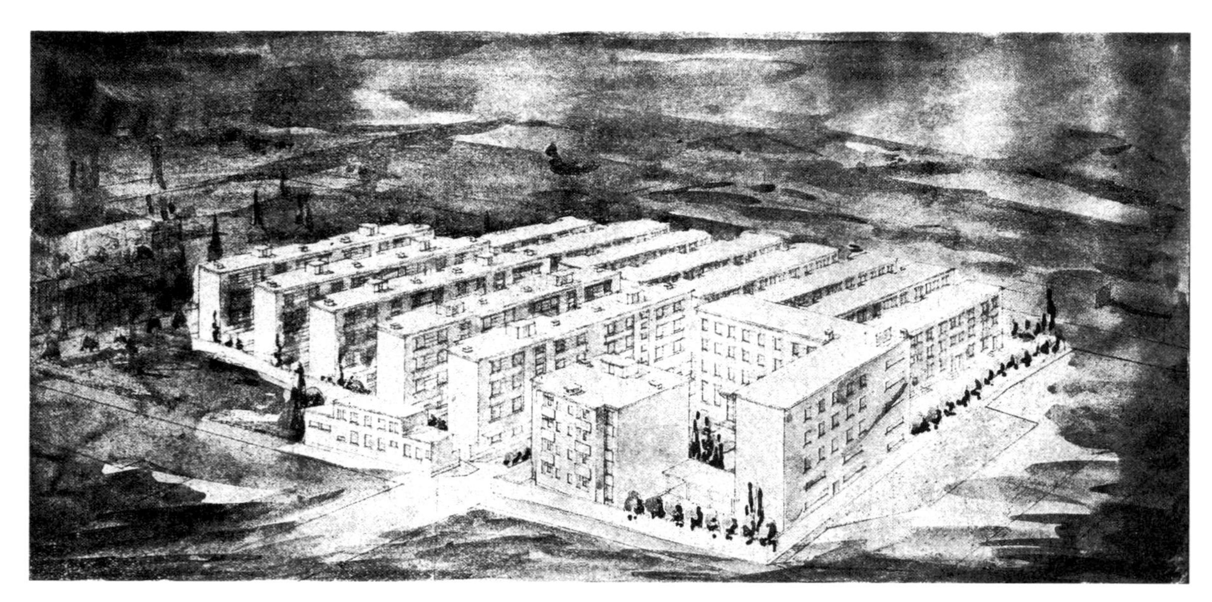

图 7-18　上海中行别业鸟瞰图

地紧张不无关系。而广厦堂银行宿舍则将建筑与开放空间紧密结合在一起。园楼合一的组织形式，大大丰富了建筑群的空间层次。这种高质量的社区设计，在中国近代建筑史上极为罕见，成为中国传统园林文化与现代建筑设计相结合的一次成功尝试。

图 7–19　上海中行别业建筑立面

青岛湾全景，1933 年左右。图片来源：巴伐利亚国立图书馆，Ana 517

第八章 城市风貌

多样性和整体性，是 1922 年至 1937 年间青岛近现代建筑具有的两大特征。一方面，这些建筑风格多样、样式各异，并与德租时期的德式建筑以及第一次日据时期的折衷主义建筑形成对比，成为当时城市多元经济、文化与社会结构的外在体现。另一方面，绝大多数建筑注重城市整体属性，彼此之间在体量、尺度、格局、色调等方面能够保持协调，融入山海自然风光当中，营造出一派自然安逸的田园气息，使青岛“红瓦、绿树、碧海、蓝天”的城市特色得到进一步发展和加强。

一、风格嬗变

青岛 1922 年至 1937 年间建成的核心城市建筑，呈现出较高的艺术品质，并展现出丰富多彩的特征。设计师和业主多样化的文化背景，构成这种多样性特征的重要前提，此外继承具有本土特色的建筑传统，以及吸收同时代建筑思潮与发展成果，也是促成多样性特征的重要原因。一方面，这些建筑在形态和空间上反映了城市的社会与文化结构；另一方面，前者也固化着后者。这一时期形成的建筑群和街区，成为对已有城区的良好补充，共同构成统一的城市形象。

1. 万国建筑博览

各种层次的美学追求，成为民国时期青岛建筑样式发展的核心主题。西方化的建筑风格，构成民国时期青岛建筑风格的基本价值取向。尽管风格的具体表现形式在不同的建筑文化体系之间，存在着明显的差别。各种建筑风格的拼贴，使得当时的青岛像是一场大型的建筑博览会。

青岛这一时期建设实践中所采用的欧洲式样之间存在着显著差别，这其中既包括历史风格的折衷，也包括当时流行的装饰艺术风格；既有对欧洲建筑样式粗糙的模仿，也有原汁原味的欧洲建筑艺术再现。公共建筑和华人重要商业建筑，主要受到古典主义和装饰艺术风格的影响；而其他大多数华人建筑，则在已具有本土特征的简单欧式风格与南方口岸城市发展出的华洋折中的建筑样式之间徘徊。日本文化传统中的大部分建筑，具有明显的折衷主义特征，装饰元素主要来源于对欧式建筑元素的重组，而重组和应用的方式体现出细腻的日本文化特征。来自欧洲和美国的私人业主在青岛的建设行为，有着对西方建筑文化更加原真的诠释，其建造的地标性城市建筑和一般城市建筑，都加强了这座城市的西方化属性。造成这种现象的原因多种多样，如业主和建筑师的文化背景、个人品位和喜好、业主的财力情况、建筑的功能需要，以及建筑师的艺术天分，等等。

在欧洲古典主义风格之外，中国传统建筑语汇也被引入青岛，胶州湾沿线形成的建筑链，在美学点缀之外，还肩负有政治与文化宣誓的任务；中国和日本的宗教建筑，则需借助民族建筑形式表达礼仪性需求。同时期上海、南京和北京等城市中的商业建筑领域中，曾涌起一股在欧洲近代建筑上添加中国传统装饰的潮流，但这股潮流并没有明显波及青岛。

公共建筑和住宅建筑领域，出现了一定数量的现代风格建筑。公共建筑中的现代主义作品较少，风格最为鲜明的建筑为具有接待功能的两座宾馆和一座招待所。独栋住宅中，现代主义作品较多，以私人业主和建筑师个人兴趣表达为主。在各文化体系中，私人的商业与住宅建筑领域，还出现了一批富有建筑师个性特征的设计作品。

2. 建设参与者

政府建设主管部门、业主、设计师和营造厂共同构成了青岛城市建设的参与者。具备开放观念、较高水平和能力的市政管理者，为城市建设提供了框架，并给予方向性引导。私人业主与设计者多元的文化背景、知识准备与价值认同，使得这一时期的商业建筑、宗教文化建筑和住宅，显示出多种多样的文化倾向和样式特征。兼有传统经验和现代特征的营造厂是高水平建设活动的实现保证。

胶澳商埠督办公署、商埠局和青岛特别市政府都注重建立专业的建设主管部门。1922年12月成立的胶澳商埠督办公署下设工程部，负责管理公共工程及基础设施扩建。1924年8月，工程部改组为工程事务所，成为独立机构。公有建筑的设计与建设、建筑法规的制定、私人建筑活动的审核与监管，以及街道和地块边界的划定，都是工程事务所的职责。[130]事务所许多建筑师都曾在北京、上海、济南等地的高等学校接受建筑工程或相关专业教育。[131]其中青岛工程事务所所长唐恩良（1884—1956），曾于美国普渡大学学习土木工程专业。与他共事的严宏桂曾就读美国康奈尔大学，获工程学学位。对他们来说，在具有良好西方建设基础的城市进行进一步建设绝非难事，可惜由于政府的资金与意愿所限，他们鲜有机会施展身手。

青岛特别市政府时期，历任市长都十分重视城市建设。工务局是推动城市建设的主要政府部门。历任局长均具有专业的教育背景和丰富的工作经验，其中王崇植和邢契莘毕业于美国麻省理工学院，获得硕士学位。在历任局长经营下，青岛工务局建立起优秀的技术团队。接管青岛以后，政府一面留用原胶澳商埠局工程事务所旧有员工，一面招募新的人才。工务局的技术骨干年龄多在30岁左右，拥有国内和欧美大学建筑及土木专业的教育背景，以及丰富的工作经历。他们先进的思想与理

130《胶澳商埠现行法令汇纂》，赵琪，1926：管制 -1，53-57。

131《第一次国民市政府期间工务局人员履历》，资料来源：青岛市档案馆。

念，保证了法规、规划以及建设管理的质量。

除了政府机构作为业主的市政公共建筑之外，这一时期建筑的业主和建筑师，可以分为中国、日本与欧美三个群体。除了少数例外，业主更倾向于委托自身文化圈的建筑师，不同文化圈之间的建筑文化有限地交流与融合。三个建筑文化体系，都对刚刚出现的现代主义建筑思潮产生了兴趣，并通过各自的建筑实践将其引入青岛。

中国业主主要包括商业机构、文化宗教社团组织以及个人，这些业主可以大致划分为以本地和山东人士为主的北方业主，和来自上海、广州等地的南方业主。二者在文化观念、艺术品位等方面表现出较大差异，前者往往倾向于华洋折衷，而后者则更加西化。青岛本土华人建筑师大多为前者服务，他们多数只有工程师及在其他建筑事务所中学徒的经历，设计水平整体不高。绝大多数具有南方文化背景的华人业主，显然更倾向于委托上海的设计师和设计机构，为他们在青岛投资建设的楼房进行方案设计，而这些设计师所完成的方案，大多代表了当时中国华人设计师的最高水平。联益建筑华行和刘铨法可以算作当地设计机构和设计师中的例外，他们的方案能力和设计水平，显然远远超过其他本地华人建筑师。然而不能忽略的是，刘铨法和联益建筑华行的主创建筑师许守忠，又都具有中国南方的教育背景和工作经历。

日本建筑师以及欧洲建筑师接受的大多是相应业主的设计任务，尽管他们都接受过系统的专业训练，设计作品也能够满足业主需求，但与母体文化中建筑设计的最高水平仍然有一定差距。日本业主与建筑师大多倾向于折衷主义，同时体现细腻的日本文化特征。欧美业主以个人和宗教团体为主，其中因苏维埃“十月革命”经东北辗转移居青岛的俄国业主，构成欧美业主的主体部分。此外，德国和美国的教会和个人，也在这一时期进行建筑活动。他们的建设项目多采用相对纯正的欧洲近代建筑样式，其作品数量较少，但设计质量较高，成为推动青岛建筑文化发展的重要力量。

建筑市场的繁荣，使青岛的华资和日资建筑公司在 20 世纪 30 年代初得到进一步发展，并出现了一批具有现代建筑公司性质的营造厂。这些建筑公司，特别是华人建筑公司，具有经过专业训练的管理人才，并吸收和继承了大量经过德国人培训和实践训练的熟练工人以及他们的工艺传统，使建筑施工质量得到保证。

3. 动机、影响与回应

民国时期，青岛以居住和商住混合为主要功能的一般城市建筑，在多元文化背景下，呈现出多线索、多类型平行发展的特点。在政府管控的范畴之外，业主和设计师的选择体现出强烈的文化动机。无论是以里院代表的普通商住建筑，还是独立住宅反映出来的平面格局特征，都可以归结为由文化传统与生活方式所导致的功能需求的直接反应。妥协的产物在很短的时间内迅速形成——在德租时代，这种产物可以视为遗老住宅和中式商住建筑——并在接下来的发展中展现出相当程度的稳定性。在平面格局上具有鲜明差异的各类普通商业建筑与住宅，既反映了不同族群在文化传统与生活习惯上的巨大差异，也是其数量对比、经济实力和活动分布的直接表达。

以华人作为使用主体的房屋，构成多元建筑文化形态中最主要的线索；数量不多但建筑品质较高的外国侨民建造的房屋，成为多元建筑文化类型的重要补充。基于不同的家庭结构、生活习惯、商业活动特征、建筑审美倾向以及设计师和营造行业的状况，不同群体在多元文化环境中所完成的建筑，形成鲜明的自身特征，并在各自的体系内部进行继承与演进。在其他文化体系的影响下，不同功能类型的建筑，也在平面格局和立面样式等方面，不同程度地体现出对其他体系建筑语汇的接收与容纳。30年代，现代主义风格对青岛的建筑发展造成一定程度的影响，在这一过程中，各个文化体系中的建筑线索也做出了不同的回应。这种平行发展、有限交融的特点，是不同族群在剧烈的外部环境冲击下，基于自身的文化与传统所做出的集体无意识行为。历史发展的惯性所导致的各个建筑文化体系对其自身历史渊源的延续，是这种无意识行为表现出的主要特征，而它们之间的相互影响，也是一个不可回避的话题。

对于历经德国、日本和民国市政当局的华人居民，以及1922年回归之后继续留在青岛的日本侨民，政权的更迭并没有对他们在建设实践方面的文化认同产生影响。民国时期的大多数的华人业主在选择参照体系的时候，倾向于按照里院建筑与遗老住宅的建筑形制继续发展，尽管后者也在不同程度上受到德租时代德式建筑的影响。里院建筑与遗老住宅的平面格局，显然更加能够适应华人业主的家庭结构，满足其生活习惯需求，相应的建筑类型也由此得到延续和发展。不可否认，华人的建设实践中仍然可以或多或少地看到在外观上借鉴德租时代德式商业建筑与独立住宅的痕迹，然而这些实践无论在方法上还是程度上都具有很大的局限性和不完整性。在缺乏思考的前提下对诸如中式花园住宅等建筑范式的简单重复，导致观念认知与身份认同的固化与加强。由此所形成的惰性，使得中式建筑在其固有体系内部不得不以一种非常缓慢的方式向前演进。与之形成鲜明对比的是西化程度较高的华人业主所进行的建设活动，相应的实践作品独立于演进进程之外，以致于以突变的面目呈现出来。

与华人业主相比，在青岛的日侨对西方文化的认知更为透彻，同时也对其固有文化怀有更多的自信，[132] 这使得他们能在建筑活动以及与之相关的生活问题上，对来源于两种文明体系的元素，能够更加自由与灵活地组合与应用。这一点，格外清晰地反映在更为纯粹的欧式建筑立面与和式平面布局上。而在这座具有强烈的西化倾向的城市，欧洲业主显然更乐于坚持自己固有的方式生活。在大多数情况下，他们的建筑无论平面还是立面，都显示出对欧洲建筑较为完整的再现。大量的欧洲业主，不仅有经济实力，也有意愿去完成这种被视为对故乡进行模拟与再造的行为。但是他们的欧式建筑与生活方式对华人的直接影响，表现得却并不十分明显。

4. 现代性

在新技术、新审美观的冲击以及经济社会发展的作用下，这一时期的青岛建筑产生了一系列具有时代特征的变化，并通过风格样式、功能与结构表现出来。

近代建筑的现代性首先体现在外观样式上，许多建筑采用现代主义建筑风格，另一些建筑则明显受到这种建筑风格的影响。私人花园住宅是现代主义影响较为集中的建筑类型，这大概是因为这类建筑受到的制约因素较少，更容易表现出业主和建筑师的趣味及喜好。此外，旅馆等建筑，也更加乐意尝试现代主义风格。现代主义建筑风格中，国际式显然具有广泛的影响力，尽管这种影响作用在大多数情况下仅表现为对装饰的简化。与此同时，新艺术运动、赖特的草原风格和表现主义，也对一些花园住宅的设计产生了影响。

必须指出，受现代主义影响的建筑的范围，实质上远大于采用现代风格的建筑。简化装饰成为这种潮流最主要的表现，而大量建筑作品并没有放弃古典主义在体量关系、立面构图等方面的基本原则。事实上，对装饰的简化，使得尺度、比例、虚实关系变得更加重要。

132 这种自信很大程度上来源于日本未被中断的历史、文化以及当时较为健康的社会结构，而经历过多次外族入侵与文明创伤的中国人，在面对西方文明时不得不在极度的自我文明自大与自卑之间挣扎，而内卷化所导致的经济凋敝，显然抑制了对文化发展方向的全民思考。

对于绝大多数现代主义及受到现代主义影响的建筑而言，其“现代性”往往局限于建筑外观，而具有现代主义特征的建筑平面则凤毛麟角。与外立面相比，建筑平面格局需要更多的顾及使用功能的需求。然而也正是对这种需求的应对，现代集合住宅和住宅社区在这一时期被引入青岛，并为一种具有现代意义的生活提供场景。尽管作为这个事件主角的广厦堂，采用了相对保守的立面样式。

建筑结构的进步，也是这一时期青岛建筑现代性的重要表现。20世纪30年代，钢筋混凝土结构已经在一些建筑中得到应用，为更为灵活的平面划分创造了条件。然而出于造价原因，这种应用仅局限在少量建筑以及建筑中的少量部位。此外，结构的“现代性”与样式的“现代性”往往并不对应，例如将古典主义立面与钢筋混凝土结构相结合的金城银行大楼，以及许多采用砖木结构和现代主义立面的花园住宅。

二、从建筑到城市

1922年至1937年期间，青岛的政治、经济与社会环境发生着剧烈变化。这一时期的建筑融入既有的物质环境当中，成为时代的见证，并潜移默化地影响着城市肌理和城市意象的演变。一方面，建筑的边界、高度被自上而下的城市规划、土地划分与建筑法规加以限制；另一方面，对于建筑基本外观样式形成自下而上、约定俗成的惯例。这两方面的内容，实现了个体建设行为之间的协调，塑造出特色鲜明的城市形象，并使之成为城市居民自我认同的重要组成部分。

1. 城市建筑与肌理填充

在建筑法规的限制下，德租时代的青岛形成紧凑的城区与宽松的外围地区，前者作为商业区、港埠区以及平民居住区，后者则作为环境较好的居住社区，并设置医院、学校等市政公共建筑。连续的建筑法规、土地政策、业主认知，以及设计领域的路径依赖，使这种二元城市肌理得到延续。

城市建筑可以大致划分为核心城市建筑与一般城市建筑两种类型。核心城市建筑数量较少，一般具有公共属性较强的功能，并以庞大的体量、华丽壮观的建筑设计，成为城市中的地标建筑。一般城市建筑是指大量的普通商业与住宅建筑，这些建筑占城市建筑的大多数，是构成城市肌理的主体部分。一般城市建筑虽然不像纪念性建筑有着清晰的设计意图与样式，但同样是城市风貌的重要组成部分，它们记录了多重文化互相影响的过程，并从另一个侧面反映了人们的文化观念与活动特征。

城区的一般城市建筑及大部分核心城市建筑以毗邻式建造方式为主，主体建筑一般紧临街道建造。在设置相应防火墙的前提下，主体及附属建筑可以建至其他不临街的地块边界。少数情况下建筑沿街设置退界空间。这种建造方式能够形成连续的街道界面，并使土地价值得到充分利用。里院建筑是德租时期形成的商住街区中的一般城市建筑。民国时期，这一建筑类型在华人建设活动中得到进一步广泛应用与发展。与中式里院建筑相对应，日本侨民也建设了形式多样的毗邻式商住建筑。

外围地区以独立式建造方式为主，主体建筑与地块边界留出距离，仅附属建筑可沿地块边界建造，以保证田园般的居住环境。外围地区以独栋住宅为主，一些新建以及扩建的规模较大的建筑群也采用独立式建造方式，总体布局充分利用原有条件与地形特征，通过建筑物的合理排布，形成鲜明的外部空间秩序。

2. 对话街道

通过形体塑造、立面及环境设施设计，建筑师们巧妙处理了建筑与周边环境的关系，在建筑与街道空间之间形成良好的对话。

采用毗邻式建造方式，使城区的建筑形成连续、整齐、有序的临街立面，这些立面也是刻画与装饰的重点。立面多以纵向线条有序划分，将一层的入口和屋顶女儿墙，以及朝向开敞空间和街道交叉口的建筑部位，作为重点刻画对象，塑造出富有韵律感的空间界面形象。位于街角的建筑，往往将主入口置于转角处，并辅以塔楼、升高的体量、山墙与阳台等建筑构件与装饰元素，形成背景环境中的视觉重点（图 8–1）。

城区的核心城市建筑一般占据重要的地段，并以巨大的建筑体量和丰富的立面装饰，从周边的建筑环境中脱颖而出。青岛许多 20 世纪 20 年代和 30 年代的建筑，设计有优雅的塔楼，并以此作为形象特征。塔楼一般位于街道的对景位置或街角，形成街道景观和城市天际线的构图中心。除了形式多样的塔楼之外，许多建筑通过在街角设置三角形的古典山墙，或者通过局部升高建筑体量，对装饰街道和城市空间达到类似的效果。在这个过程中，既有的街道格局得到充分的利用。位置并不显

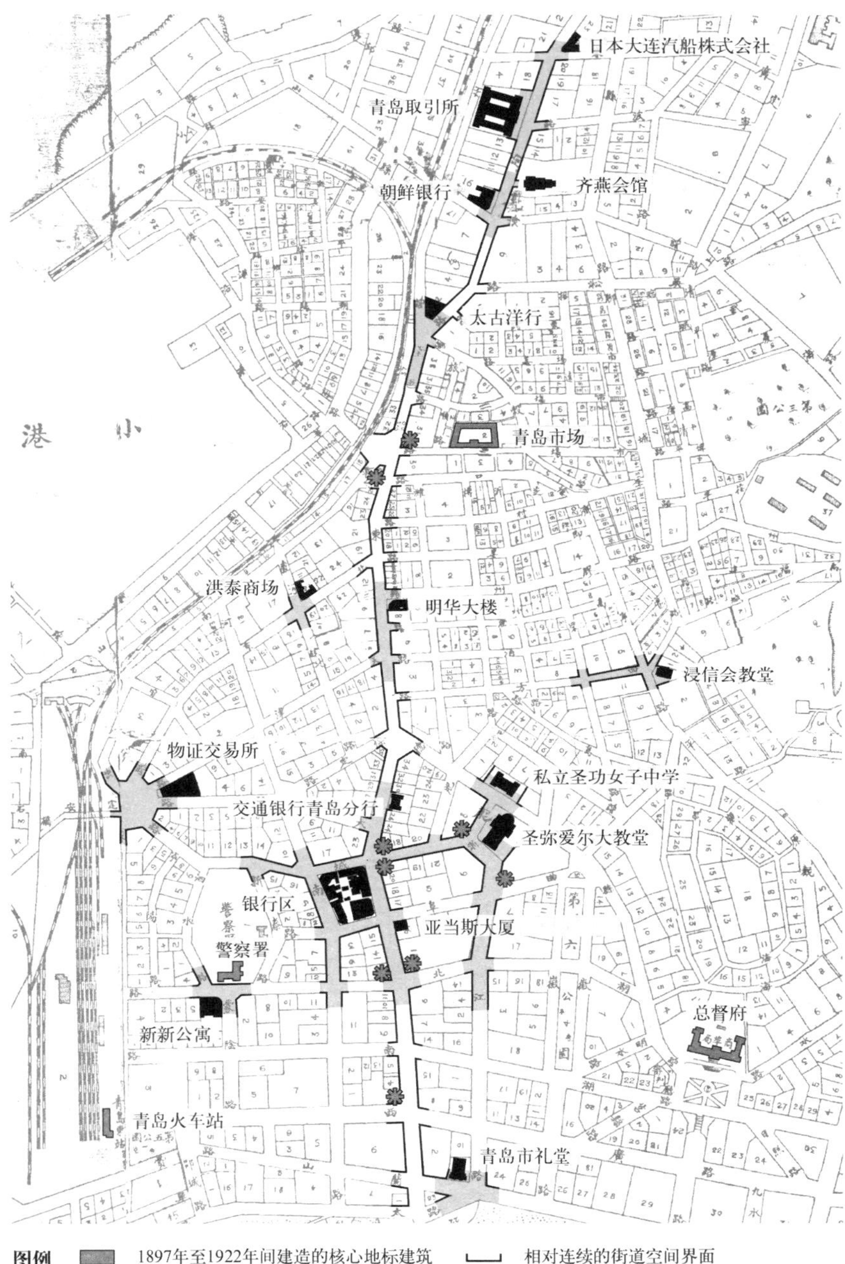

图 8-1　城区核心城市建筑分布

著的建筑，则通过建筑退界、巨大的建筑体量和具有强烈纪念性的立面设计，使自身成为城市地标。与德租时期的建筑相比，民国时期青岛地标建筑对高耸的坡屋顶的使用越来越少，而逐渐得到广泛使用的平屋顶，则赋予这座城市一种大都市的气息（图 8-2）。

在外围地区，独栋住宅形体变化丰富。建筑的大门、车库与镂空围

图 8-2 城区鸟瞰

墙的材料、颜色和样式各不相同，成为富有艺术感的城市界面。作为对青岛特殊地形的回应，产生了一系列独特的建筑入口处理方式。

外围地区的核心城市建筑，一般具有宏大的体量、引人注目的形象和文化功能，并成为周边社区视觉和社会生活的中心。这些建筑的形体组合和屋顶式样变化丰富，以此延续花园城市的田园气息。这种处理方式，柔化了建筑巨大的体量，使之与周边的独立式住宅相互和谐。与独栋住宅一样，这些建筑也退后道路建设，在道路和周边建筑之间留出庭院空间。通过将入口大门、开放式台阶以及对称设计的立面设置在一条视觉轴线上，建筑的威严感和纪念性得到烘托，以呼应其特殊的功能和意义。优雅的塔楼在这一类建筑中得到应用，并对富有诗意的天际线的塑造起到重要作用（图 8-3）。

同一街区的建筑，体量、材料、颜色以及风格样式一般较为接近，但建筑与建筑之间又或多或少地存在着差异。这一特点是建筑彼此之间以及与原有德租日据时期遗留建筑相和谐，形成在和谐统一中富有变化的街道界面。大量应用的山墙与塔楼，大大加强了街道界面的节奏。这些富有艺术感的街道界面，与折线形或弧形，并带有起伏的街道走向相结合，塑造出如画般的街道空间（图 8-4）。

建筑师对城市空间环境和历史文脉充分理解，是建筑与街道对话的基础。通过这种对话，建筑获得良好的形象，城市也成为受益者。

图 8–3　外围地区核心城市建筑分布

图 8–4　外围地区鸟瞰

在一些个案中，工务局作为建设管理者，以形成高品质城市空间环境为目标，介入私人建设活动的方案设计，对公共和私人的利益诉求进行平衡。

3. 蜿蜒的城市意象

起伏的地形和连绵的海岸线，构成青岛优美的城市意象最重要的基础条件。在城市建设过程中，这两个要素被紧紧地融入城市空间和意象的体验中。在坡度较大的地形上道路往往蜿蜒曲折，塑造静谧的街道空间。石阶路将不同高度的道路联系起来，并强化了对地形的体验。

沿着海岸线，几处岬角伸进海中，并以此分隔各个海湾。在岬角入海处建造一座体量适中的点式建筑，成为自然景观的点缀，塑造了具有动感的城市——陆地自然景观和大海的交融与过渡。一系列带有中式传统建筑特征的构筑物被加入小鱼山和汇泉湾之间，进一步丰富了如画的自然环境。

这一时期的建筑群和街区，是对德租、日据时代建成城区的良好补充，共同形成统一的城市形象。地势较为平缓的地区一般作为紧凑的城区，采用毗邻式建造方式，而地势起伏较大的山丘周围以及环境优美的海滨一带则作为宽松的外围地区，采用独立式建造方式。这种分布方式，是对青岛地形条件和自然景观最大程度的尊重与利用，并产生了一种极为清晰的图形关系。在两类街区的过渡地段，往往还有许多混合肌理的街区。在市区内部，坐落于地势较高处的建筑连同它们较大的体量和高耸的塔楼突出城市天际线，成为城市整体景观中的重点。

这一时期建筑在形体处理方式、建筑材料与色彩的应用方面，存在着广泛的共性。毗邻式建筑大都体量规整，谨守道路红线，而独立式建筑的形体则大多富于形体变化。尽管平屋顶得到越来越多的应用，红瓦坡顶仍然是应用广泛的屋顶形式。民国时期的建筑材料和色彩，以延续德租时期的特点为主，建筑外立面除少量清水砖面外，多采用水泥拉毛抹灰墙面，施以色彩明快的粉刷，崂山出产的优质花岗岩也得到广泛的应用，后者除了作为立面材料与装饰，还被广泛应用于台阶和栏杆。20世纪30年代，人造石作为新的立面材料，开始在青岛得到应用。这些形体处理方式、建筑材料与色彩，与原有建筑保持和谐统一，并延续其亲切友好的建筑形象。尽管单座建筑物的鲜明的个性特征与德租时代相比，则弱化了许多。这些二至三层的房屋，在绿树掩映下，与起伏的地形构成的整体景观，具有强烈的雕塑感。

4. 公共生活与利益协同

对于城区而言，毗邻式建造方式允许银行、影院、浴室等特殊功能的建筑，与里院和日式商住建筑街区紧密融合；中性化的建筑平面和功能格局赋予里院建筑极大的灵活性与适应性，允许各种规模与形式的办公、商业、居住等功能集合在一起。围合的街道空间将这些功能串联起来，为多样的城市生活提供了空间与载体；小规模的沿街商业单元，降低了个人进行商业活动的门槛，使个体能够更加容易地介入城市经济和社会活动。通过里院的院落，这种公共生活被部分地延伸到建筑内部，有限的院落空间获得充分利用，成为交往与交流场所。外围地区通过大量私人空间的供给，保障了高质量的居住条件。在视觉意义上，公共空间被扩展到私人花园，各式精美的围墙栏杆和建筑立面，营造出优美的城市意象。学校、宗教建筑与会馆等文化建筑和他们的功能，丰富了外围地区生活的内容。

稳定的城市形态背后，是公共与私人利益的平衡与协同。政府在城市建设过程中的核心关注点，包括由街道形象、消防、卫生等方面构成的城市秩序，以及基于活跃的工商业活动的经济繁荣，而经济利益与生活质量也是私人业主的核心兴趣所在。城区毗邻式建造方式有利于形成整齐的街道，也使业主能够充分利用土地，而宽窄适中的沿街立面，则可以同时满足私人业主的个性识别与丰富街道视觉内容的需要。在街道背后，除了满足规范性的要求之外，管理者给私人业主留有大量自由发挥的空间，为建筑改建和功能转变预留空间，使建筑可以针对城市发展做出适当的调整，从而可以同时维护业主的利益与促进城市的活力。独立式街区通过保障充足的阳光、空气、绿地，营造了具有田园风情的居住环境，这种高质量的城市生活空间以及与之相对应的城市生活，不仅得到当时青岛各文化族群的集体认同，也在青岛之外获得广泛的认可。

附录

附录一、建筑师索引

1. 青岛华人建筑师
王子豪 59，61
王云飞 119，164
王枚生 104，107，116，163，164，193–197
王屏藩 163，164，166，187
王海澜 81，164
王锡波 88，169
王德昌 116，146
田友秋（工务局）55
叶奎书（联益建筑华行）149
邢正气 51
邢国栋（工务局）164，168
许守忠（工务局、联益建筑华行） 53，55，
71–72，81，212
李岐鸣 154，163
刘铨法 78–79，82，84，100，164–166，212
宋立生 183
吴必沧（工务局）54
何炳焱（工务局）53
张景文 116，164
张遇辛 163
范维滢 148
郑德鹏（工务局）39，43
栾子瑜 164，174
栾延玠 145
郭鸿文 183
徐垚 80–81，178，199
遇守正（工务局）53
廖宝贤（联益建筑华行）72

2. 青岛日本建筑师
小山良树 169–174
三井幸次郎 86，90，92，170–172，184
长冈平藏 151，170–171
筑紫庄作 151，169，170，173，182，183，
193，197

3. 青岛西方建筑师
[德] 毕娄哈（Arthur Bialucha）96，97，178
[法] 白纳德（Boehnert）73，178，184
[俄] 司美乐（Ghuiwoff？ ）187
[俄] 拉夫林且夫（Lawieuff）176，177，185
[德] 李希德（Paul Friedrich Richter）105
[俄] 尤霍茨基（M. J. Youhotsky）182
[俄] 尤力甫（Wladimir Georg Yourieff）73，74，
92，113，149，176，177，184

4. 外埠建筑师及事务所
庄俊 68，79
苏夏轩（马腾建筑工程司）47，78，79，150，
179，193，195
陆谦受 75，77，79，80，178，199，204，206

罗邦杰 77
董大酉 108
科瑞特（A. Corrit）176
天津基泰工程司 43
上海新瑞和洋行 120

以下建筑师也参与这一时期青岛的建筑设计工作，因篇幅有限，他们的作品未及介绍。

蒋振南（联益建筑华行）、王翰、朱良佐、辛文绮、段海州、陈其信、刘宝斋、马鹏、王子美、朱兰室、曹毓琦、朱致经、L.N.Pashkoff（Shanghai）、邬仁义、杨仲翘

附录二、建筑作品索引

建筑类型	项目名称	业主	地点	建筑师	建设单位	设计与建造时间
市政建筑	平民住所	青岛市政府	台西镇	工务局		1930–1934
	青岛水族馆	中国海洋研究所筹备委员会	莱阳路	青岛市观象台		1931.1–1932.2
	回澜阁	青岛市政府	前海栈桥			1931.9–1932.4
	朝城路小学	青岛市政府	朝城路	工务局		1932.1–1932.5
	青岛市体育场	青岛市政府	汇泉跑马场	天津基泰工程司（大门）/工务局–郑德鹏（其他部分）	华丰恒营造厂（大门）/天泰营造厂	1933.2–1933.7
	太平路小学	青岛市政府	太平路	工务局		1933.7–1933.9
	市立女子中学	青岛市政府	太平路	工务局		1933
	车夫休息亭	青岛市政府	火车站、江苏路等地	工务局–邢正气		1933–1935
	青岛市国术馆	青岛国术馆	广东路		协顺兴营造厂	–1934.12
	青岛市礼堂	青岛市政府	太平路	工务局–郑德鹏	美化营造厂	1934–1935.7
	海军招待所	青岛繁荣促进会	四川路	马腾建筑工程司青岛分事务所		1935
	中央市场 *	青岛市政府	不详	工务局–王子豪		1935.9
	青岛海滨生物研究所	中国海洋研究所	莱阳路	青岛市观象台		1936
	市立图书馆 *	青岛市政府	不详	工务局–王子豪		
商业建筑	交通银行大楼	交通银行	中山路	庄俊	申泰营造厂	1929.3–1929.9
	明华大楼	明华银行	中山路	联益建筑华行–许守忠		1933
	亚当斯大厦	山东起业株式会社	中山路	白纳德建筑事务所–尤力甫		1931/1935
	中国银行大楼	中国银行	中山路	陆谦受		1934.1
	大陆银行大楼	大陆银行	中山路	罗邦杰		1932.12–1934.9
	山左银行大楼	山左银行	中山路	刘铨法	福聚兴营造厂	1933.5–1934.5
	上海储蓄银行大楼	上海储蓄银行	中山路	马腾建筑工程司–苏夏轩、孙荣樵、翟克振		1936
	金城银行大楼	金城银行	河南路	陆谦受	新慎记营造厂	1934.4–1935.7
	银行公会大楼	青岛银行公会	河南路	徐垚	华丰恒营造厂	1933.7–1934.9
	中国实业银行大楼	中国实业银行	河南路	联益建筑华行–廖宝贤	申泰兴记营造厂	1932.3–1934.2
	洪泰商场	李连溪	北京路	王海澜		1931.6–1932
	物品证券交易所大楼	青岛物品证券交易所	天津路	刘铨法		1933
	新新公寓	刘子周	湖南路	刘铨法	长顺工厂	1936.2–1936.1
	青岛取引所	青岛取引所	馆陶路	三井幸次郎		1925
	齐燕会馆大楼	青岛齐燕会馆	馆陶路	王锡波	全盛工程局	1924.4–1925.7
	朝鲜银行大楼	朝鲜银行	馆陶路	三井幸次郎	木仓土木组–加藤真利	1931.1–1932.6
	太古洋行	太古洋行	馆陶路	尤力甫	振华营造厂	1936.6–1936.12
	日本大连汽船株式会社	日本大连汽船株式会社	馆陶路			1928.11
	水边大厦	明华银行	汇泉角	新瑞和洋行		1933

文化建筑	教堂	青岛浸信会教堂	天主教浸信会	济宁路			1923
	教堂	青岛东正教堂	东正教会	金口一路	尤力甫		–1927.12
	寺庙	青岛净土宗善道寺	青岛净土宗善道寺	黄台路	小山良树	木舟组	–1930.12
	学校	私立圣功女子中学	美国天主教方济各会	德县路	毕娄哈（Arthur Bialucha）		1931 年
	教堂	青岛圣弥爱尔大教堂	天主教圣言会	浙江路	阿尔弗莱德·福爱博尔（Alfred Fräbel）/ 毕娄哈（Arthur Bialucha）		1931.5–1934.10
	学校	山东大学科学馆	国立山东大学	齐河路	董大酉	申泰营造厂	1932.3–1933.1
	会馆	两湖会馆	两湖会馆	大学路	王枚生	协顺兴营造厂	–1932.12
	慈善机构	红万字会青岛分会	红万字会青岛分会	大学路	刘铨法	顺和营造厂	1933.1–1933.7
	寺庙	青岛天后宫	青岛天后宫	太平路	张景文 / 王枚生 / 王德昌		1934–1937
	会馆与学校	德国中心	德国基督教会	江苏路	李希德（Paul Friedrich Richter）		1936.7–
	学校	山东大学化学馆	国立山东大学	齐河路			1937.1–1937.7
居住建筑	和式商住建筑	桓台路商住建筑	相川丰志	桓台路			–1923.11
	里院新建	观城路里院	于和亭	观城路			–1923.12
	里院新建	邹县路里院	赵延年	邹县路			–1929.3
	里院增筑	即墨路芝罘路里院	丁清勤	即墨路芝罘路		张正义	–1929.12
	里院翻造	瑞蚨祥	孟鸿升	胶州路	王德昌	公合兴营造厂	1930.6–1930.9
	里院增筑	即墨路芝罘路里院	丁清勤	即墨路芝罘路	邬仁义	张正义	–1930.10
	和式商住建筑	辽宁路商住建筑	铃木诚治	辽宁路	长冈平藏	土肥商店	1931.4–1931.9
	里院翻造	平度路里院	余荫堂、怡和堂、积善堂、厚德堂	平度路	栾子瑜		1931.6–
	新式里院	三多里	金升卿	博山路	范维滢	华丰恒营造厂	1931.8–1932.1
	新式里院	九如里	金升卿	四方路	范维滢	华丰恒营造厂	1931.9–1932.10
	里弄住宅	芝罘路里弄	梁裕元	济宁路	王德昌	华丰恒营造厂	1933.1–1934.1
	里院增筑	汶上路里院	张幼安	汶上路	王枚生		1933.2–1933.6
	里院改建	中华书局	刘希三	即墨路	栾延玠	义合工厂	1933.9–1933.12
	里院翻造	泉祥茶庄	孟鸿升	海泊路	张遇辛	顺和营造厂	1934.10–1935.4
	新式里院	平康东里	谭大武	四方路	尤力甫		1934.1–1934.11
	新式里院	骏业里	张立堂	四方路	刘铨法	福聚兴营造厂	1934.3–1934.6
	里院改建	海泊路商场	王子久	海泊路	张景文	元兴诚营造厂	1934.9–1934.11
	和式商住建筑	招远路商住建筑	石丸寮一郎	招远路	筑紫庄作	江川组	1935.3–1935.12
	新式里院	广合兴	黄尧山	胶州路	联益建筑华行 – 叶奎书	新慎记营造厂	1935.4–1935.12
	混合商住建筑	益都路商住建筑	李凤梧	益都路	李岐鸣	义顺成营造厂	1936.5–1936.10
	欧式花园住宅	贝尔茨住宅	贝尔茨（Pälz）	金口一路			–1928.2
	中式花园住宅	李善堂公馆	李善堂	莱阳路	王屏藩	洪志号	1929.10–1930
	欧式花园住宅	花石楼	涞比池（Lembich）	黄海路	王云飞		1930
	中日折衷花园住宅	长泽十四郎住宅	长泽十四郎	黄台路	栾子瑜	高濑建筑部	1930.4–1930.12
	中日折衷花园住宅	陈湘南住宅	陈湘南	金口一路	小山良树	三浦商会	1930.6–1931.1
	中式花园住宅	陈泳辉住宅	陈泳辉	黄台路	栾子瑜		1930.9–
	和式花园住宅	宫家寿男住宅	宫家寿男	黄台路	长冈平藏	元兴诚营造厂	1930.10–1931.8
	中式花园住宅	李在山住宅	李在山	齐东路	王云飞	泰德涌营造厂	1930.10–1931.9
	现代花园住宅	横濑守雄住宅	横濑守雄	莱阳路	三井幸次郎	德合兴营造厂	1930.11–1931.1
	中式花园住宅	汪巽基住宅	汪巽基	金口三路	王海澜	滨记营造厂	1930.11–1931.8
	和式花园住宅	铃木美年住宅	铃木美年	黄台路	三井幸次郎	高濑组	1931.1–1931.6
	和式花园住宅	折居尉行住宅	折居尉行	黄台路	小山良树	土肥商店	1931.2–1931.11
	和式花园住宅	陈川新隆住宅	陈川新隆	黄台路	小山良树	江川组	1931.2–1931.9

居住建筑	中式花园住宅	王荷卿住宅	王荷卿	金口一路	王锡波	华丰恒营造厂	1931.3–1932.1
	中式花园住宅	周绍武住宅	周绍武	齐东路	扬仲翘	新记营造厂	1931.4–1931.7
	现代花园住宅	周四余住宅	周四余	荣成路	白纳德	诚聚号	1931.12–1932.1
	欧式花园住宅	艾仁伯住宅	艾仁伯	荣成路	拉夫林且夫	振华营造厂	1932.7–1933.6
	欧式花园住宅	约翰·高尔斯登住宅	约翰·高尔斯登	山海关路	拉夫林且夫	光记营造厂	1933.3–1933 年底
	和式花园住宅	陈川新隆住宅 *	陈川新隆	黄台路	筑紫庄作		1933.4
	中式花园住宅	慎德堂幼记住宅	慎德堂幼记	信号山路	王枚生	美化营造厂	1933.10–1933.12
	欧式花园住宅	伊瓦洛瓦住宅	伊瓦洛瓦	嘉峪关路	尤力甫		1934
	欧式花园住宅	金城银行经理住宅	金城银行	韶关路	陆谦受、徐垚	新慎记营造厂	1934.11–1935.6
	现代花园住宅	格拉德耶夫住宅	格拉德耶夫	武胜关路	王屏藩	慎记营造厂	1934.2–1934.8
	欧式花园住宅	波普住宅	波普（H.Pope）	正阳关路	科瑞特（A. Corrit）	锦生记营造厂	1934.5–1935.2
	现代花园住宅	汤启声住宅	汤启声	齐东路	宋立生		1935
	中式花园住宅	邢契莘住宅	邢契莘	信号山路	邢国栋	同利工厂	–1935.12
	中式花园住宅	张绍周公馆	张绍周	信号山路	刘铨法	源泰祥和记	1935.12–1936.2
	现代花园住宅	由和次吉伊万住宅 *	由和次吉伊万（J.A.Youhotsky）	嘉峪关路	尤霍茨基（M.J.Youhotsky）		1935.6
	现代花园住宅	黄台路住宅 *	日本留居民团	黄台路	筑紫庄作		1936
	欧式花园住宅	陆延撰住宅	陆延撰	函谷关路	马腾事务所建筑师苏夏轩	新慎记营造厂	1936.2–1936.5
	现代花园住宅	邹来炳住宅	邹来炳	荣成路	郭鸿文	德顺炉营造厂	1936.4–1936.10
	现代花园住宅	姚普住宅 *	姚普	正阳关路	拉夫林且夫		1936.5
	现代花园住宅	丁慰农住宅	丁慰农	山海关路	叶金书		1936.5–
	现代花园住宅	吴云巢住宅	吴云巢	正阳关路	尤力甫		1936.7–1937
	现代花园住宅	王玉春住宅	王玉春	韶关路	唐霭如	荣茂昌营造厂	1937.3–
	现代花园住宅	克立此克依住宅	克立此克依（K. Kreuy）	武胜关路	唐霭如	王祥记营造厂	1937.4–1937.6
	现代花园住宅	积善堂住宅 *	积善堂代表唐庚记	嘉峪关路	司美乐(Ghuiwoff？)		1937.5
	类公寓住宅	黄台路住宅	张纯三	黄台路	王枚生	福合兴营造厂	1932.11–1933.8
	公寓社区	广厦堂青岛中国银行宿舍	中国银行	大学路	陆谦受、吴景奇	新慎记营造厂	1932–1933.12
	类公寓住宅	黄台路住宅	岛村名房	黄台路	筑紫庄作	土木建筑诸负业木舟组	1933.8–1933.11
	类公寓住宅	黄台路住宅	周孝	黄台路	王枚生	美化营造厂	1934.5–1935.5
	公寓住宅	掖县路公寓	姚普	掖县路	马腾建筑工程司–苏夏轩、孙荣樵、翟克振		1935.7–1936
	公寓住宅	韶关路公寓	奚振久	韶关路	马腾建筑工程司–苏夏轩、孙荣樵、翟克振	申泰营造厂	1936.1–1936.10
	公寓住宅	聊城路公寓 *	坂井贞一	黄台路	筑紫庄作		1936.6
公园		观象山公园	青岛市政府	观象山	工务局		1930
		莱阳路海滨公园	青岛市政府	莱阳路	工务局–许守忠/田友秋		1930
		栈桥公园东公园	青岛市政府	前海栈桥	工务局–吴必沧		1931
		东镇公园	青岛市政府	威海路	工务局		1934
		栈桥公园西公园	青岛市政府	前海栈桥	工务局–遇守正		1934
		太平角公园（新第四公园）	青岛市政府	太平角一路	工务局		1934
		第三公园	青岛市政府	聊城路	工务局		1935
		大运动场 *	青岛市政府	汇泉跑马场	工务局		1935
		西镇公园	青岛市政府	贵州路	工务局–何炳焱		1936
		贵州路海滨公园 *	青岛市政府	贵州路	工务局		1936

* 项目仅完成设计，并未实际建成

参考文献

[1] 程乃珊 . 中行别业 [J]. 北京 : 建筑与文化 , 2005(2).

[2] 费文明 . 1929 年西湖博览会设计研究 [D]. 南京 : 南京艺术学院 , 2007.

[3] 华纳 (Torsten Warner). 德国建筑艺术在中国 [M]. 柏林 : Ernst & Sohn, 1994.

[4] 华纳 (Torsten Warner). Die Planung und Entwicklung der deutschenStadtgr ü ndung Qingdao (Tsingtau) in China – Der UmgangmitdemFremden [M]. Frankfurt am Main, 1996.

[5] 麟炳 . 对于上海金城银行建筑之我见 [J]. 中国建筑 , 1933(10).

[6] 赖德霖 . 近代哲匠录 [M]. 北京 : 中国水利水电出版社 ,2006.

[7] 李明，窦世强 . 青岛老房子 [M]. 青岛 : 青岛出版社 , 2005.

[8] 林德 (Lind C.) Die ArchitektonischeGestaltung der KolonialstadtTsingtau 1897 – 1914 [M]. Berlin, 1998.

[9] 芦原义信 . 街道的美学 [M]. 尹培桐，译 . 天津 : 百花文艺出版社 , 2006.

[10] 青岛大陆银行新屋 [J]. 上海 : 中国建筑 , 1935(3).

[11] 青岛国立山东大学科学馆开幕记 [J]. 上海 : 科学 , 1933(5–6).

[12] 青岛市档案馆 . 帝国主义与胶海关 [M]. 北京 : 档案出版社 , 1986.

[13] 青岛市工务局 . 工务纪要 [M]. 青岛 , 1934.

[14] 青岛市工务局 . 工务纪要 [M]. 青岛 , 1935.

[15] 青岛市工务局 . 青岛名胜游览指南 [M]. 青岛 , 1935.

[16] 青岛市教育局 . 青岛教育 [Z]. 青岛 , 1934(1).

[17] 青岛市市南区政协 . 里院 , 青岛平民生态样本 [M]. 青岛 : 青岛出版社 , 2008.

[18] 青岛市政府 . 青岛市行政纪要 [M]. 青岛 , 1933.

[19] 青岛市政府 . 青岛市市政法规汇编 [M]. 青岛 , 1935.

[20] 青岛市政府 . 市政公报 [Z]. 青岛 , 1930–1937.

[21] 青岛市政府招待处 . 青岛概览 . 青岛 , 1937.

[22] 青岛特别市政府 . 市政公报 [Z]. 青岛 , 1929–1930.

[23] 青岛最近行政建设 [J]. 青岛 : 都市与农村 . 1935(4).

[24] 日本青岛守备军司令部 . 土木志 [M]. 青岛 , 1920.

[25] 任银睦 . 青岛早起城市现代化研究 [M]. 北京 : 生活读书新知三联书店 , 2007.

[26] 孙保锋 . 台西镇 [M]. 济南 : 山东画报出版社 , 2010.

[27] 魏枢 . “大上海计划”启示录 [M]. 南京 : 东南大学出版社 , 2011.

[28] 王栋 . 卓越的建筑师：弗拉基米尔 · 尤力甫 [N]. 青岛 : 青岛晚报 , 2006-11-26.

[29] 王浩娱 . 陆谦受后人香港访谈录 , 中国近代建筑师个案研究 [A]. 全球视野下的中国建筑遗产 , 第四届中国建筑史学国际研讨会论文集 [C]. 上海 : 同济大学出版社 , 2007.

[30] 王守中 , 郭大松 . 近代山东城市变迁史 [M]. 济南 : 山东教育出版社 , 2001.

[31] 王祖训 . 青岛银行工会落成记 [J]. 中行生活 , 1934(33).

[32] 伍江 . 上海百年建筑史 , 1840-1949[M]. 2 版 . 上海 : 同济大学出版社 , 2008.

[33] 雪松 . 青岛水族馆略记 [J]. 北洋画报 , 1934(12).

[34] 藤森照信 . 日本近代建筑 [M]. 黄俊铭 译 . 济南 : 山东人民出版社 , 2010.

[35] 杨秉德 . 中国近代城市与建筑 [M]. 北京 : 中国建筑工业出版社 , 1993

[36] 袁宾久 . 青岛德式建筑 [M]. 北京 : 中国建筑工业出版社 , 2009.

[37] 袁荣叟 . 胶澳志 [M]. 青岛 : 青岛出版社 , 2011.

[38] 庄俊 . 青岛交通银行建筑始末记 [J]. 中国建筑 , 1934, (6).

[39] 赵琪 . 胶澳商埠现行法令汇纂 [M]. 青岛 , 1926.

[40] 赵琪 . 胶澳行政纪要续编 [M]. 青岛 , 1929.

[41] 张守富 . 山东省志 , 海关志 [M]. 济南 : 山东人民出版社 , 1997.

[42] 周兆利 . 弗拉吉米尔 · 尤力甫与公主楼 [N]. 青岛 : 青岛晚报 , 2006-11-5.

[43] Behmer,Fr. und Krieger, M. F ü hrer durchTsingtau und Umgebung, 3. Auflage[M].Wolfenb ü ttel: HecknersVerlag, 1906.

[44] Hobow Junichi. Tsingtau – The Riviera oftheFar East[M].Qingdao, 1922.

[45] Siemssen, Helmut Siems; Stark, Hannelore Astrid. Kolonialpionier Alfred Emil Siemssen. MemoirenausFernost 1857–1946[M]. Zeitgeschehen, Wachtberg 2011.

图片来源

图 1-1 胶澳发展备忘录，1898；附件 2

图 1-2 青岛地图，约 1913 年

图 1-3 胶澳发展备忘录，1905-1906，全景照片局部

图 1-4 胶澳发展备忘录，1905-1906

图 1-5 Dr. Fr. Behme, Dr. M. Krieger, *FührerdurchTsingtau und Umgebung*, Wolfenbüttel: HecknersVerlag, 1906

图 1-6 胶澳发展备忘录，1905-1906

图 1-7 MarineschuleMürwick 收藏

图 1-8 胶澳发展备忘录，1907-1908，附件 4

图 1-9 作者基于青岛地图绘制

图 1-10 青岛纪念画册，约 1909 年

图 1-11 阎立津编《青岛旧影》，北京，2004 年

图 1-12 青岛纪念画册，约 1909 年

图 1-13 巴伐利亚国立图书馆，Ana 517

图 1-14 W.Schrammeier, *AusKiautschousVerwaltung. Die Land-, Steuer- und Zollpolitik des Kiautschougebiets*, Jena, 1914

图 1-15 胶澳发展备忘录，1906-1907

图 1-16 弗莱堡联邦军事档案馆，照片编号：137-021635

图 1-17—图 1-18 日本国立公文书馆

图 1-19 阿部鉒二主编《青岛写真案内》，青岛，1918 年

图 1-20 步兵第六十三连队《山东派遣军纪念写真贴》，青岛，1929 年

图 1-21 步兵第六十三连队《山东派遣军纪念写真贴》，青岛，1929 年

图 1-22 阿部鉒二主编《青岛写真案内》，青岛，1918 年

图 1-23—图 1-24 步兵第六十三连队《山东派遣军纪念写真贴》，青岛，1929 年

图 1-25—图 1-28 博文堂《青岛今昔纪念写真贴》，青岛，1925 年

图 1-29 步兵第六十三连队《山东派遣军纪念写真贴》，青岛，1929 年

图 1-30 博文堂《青岛今昔纪念写真贴》，青岛，1925 年

图 1-31 步兵第六十三连队《山东派遣军纪念写真贴》，青岛，1929 年

图 1-32 博文堂《青岛今昔纪念写真贴》，青岛，1925 年
图 1-33 步兵第六十三连队《山东派遣军纪念写真贴》，青岛，1929 年
图 1-34—图 1-36 阿部鉎二主编《青岛写真案内》，青岛，1918 年
图 1-37 作者基于青岛市市街图（1936 年）绘制

图 2-1 青岛市城市建设档案馆馆藏档案
图 2-2 哲夫《青岛旧影》，上海，2007 年
图 2-3 青岛市城市建设档案馆馆藏档案
图 2-4 阎立津编《青岛旧影》，北京，2004 年
图 2-5 青岛市城市建设档案馆馆藏档案
图 2-6《青岛市市政公报》，第 72 期，1936 年 7 月
图 2-7 哲夫《青岛旧影》，上海，2007 年
图 2-8 阎立津编《青岛旧影》，北京，2004 年
图 2-9—图 2-10 青岛市城市建设档案馆馆藏档案
图 2-11 青岛市教育局《青岛教育》，第 1 卷第 2 期，1933 年 5 月
图 2-12 青岛市教育局《青岛教育》，第 1 卷第 8 期，1934 年 1 月
图 2-13 青岛市教育局《青岛教育》，第 1 卷第 9 期，1934 年 2 月
图 2-14 青岛市教育局《青岛教育》，第 1 卷第 11 期，1934 年 4 月
图 2-15 青岛市城市建设档案馆馆藏档案
图 2-16—图 2-17《青岛画报》，1934 年第 2 期，1934 年 9 月
图 2-18 青岛市城市建设档案馆馆藏档案
图 2-19 王栋先生收藏图片
图 2-20—图 2-24 青岛市城市建设档案馆馆藏档案
图 2-25 巴伐利亚国立图书馆，Ana 517
图 2-26 青岛市城市建设档案馆馆藏档案
图 2-27 同上
图 2-28 巴伐利亚国立图书馆，Ana 517
图 2-29 至图 2-34 青岛市城市建设档案馆馆藏档案
图 2-35 作者基于青岛市市街图（1936 年）绘制
图 2-36 王栋先生收藏图片

图 3-1—图 3-4《中国建筑》第 2 卷第 3 册，1934 年 6 月
图 3-5 青岛市城市建设档案馆馆藏档案

图 3-6 王栋先生收藏图片

图 3-7—图 3-8 青岛市城市建设档案馆馆藏档案

图 3-9 王栋先生收藏图片

图 3-10—图 3-11 青岛市城市建设档案馆馆藏档案

图 3-12《中国建筑》第 3 卷第 5 册，1935 年 3 月

图 3-13 王栋先生收藏图片

图 3-14—图 3-15 青岛市城市建设档案馆馆藏档案

图 3-16 赵鑫先生收藏图片

图 3-17 青岛市城市建设档案馆馆藏档案

图 3-18 王栋先生收藏图片

图 3-19—图 3-20 明信片，19 世纪 20 年代

图 3-21—图 3-23 青岛市城市建设档案馆馆藏档案

图 3-24 Historical Photographs of China Project, Director Robert Bickers, University of Bristol

图 4-1 王栋先生收藏图片

图 4-2—图 4-3 青岛市城市建设档案馆馆藏档案

图 4-4—图 4-5 哲夫《青岛旧影》，上海，2007 年

图 4-6 巴伐利亚国立图书馆，Ana 517

图 4-7—图 4-10 青岛市城市建设档案馆馆藏档案

图 4-11—图 4-12 王栋先生收藏图片

图 4-13—图 4-14 青岛市城市建设档案馆馆藏档案

图 4-15 王栋先生收藏图片

图 4-16 青岛市城市建设档案馆馆藏档案

图 4-17 李明先生收藏图片

图 4-18 青岛市城市建设档案馆馆藏档案

图 4-19 李明先生收藏图片

图 4-20 青岛市城市建设档案馆馆藏档案

图 4-21《LIFE》摄影师卡尔·迈登斯作品，1948 年

图 4-22 青岛市城市建设档案馆馆藏档案

图 4-23 王栋先生收藏图片

图 4-24—图 4-25 青岛市城市建设档案馆馆藏档案

图 4-26 巴伐利亚国立图书馆，Ana 517

图 4-27—图 4-29 青岛市城市建设档案馆馆藏档案

图 4–30 王栋先生收藏图片
图 4–31 青岛市城市建设档案馆馆藏档案
图 4–32 王栋先生收藏图片
图 4–33 巴伐利亚国立图书馆，Ana 517
图 4–34《青岛的建筑》，良友画报，1936 年第 116 期
图 4–35《LIFE》摄影师卡尔·迈登斯作品，1948 年

图 5–1 阿部鲑二主编《青岛写真案内》，青岛，1918 年
图 5–2 青岛市城市建设档案馆馆藏档案
图 5–3 阿尔弗莱德·西姆森相册
图 5–4 青岛市城市建设档案馆馆藏档案
图 5–5—图 5–6 阿尔弗莱德·西姆森相册
图 5–7 青岛市城市建设档案馆馆藏档案
图 5–8 阿部鲑二主编《青岛写真案内》，青岛，1918 年
图 5–9—图 5–12 青岛市城市建设档案馆馆藏档案
图 5–13 阿部鲑二主编《青岛写真案内》，青岛，1918 年
图 5–14—图 5–18 青岛市城市建设档案馆馆藏档案
图 5–19 赵鑫先生收藏图片
图 5–20 青岛市城市建设档案馆馆藏档案
图 5–21 阿部鲑二主编《青岛写真案内》，青岛，1918 年
图 5–22—图 5–31 青岛市城市建设档案馆馆藏档案

图 6–1 巴伐利亚国立图书馆，Ana 517
图 6–2—图 6–5 青岛市城市建设档案馆馆藏档案
图 6–6 19 世纪初明信片
图 6–7—图 6–11 青岛市城市建设档案馆馆藏档案
图 6–12 王栋先生收藏图片
图 6–13—图 6–14 青岛市城市建设档案馆馆藏档案
图 6–15《LIFE》摄影师卡尔·迈登斯作品，1948 年
图 6–16—图 6–44 青岛市城市建设档案馆馆藏档案

图 7–1 青岛市城市建设档案馆馆藏档案
图 7–2 阎立津编《青岛旧影》，北京，2004 年

图 7–3—图 7–8 青岛市城市建设档案馆馆藏档案

图 7–9—图 7–10 中国建筑，第 26 期，1936.7

图 7–11—图 7–12 中国建筑，第 2 卷第 7 期，1934.7

图 7–13—图 7–14 中国建筑，第 26 期，1936.7

图 7–15—图 7–19 中国建筑，第 2 卷第 7 期，1934.7

图 8–1 作者基于胶澳商埠市街路名地号全图（1926 年）绘制

图 8–2 巴伐利亚国立图书馆，Ana 517

图 8–3 作者基于胶澳商埠市街路名地号全图（1926 年）绘制

图 8–4 巴伐利亚国立图书馆，Ana 517

后记

青岛近代建筑研究往往给予德式建筑和重要的公共建筑更多关注，1922 年至 1937 年北洋政府与南京国民政府统治青岛期间的近代建筑——特别是这一时期建成的普通商住建筑与住宅则往往被忽略。而恰恰是这些建筑，构成了青岛近代建筑的主体。当前，历史城区的保护与发展成为青岛城市建设最重要的内容之一。对于近代建筑的梳理和解读，有助于更好地理解历史城区和其建设历程，为保护与发展工作提供有力支撑。

结合青岛市城市建设档案馆馆藏档案梳理与解读的近代建筑研究工作开始于 2011 年。保存在档案馆的设计图纸与请照档案，提供了大量真实可信的历史信息与细节，使我们能够在过往和当下之间架起一座桥梁，还原历史场景与厘清发展脉络。研究的成果，使历史和个人记忆相互叠加，为生活中熟悉的场景增添意涵，提供看待近代建筑和体验历史城区的全新的视角。

研究工作的顺利进行，首先要感谢青岛市城乡建设委员会以及青岛市城市建设档案馆对档案研究与利用工作的支持。在研究过程中，城建档案馆李青生馆长、孔繁生先生和张艳波女士，对研究工作给予了大力支持与协助。李青生馆长多次关心、指导研究与出版工作；孔繁生先生对于研究方向和内容提出了许多宝贵的意见和建议，并积极协调与解决工作过程中遇到的问题；张艳波女士从专业的角度，为档案查找与利用提供了支持与协助。青岛文史专家李明先生、王栋先生、刘逸忱先生也给予研究工作大量帮助，包括对许多尚存的疑问进行了考证，并无私提供大量馆藏档案之外的历史图片与资料。

就内容而言，这份成果只能算作是对青岛 1922 年至 1937 年间近代建筑的一次粗浅梳理，对于多数涉及的建筑师、业主、政府管理者等历史人物以及开发与建设公司尚缺乏进一步研究考证，对于同时间中国其他新兴口岸城市的建设活动缺乏对比，对于近代建筑与城市经济、文化与社会发展的内在联系也缺乏深刻解读。希望这些缺憾能够在日后得到弥补。内容中错误疏漏在所难免，请各位读者不吝指正！

金山

2016 年 12 月